Bibliothèque de la jeune Fille.

PHÉNOMÈNES

ET

MÉTAMORPHOSES

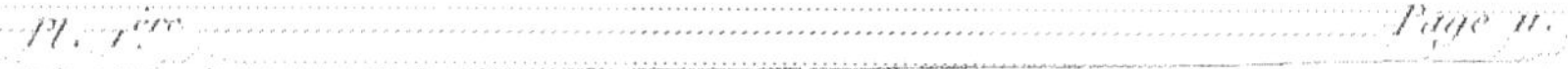

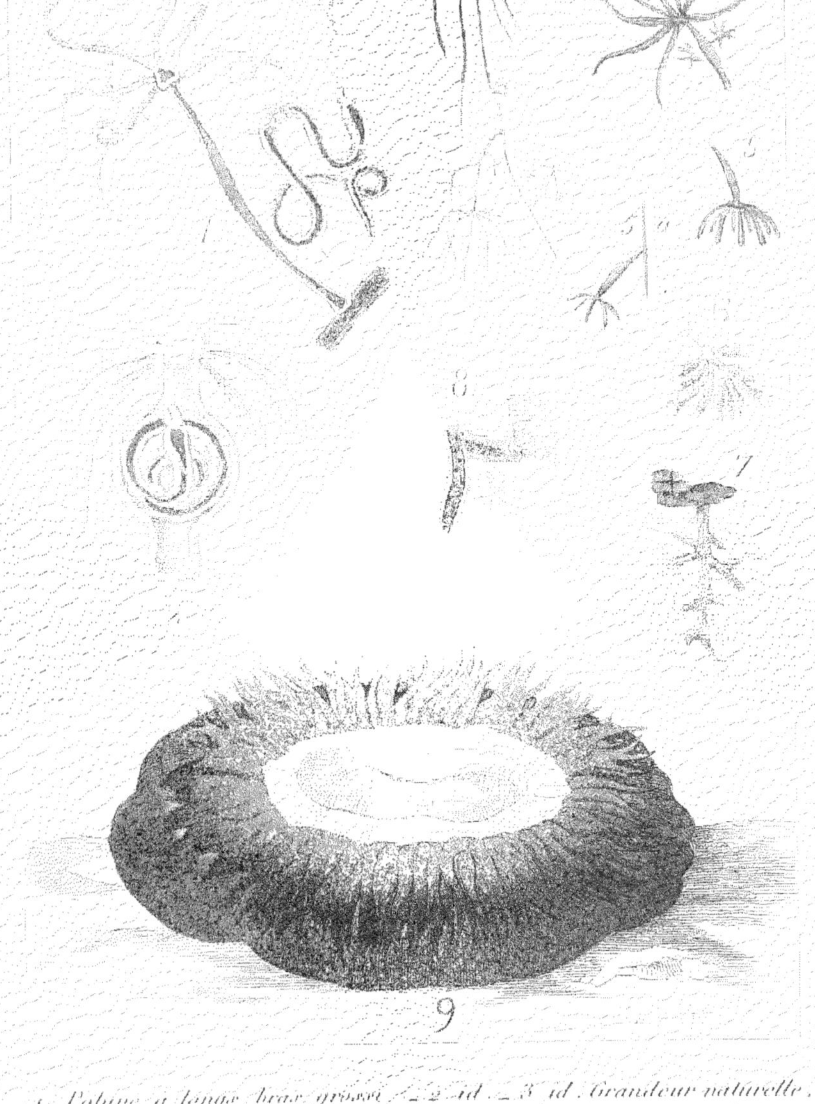

1 Polype à longs bras grossi. _ 2 id. _ 3 id. Grandeur naturelle. 4 Hydre verte grossie. _ 5 id. _ 5.a Grandeur naturelle. _ 6 Polype à bouquet grossi. _ 7 Polype à panache grossi. _ 8 id. Détails grossis. _ 9 Actinie de Ste Hélène.

Frault, jne Imp. r. S. André des arts 37, Paris.

PHÉNOMÈNES

ET

MÉTAMORPHOSES

CAUSERIES

SUR LES PAPILLONS, LES INSECTES ET LES POLYPES

PAR

MLLE ULLIAC-TRÉMADEURE

Ornés de 50 figures coloriées avec soin.

PARIS

DIDIER, LIBRAIRE-ÉDITEUR

35, quai des Augustins.

1854

PRÉFACE.

L'étude de l'histoire naturelle, ou des observations, dues aux savants, des phénomènes présentés par la création dans les trois règnes de la nature, est pleine d'attraits non-seulement pour le jeune âge, mais pour l'écrivain ; et celui-ci peut, sans crainte de se répéter, parcourir plus d'une fois ce vaste domaine où il y aura toujours non pas à glaner, mais à moissonner.

C'est ce qu'a éprouvé l'auteur. En même temps qu'il composait les *Contes aux jeunes Naturalistes*, où un fait principal sert de point de départ pour arriver aux détails de mœurs et d'instinct ; les *Entretiens sur l'Histoire naturelle*, dans lesquels il répond à la *grande question* du *pourquoi* et du *comment* de la classification , il écrivait ces leçons destinées particulièrement aux jeunes filles. Cette fois, l'auteur devait s'attacher surtout aux objets qui sont partout sous la main, et que chacun peut observer sans recourir aux *gros volumes ;* c'est ce qu'il a fait, et il ose espérer que ses jeunes lectrices trouveront de l'amusement et de l'instruction dans ce qu'il a écrit pour elles.

Aidé dans ses recherches par M. Guérin Mèneville, qui a été pour lui un professeur aussi bienveillant que savant , honoré de son amitié et de celle de Turpin et de Victor Audouin, enlevés si tôt et si malheureusement à la science, l'auteur a trouvé encore un obligeant appui dans M. Duponchel, et il a pu puiser aux sources les meilleures.

Puisse son travail exciter chez ses jeunes lectrices le désir d'observer par elles-mêmes, et d'augmenter ainsi des connaissances faites pour donner à un esprit cultivé les plaisirs les plus purs, en même temps que pour accroître le respect et l'admiration dus à l'Auteur de tant de merveilles !

D'HISTOIRE

NATURELLE.

INTRODUCTION.

Laure entr'ouvrit doucement la porte de la chambre de son frère, regarda un instant à quoi il s'occupait, puis elle avança avec précaution sur la pointe du pied dans l'intention de lui faire une malice..... Mais au bruit d'un meuble qu'elle venait de heurter involontairement en passant, Ernest se retourna.

— Comment, c'est toi? dit-il de cet air moitié

sérieux, moitié moqueur que Laure redoutait par dessus tout, parce qu'Ernest ne le prenait jamais que lorsqu'elle lui avait causé une vive peine.

— Mon petit Ernest, je t'en prie! et Laure lui sauta au cou. Mais le jeune homme la repoussa paisiblement. — Que veux-tu? demanda-t-il.

— Je veux, répondit Laure, que tu ne sois plus fâché contre moi, à cause... de ce que tu sais bien !

—Ce que je sais bien, répliqua Ernest, c'est que ma sœur, âgée de quinze ans, est plus enfant qu'il n'est permis de l'être à dix ans... Range-toi un peu, je te prie... Avec tes manches à l'*imbécile*, tu pourrais occasionner des orages qui troubleraient le repos dont jouissent depuis quelques instants mes polypes.

LAURE. Fais-les-moi donc voir, tes polypes?

ERNEST. Je m'en garderai bien !

LAURE. Pourquoi donc, mon petit Ernest? Ce n'est pas ma faute, si j'ai tant ri hier... c'est que ce monsieur était si drôle... avec ses *crache à l'eau*... et il a pris si bien au sérieux le *c'est assez*... de M. Dervigny!

Les éclats de rire de Laure recommencèrent avec la même vivacité que la veille et l'empêchèrent d'achever.

Ernest, sans s'occuper d'elle davantage, continua à préparer le porte-objet de son microscope. Il y plaça avec beaucoup de soin une espèce de petit corps gélatineux et verdâtre, qu'il venait de détacher délicatement de dessous quelques lentilles d'eau, recueillies par lui la veille.

— Il me semble, dit Laure un peu piquée de la froideur de son frère, que tu t'y prends mal...

— Vraiment! s'écria Ernest étonné. Sais-tu donc te servir du microscope?

LAURE. Je ne dis pas que tu t'y prennes mal pour faire ce que tu fais maintenant; mais tu t'y prends mal, du moins, pour me donner l'envie d'étudier avec toi l'histoire naturelle.

ERNEST. Ah!... Tu as apparemment une méthode à toi?

LAURE. Vois-tu, Ernest, si tu te moques, je m'en vais... et cela fera de la peine à maman; car c'est elle qui m'a envoyée... Elle désire qu'à son retour mon père me trouve un peu moins ignorante que je ne l'étais lorsqu'il est parti... Mais, si tu ne veux pas m'aider... être... mon professeur, enfin... Eh bien! monsieur, j'étudierai seule... il ne manque pas de livres dans la bibliothèque.

Un éclat de rire d'Ernest interrompit si brusquement la pauvre Laure que les larmes lui en vinrent aux yeux.

— Des livres! des livres d'histoire naturelle! disait-il en continuant de rire. Ah! je voudrais t'en voir lire un... un seul... toi qui te récries tant sur les termes *barbares* dont se sert notre ami, M. Blanville!... Comment, tu pleures tout de bon?... Allons, embrasse-moi, et assieds-toi ici près de moi, pour que nous parlions raison. Mais, avant tout, remarque une chose, ma petite Laurette, c'est que *la plaisanterie est ennemie du bonheur.* Tu t'es moquée hier d'un homme fort savant, et tu as cru qu'il ne s'en était pas aperçu; c'est ce qui te trompe. Les mauvais jeux de mots de M. Dervigny ont été remarqués. Je te promets que désormais, quand il sera là, on ne parlera devant lui que de la pluie et du beau temps. Non contente d'avoir ri aux dépens d'une personne qui nous est adressée par mon père, tu as étendu jusqu'à moi, chétif, tes railleries. Si elles ne m'ont pas fait pleurer, elles m'ont fait du moins de la peine.... Nous ne pouvons continuer sur ce ton. As-tu réellement le désir d'étudier l'histoire naturelle?

LAURE. Certainement; mais seulement ce qui est amusant.

ERNEST. Voilà ce que tu appelles *étudier!*

LAURE. Mon frère, avant de faire nos conventions, dis-moi que tu ne m'en veux plus!

ERNEST. Plus du tout, je t'assure.

LAURE. Oh! tu es bon... Oui, tu es bon!... quoique pourtant...

ERNEST. Au fait, vite!

LAURE. Je ne vois pas, Ernest, qu'il soit absolument nécessaire..... de commencer à étudier l'histoire naturelle... par le commencement.

ERNEST. Explique-toi un peu plus clairement.

LAURE. Mais oui; tu m'as fait peur en me parlant des... bimanes... des... quadrumanes... des... pachydermes...

ERNEST. Cela t'a fait peur, et tu veux lire pourtant des ouvrages d'histoire naturelle!

LAURE. Oh! je n'en veux pas lire du tout, si c'est possible... Seulement, il faudrait me donner du courage pour étudier plus tard, en me racontant... des choses curieuses... intéressantes... et en commençant... par les animaux de notre pays... Qu'est-ce que cela me fait, des *bimanes?* est-ce que j'en verrai jamais!... Allons, voilà que tu ris encore!...

Ernest riait de si bon cœur cette fois, que Laure se laissa aller à l'imiter, sans trop savoir pourquoi.

—Mais, ma sœur, disait Ernest en se livrant aux accès d'une franche gaîté, quand tu me regardes, quand tu te regardes au miroir... tu vois... tu vois... des *bimanes*... Mon alezan, que tu aimes tant, est un *pachyderme,* et tous les singes du monde connu sont des *quadrumanes.*

LAURE. Eh bien! je ne l'aurais jamais deviné! Est-ce que, dans toute l'histoire naturelle, on ôte comme cela à chacun son nom, pour le remplacer par... par un nom qui ne ressemble à rien?

ERNEST. Ma chère amie, ce nom qui ne ressemble à rien, à ton avis, est cependant très significatif et très important pour désigner le genre auquel appartient tel et tel animal. Nous y reviendrons plus tard; je t'expliquerai ces noms à mesure qu'ils se présenteront, et tu verras que la nomenclature, si nécessaire à quiconque veut pouvoir lire plus tard avec quelque fruit des ouvrages pleins d'intérêt, est bien peu de chose à retenir. Maintenant, dis-moi pourquoi tu prétends ne pas suivre l'ordre établi par l'immortel Cuvier pour le règne animal?

LAURE. Il est possible qu'il y ait beaucoup de choses *amusantes* à apprendre, ainsi que le disait M. Blanville, l'autre jour, au sujet de la circulation du sang chez l'homme et de la composition du cerveau; mais j'aime mieux les petites bêtes... depuis que j'ai vu le microscope oxi-hydrogène...

ERNEST. Tu veux dire le microscope éclairé par la lumière si brillante que donne la réunion, sur une pierre calcaire, d'un courant de gaz oxigène et d'un courant de gaz hydrogène...

LAURE. Sais-tu, Ernest, ce qui me fait peur surtout pour ces leçons d'histoire naturelle? c'est qu'avec toi il faut dire les choses absolument comme elles sont!

ERNEST. Pourquoi les dire à moitié? La découverte du procédé auquel on doit une lumière factice presque aussi vive que celle du soleil n'a rien changé au microscope solaire; pourquoi donc changerait-il de nom?

LAURE. Zéphire et tous les autres chevaux ont toujours été des chevaux; pourquoi donc les appelle-t-on maintenant des *pachydermes?*

ERNEST. Cette dénomination générique s'applique à tous les animaux qui ont le cuir épais, velu, et plus de deux sabots... Eh bien! tu te couvres les oreilles!...

LAURE. Écoute, Ernest, avant de commencer, il faut bien arrêter nos conventions. Ce sont mes heures de récréation que je consacrerai à l'étude de l'histoire naturelle. Est-ce que tu crois que j'en peux faire le sacrifice tout entier, si cette étude ne m'amuse pas du tout? Et cela m'amusera et m'intéressera bien davantage si je peux voir, mais, là, ce qui s'appelle voir, ce que tu me raconteras.

ERNEST. Il y a cependant des choses que tu ne pourras pas *voir* et qui ne t'en offriront pas moins d'intérêt.

LAURE. Tu crois?

ERNEST. Mais, ma chère amie, quelle singulière idée t'es-tu donc faite de l'histoire naturelle?

LAURE. Eh bien, s'il faut te le dire, j'ai ouvert l'autre jour je ne me rappelle plus quel livre, et j'ai eu beau chercher, je n'y ai rien trouvé qu'il fût possible de lire. C'étaient des noms si baroques, et puis des descriptions d'ailes, de trompes, de becs, d'antennes, de pattes... Ah! mon Dieu, j'en frissonne encore, tant cela m'a paru embrouillé et ennuyeux... Il s'agissait pourtant de quelque chose de bien joli, des oiseaux...

ERNEST. Tu auras confondu en feuilletant plusieurs articles différents, car les oiseaux n'ont pas de trompe ni d'antennes, que je sache.

Laure. Oh! oui, j'ai feuilleté une partie du volume, et j'en ai eu assez.

Ernest. Ce qui t'épouvante, je le vois, c'est la classification, c'est la nomenclature ; ce qui t'amuserait, ce serait le récit des instincts et de l'industrie des divers animaux.

Laure. C'est cela! tu as deviné cette fois.

Ernest. Permets-moi, cependant, ma sœur, de te faire observer que, sans la classification et la nomenclature, on se perdrait dans l'histoire naturelle, qui n'est au fond autre chose que le relevé et l'histoire des êtres de la Création, soit organiques ou animés, tels que les animaux, les végétaux ; soit inorganiques ou inanimés, tels que les minéraux.

Laure. Oh! mais avec toi, mon frère, je ne peux pas me perdre...

Ernest. Je ne serai pas toujours là pour te ramener dans le bon chemin, si tu venais à t'en détourner...

Laure. Vois-tu, Ernest, il faut d'abord me prendre par la main et me conduire comme lorsque nous nous trouvons dans les bois, en écartant les ronces de ma route. C'est toujours ainsi que tu fais, tu le sais bien...

Ernest. Voilà bien des paroles inutiles. Parlons sérieusement, et établissons enfin nos conventions. Je tâcherai de te rendre facile l'étude de l'histoire naturelle ; mais toi, à ton tour, tu tâcheras de ne faire que des questions raisonnables et brèves. Je ne négligerai rien de ce qui pourra t'intéresser et t'amuser; mais toi, tu te prêteras à apprendre les dénominations principales qui aident les naturalistes à se reconnaître dans ce domaine immense, au moyen des classes, des ordres et des genres; j'épargnerai à la délicatesse de ton oreille ce qui n'appartient qu'à la science proprement dite; mais toi tu te résigneras à entendre parler d'une foule de choses qui obligeraient une petite maîtresse à s'écrier : *Fi! l'horreur!* Enfin, toi et moi, tout en nous instruisant et tout en nous amusant, nous nous conduirons comme des gens raisonnables qui savent quel est le prix du temps, et que l'employer à acquérir des connaissances réelles, c'est se procurer une foule de jouissances dans le moment présent et pour l'avenir. Mes conventions te conviennent-elles?

LAURE. Oui, mon frère. Il ne faut pas m'en vouloir d'avoir eu peur de toi et de ta science surtout! Tu es si savant pour ton âge, à ce que dit M. Blanville lui-même!... Eh bien! veux-tu commencer tout de suite en me montrant tes polypes?

ERNEST. C'est à regret, je l'avoue, ma petite Laure, que je renverserai ainsi l'ordre établi en commençant par le dernier degré des êtres animés...

LAURE. Mais pense donc, Ernest, que je suis tout en bas, en fait de science; ainsi, ce que tu appelles le dernier degré est pour moi le premier.

Ernest. Au reste, quelques naturalistes sont d'avis qu'il faudrait commencer par les êtres simples et passer graduellement aux êtres composés... Prends donc ma loupe, et dis-moi ce que tu vois au dessous des lentilles d'eau qui surnagent dans ce verre.

Laure regarda quelque temps avec beaucoup d'attention, et s'écria enfin : On dirait un petit cornet renversé... et transparent... Ernest, qu'est-ce qu'il y a donc à l'extrémité du cornet qui fait comme un moulinet ?

Ernest. Ce sont les bras du polype. Il les agite ainsi constamment pour imprimer à l'eau des espèces de petits courants qui amènent jusqu'à lui les animaux microscopiques dont il se nourrit.

Laure. Ernest, Ernest, voilà le cornet qui se ferme !... C'est maintenant comme un bouton allongé...

Ernest. Le hasard t'a montré d'abord ce qu'on appelle *polype à bouquet*. Ce bouton que tu vois va se diviser en deux parties égales, qui donneront demain deux polypes parfaits, lesquels, en se subdivisant encore, donneront chacun deux autres polypes, également parfaits ; et ainsi ils arriveront à former un *bouquet* d'une soixantaine de clochettes, tenant toutes à la même tige... Mais, j'y pense, puisque tu te poses *en enfant* qui ne veut que s'amuser, je peux bien

te traiter en enfant en te montrant *des images.*
Voici un dessin où sont figurés des polypes.

LAURE. Oh! la belle fleur! Laisse-moi donc la regarder à mon aise! c'est une actinie...

ERNEST. Tu veux des merveilles, en voilà! Mais procédons lentement et donne-moi le temps de te faire *voir* réellement ce que tu parais disposée à regarder fort légèrement. Cherchons l'explication de la figure 6, ici, tout en haut de la planche.

LAURE. C'est un polype à bouquet. Les cornets sont fermés... Mais j'en ai vu de verts, il me semble, et qui n'étaient pas ainsi attachés les uns aux autres.

ERNEST. C'étaient des hydres vertes. En voici ici, figures 4 et 5, grossies au microscope. La figure 5 *a* te présente une hydre verte de grandeur naturelle.

LAURE. Mon frère, est-ce que tout le reste, ce sont encore des polypes?

ERNEST. Oui, ma sœur.

LAURE. Pourquoi donc a-t-on mis cette fleur sur la même planche?

ERNEST. Chaque explication viendra en son temps. Passons maintenant aux hydres grises ou polypes à longs bras.

LAURE. En voilà, j'espère!... On dirait des fils... là... la figure 3... Est-ce que ces fils sont... *travaillés*, en effet, comme sur la figure 1? Et la figure 2, Ernest?...

Ernest. Si tu m'accables de questions, tu m'ôteras la possibilité de te donner des explications. Un peu de patience, je t'en prie! Ce que tu appelles des fils, ce sont les bras ou tentacules du polype. Vus au microscope, ces tentacules offrent un dessin régulier. Tu les vois allongés; en ce moment le polype travaille à s'emparer d'une espèce de serpent appelé naïs, pour l'attirer à sa bouche.

Laure. Où donc est-elle, cette bouche?

Ernest. L'ouverture triangulaire autour de laquelle sont attachés les six tentacules est la bouche de l'hydre. Passons à la figure 2. L'hydre est vainqueur; le naïs a été englouti dans le sac gélatineux; l'hydre n'a plus rien à faire que de digérer sa proie. Les tentacules dilatés retombent mollement autour du sac également dilaté; l'hydre digère.

Laure. Que c'est extraordinaire! Ainsi les figures 1 et 2 représentent absolument la même bête?

Ernest. Absolument. L'hydre grise suspendue à des lentilles d'eau, comme tu le vois ici figure 3, allonge ses tentacules et les agite pour faire le moulinet, afin d'attirer sa proie; la proie une fois prise et engloutie, l'hydre se dilate et se livre *avec abandon* au plaisir de la digestion.

Laure. Mais, mon frère, il me semble avoir vu tout à l'heure des hydres vertes qui nageaient dans l'eau?

ERNEST. Tu te seras trompée. Si tu avais la patience d'observer pendant une heure ou deux, tu verrais peut-être une hydre verte voyager le long des parois du verre. La figure 5 te présente une hydre verte *en marche*. Quand l'hydre veut changer de place, elle jette en avant ses tentacules dont chacun est muni à son extrémité d'une ventouse, et s'attache à la surface sur laquelle elle voyage. Alors sa partie inférieure, que tu vois ici en l'air, se détache de la surface sur laquelle elle était, et vient s'attacher en avant; les tentacules lâchent prise et se rejettent en avant à leur tour.

LAURE. Mais c'est *faire la roue* comme Jean-Louis, le fils du jardinier, lorsque, pour m'amuser, il parcourt sur les mains et sur les pieds, en tournant sur lui-même, la grande allée du parc.

ERNEST. Avec cette différence que Jean-Louis, ne faisant que *poser* sur le sol, va fort vite, tandis que l'hydre, s'attachant tantôt par une extrémité et tantôt par l'autre, va fort lentement. Elle met bien une journée à parcourir l'espace d'un pied. Comme tu aimes à *voir* les choses par tes propres yeux, j'irai ce soir à la provision de polypes de toutes les sortes, et demain tu pourras examiner à ton aise des polypes verts, des polypes à longs bras, qui se coloreront en rouge sous tes yeux, à mesure que je leur donnerai des pucerons rouges dont ils sont très friands.

LAURE. Allons-en chercher tout de suite, veux-tu?

Ernest. L'heure de ta leçon d'italien va sonner.

Laure. Quel ennui ! L'explication de cette planche n'est pourtant pas finie !... Mais, Ernest, l'hydre grise est ici colorée en jaune ; pourquoi cela ?

Ernest. Ses tentacules sont gris. On la désigne d'ailleurs plus généralement sous le nom de *polype à longs bras*.

Laure. En vérité, il faut que j'aie bien confiance en toi, mon frère, pour voir dans tout cela des animaux ! On les prendrait pour de simples filaments... Voyons, dis-moi vite ce que c'est que cette fleur appelée actinie de Sainte-Hélène ?

Ernest. Tu le sais, car tu as entendu parler quelquefois des anémones de mer.

Laure. Ainsi, ce n'est pas une fleur, c'est un animal !... Est-il possible ! c'est encore un polype, peut-être ?

Ernest. Pas positivement, mais c'est un zoophyte ou rayonné. Chaque *pétale* est un tentacule.

Laure. Laisse-moi regarder ce dessin tout à mon aise... Que c'est extraordinaire !

En ce moment on frappa à la porte ; la femme de chambre venait prévenir mademoiselle que le professeur d'italien attendait. Laure fit un geste d'impatience, posa à regret le dessin qu'elle tenait sur le bureau de son frère, sans en détacher les yeux, et, prenant enfin son parti, elle embrassa

Ernest en lui disant : N'oublie pas que tu dois aller ce soir à la provision.

— Non, non, répondit Ernest, qui retourna à son microscope.

PREMIÈRE LEÇON.

LES HYDRES.

Vers le soir, Ernest se préparait à partir pour aller à la *péche aux polypes*, lorsque Laure vint demander à l'accompagner.

— Je ne vais pas loin, répondit Ernest; seulement jusqu'à la petite rivière qui coule au bas du parc.

—Tu veux dire *qui dort*, répliqua Laure en riant; car assurément jamais rivière ne coula moins que celle-là.

—Ce n'est cependant point là de l'eau *dormante*, reprit Ernest. Si elle l'était, je n'irais pas y chercher des hydres..... Voyons si je n'oublie rien...

Laure le regardait d'un air aussi sérieux qu'il lui était possible. Elle ne pouvait, sans avoir envie de rire, voir son frère en *costume de naturaliste*, quoique ce costume n'eût absolument rien d'étrange. Il se composait d'un chapeau de paille à larges bords, d'une veste de coutil de fil munie de grandes poches, d'un pantalon de même étoffe tellement large par le bas qu'on pouvait aisément le relever jusqu'au-dessus du genou, et d'une paire de bottines. Ernest portait en bandoulière deux *carquois,* à ce que disait Laure; ces deux carquois prétendus n'étaient autre chose que deux boîtes de fer-blanc, dont l'une, hermétiquement fermée, pouvait contenir l'eau nécessaire pour rapporter en bon état les insectes et les plantes aquatiques recueillis dans l'eau des ruisseaux ou des marais; l'autre servait à renfermer les plantes et les insectes terrestres. Une longue perche, munie à son extrémité d'un crochet de fer, remplaçait la ligne du pêcheur. Cette perche aurait pu servir au besoin, disait encore la moqueuse Laure, à faire un arc qui eût été aussi redoutable que ceux des plus grands héros de l'antiquité aux *monstres des forêts,* si les deux carquois avaient été remplis de flèches, et non pas d'herbes et de *petites bêtes*, et s'il y avait eu aux environs des forêts et des monstres.

— Mais mon frère ne fait la guerre qu'au gazon et qu'aux mouches, ajoutait-elle avec malice; il peut donc, sans arc, sans flèches, et sans courir les grandes aventures, montrer en tout lieu sa valeur.

Ce soir-là, cependant, Laure ne se permit aucune des plaisanteries accoutumées; elle se souvenait de la leçon du matin, et elle savait que, pour lui procurer le plaisir de voir des hydres, Ernest renonçait à une visite qu'il avait projeté de faire à un de ses amis.

Décidée à lui témoigner au moins quelque reconnaissance de ce sacrifice, Laure, en sortant de la maison, passa son bras sous le bras de son frère, et lui dit, de ce ton caressant qui sied si bien aux jeunes filles quand il part du cœur : Mon bon petit frère, tu ne t'impatienteras point, n'est-ce pas, quand je te ferai des questions... qui n'auront pas le sens commun ?

ERNEST. Tu ne feras aucune question de ce genre si tu ne te laisses pas aller à ton étourderie habituelle.

LAURE. J'ai bien réfléchi à ce que tu m'as dit ce matin au sujet des polypes et au peu que j'en ai vu... Ce que je ne conçois pas, Ernest, c'est qu'on ait eu l'idée d'aller examiner des animaux qui n'ont l'air... de rien absolument... et qui sont cachés tout au fond de l'eau... non, c'est-à-dire sous ces lentilles vertes qui couvrent notre petite rivière, et bien d'autres, sans doute, en certains endroits. Car enfin, pour regarder quoi que ce soit au monde, il faut être averti qu'il y a quelque chose à regarder !

ERNEST. Les premiers qui ont découvert les insectes microscopiques désignés sous le nom d'*infusoires* n'étaient pas *avertis* qu'il y avait quelque chose à regarder dans la goutte d'eau que le hasard plaçait ou sur la feuille ou sur le morceau de bois qu'ils examinaient à la loupe ou bien au microscope.

LAURE. C'est pourtant vrai !

ERNEST. Un naturaliste italien, Imperati, reconnut le premier que certaines productions de la mer, telles, par exemple, que les actinies ou anémones de mer, pouvaient bien n'être pas des plantes, et appartenir, par quelque lien, au règne animal. Trente ans plus tard, un médecin de Lyon, Peyssonel, fit des observations sur ce sujet et les adressa à l'Académie des sciences. L'Académie traita, pour ainsi dire, de rêveur un homme dont les travaux menaçaient d'ébranler et de renverser même jusque dans leurs fondements les sciences naturelles *établies,* et il fallut les expériences sans réplique de Tremblay, en 1740, sur les *polypes nus*, pour décider les savants à se livrer à de nouvelles recherches. Ici, comme partout, dans l'histoire des phénomènes de la nature, on retrouve l'admirable Linnée, dont le vaste génie sait embrasser à la fois l'ensemble et les détails, et dont le sens droit, la saine raison ont posé les bases sur lesquelles s'appuiera toujours l'étude de la nature. Ce fut Linnée qui établit les principes d'après lesquels on doit étudier ce qu'on appelle aujourd'hui zoophytes ou animaux *rayonnés;* ce fut Linnée qui en décrivit le plus grand nombre; ce fut Linnée qui en fixa les caractères.

LAURE. Mon frère, qu'est-ce que tu appelles donc les *polypes nus?*

ERNEST. Ceux que tu as vus ce matin en nature et en peinture, les polypes d'eau douce. Ils forment la quatrième classe des zoophytes, le *premier ordre* des polypes, et se subdivisent, pour les naturalistes, en genres et sous-genres. Le *second ordre* est celui des polypes à polypiers; il comprend les polypes corticaux, par exemple, c'est-à-dire ceux qui donnent le corail, la mousse de Corse, les madrépores, les éponges.

LAURE. Que c'est donc singulier, Ernest! Mais comment font-ils pour faire du corail?

ERNEST. Nous n'en sommes pas encore arrivés au point de l'*entrevoir* du moins, si ce n'est de le savoir, faute de nous trouver à même de le *voir.*

LAURE. Ce que nous *verrons,* bien certainement, car tu me l'as dit, Ernest, ce sera la coloration en rouge des polypes, quand tu leur auras fait manger des pucerons rouges?

ERNEST. Et tu ne t'inquiètes pas du tout de la

manière dont se produira cette coloration?

Laure. Comment? je ne te comprends pas.

Ernest. Dans le temps où tu étais toute petite, tu montrais beaucoup de curiosité de connaître la cause de chacun des effets offerts à tes yeux. Ainsi, tu défaisais des joujoux charmants, uniquement pour découvrir ce qui leur donnait le mouvement; aujourd'hui tu cours aux effets sans songer à rechercher les causes.

Laure. Mais la cause, est-ce qu'elle est difficile à deviner quand on a vu des polypes et quand on sait qu'ils sont transparents? On peut donc bien penser qu'on *verra* sans peine tout ce qui se passera dans le corps... Ne me l'as-tu pas montré ce matin, d'ailleurs, dans la figure de cette hydre grise qui vient d'avaler un naïs, et qui se dilate pour le digérer à son aise? Oui, je comprends qu'on puisse *voir* ce que renferment ces petits corps gélatineux... Il me vient pourtant une idée, Ernest... oh! ce n'est pas seulement une idée, ce sont des idées... mais des idées!... Je voudrais te faire vingt questions à la fois.

Ernest. Fais-en une seule, en prenant la peine d'y penser d'avance.

Laure. Est-ce que les polypes n'ont pas, comme tous les animaux, du sang dans les veines?

Ernest. Je te dirai ce qu'ils n'ont pas, ce qui te conduira à savoir ce qu'ils peuvent avoir. Ils n'ont pour ainsi dire point de chair; ils n'ont pas d'os, ils n'ont pas de vaisseaux pour la circulation des fluides, point de moelle épinière, point d'yeux, et ils ne possèdent, de nos cinq sens, que celui du toucher.

LAURE. Comment veux-tu, puisqu'ils n'ont rien de tout cela, que je devine ce qu'ils ont?

ERNEST. Ils ont un estomac.

LAURE. Et voilà tout?

ERNEST. Ils ont des tentacules ou bras pour fournir de la nourriture à cet estomac; et ces tentacules leur servent de pieds pour marcher ou nager à leur manière quand ils veulent changer de place. M. Bory de Saint-Vincent a très-bien défini ces singulières productions de la nature, qui tiennent le milieu entre la plante et l'animal, en disant : « Animaux par leur irritabilité, leur voracité, leur manière de se procurer la nourriture et leur locomotion; plantes par leur façon de se ressemer au moyen de véritables bulbilles ou cayeux, et surtout par la faculté de se reproduire par division, comme si chaque division de leur corps était une bouture. » Les polypes à bouquet que tu as observés ce matin t'ont donné un échantillon de cette faculté.

LAURE. Oui, c'est vrai.

ERNEST. Le polype nu n'est, en un mot, qu'un sac vivant, digérant à la manière des animaux, se reproduisant à la manière des plantes. On en connaît de gris, de jaune-paille dont la couleur change par l'effet de la nourriture qu'ils prennent. Au printemps et en automne, les eaux, les lieux humides se colorent partout en vert; au printemps et en automne, les polypes de l'espèce appelée particulièrement hydre verte et qui, pendant l'été, sont devenus blanchâtres et même sans couleur, reprennent leur belle teinte verte; il en est de même du polype à longs bras qu'on a surnommé Briarée. Pour celui-ci, il possède plus de bras qu'aucune autre espèce, de dix-huit à vingt-un, autour de l'ouverture buccale, et quelquefois cinq ou six sur le corps.

LAURE. Le nom de Briarée lui convient à merveille !

ERNEST. Sa voracité est extrême, et il pullule tellement qu'il forme parfois comme un enduit muqueux attaché à la partie inondée de la tige des plantes des marais; quelquefois le Briarée tapisse le revers des feuilles du nénuphar; d'autres fois il se suspend en si grand nombre aux lentilles d'eau que celles-ci, ne pouvant plus surnager, font le plongeon et vont périr au fond de l'eau. Mais le Briarée n'est pas *le géant* des polypes nus; on en connaît encore une autre espèce dont la couleur varie du gris au fauve, et qui atteint souvent jusqu'à un pied de long. Cette espèce vit volontiers *en famille*, ainsi que le Briarée. Des milliers d'individus se développent sur le tronc principal ou paternel. Les tentacules multipliés et fins comme de la soie, mais tous terminés par un petit renflement, s'agitent, se mêlent sans s'enchevêtrer, sans se pelotonner, même en se disputant une proie.

LAURE. Ceux-là, avec leurs dix-huit ou vingt bras si longs, doivent avoir de la peine à faire la roue pour voyager?

ERNEST. Aussi ne voyagent-ils pas. L'espèce appelée hydre verte est, pour ainsi dire, la seule qui soit voyageuse, *à pied* du moins ; quant à la natation, toutes les autres espèces s'en acquittent fort bien. C'est l'hydre verte qui a donné lieu la première aux observations si justes et si vraies, encore aujourd'hui, de Tremblay. Nous pourrons demain placer un carton, une feuille de papier contre la paroi du verre où les hydres se trouveront attachées en plus grande quantité qu'ailleurs, et tu auras le plaisir de les voir se déplacer l'une après l'autre pour gagner le côté du verre où rien ne fera obstacle à la lumière.

LAURE. Mais, mon frère, comment les polypes, qui n'ont point d'yeux, peuvent-ils être sensibles à la lumière et la chercher?

ERNEST. Les plantes aussi n'ont point d'yeux, et les plantes aussi sont sensibles à la lumière et la cherchent. Ceci peut s'expliquer de deux manières : la première, c'est qu'il n'y a jamais émission de lumière sans émission de chaleur ; ainsi les polypes, s'ils ne *voient* pas la lumière, sentent l'influence de la chaleur qui toujours l'accompagne ; en second lieu, les animalcules dont ils se nourrissent fuient l'ombre, et vont, autant que possible, s'ébattre aux rayons du soleil ; les polypes les suivent. La bonté de Dieu a donné à ces animaux, qui nous paraissent si imparfaits, si incomplets, la dose d'instinct dont ils avaient besoin pour trouver leur gibier et pour se procurer quelque bien-être.

Laure. Je ne me serais pas doutée que les polypes fussent doués du moindre instinct...

Ernest. Si tu avais réfléchi un seul petit moment seulement au peu que tu as vu hier, tu aurais trouvé de toi-même que les polypes, quelque imparfaits qu'ils soient à nos yeux, *doivent* nécessairement être doués de l'instinct qui assure leur existence.

Laure. C'est vrai!... Mon frère, tu m'as dit tout à l'heure quelque chose que je n'ai pas compris ; c'est que les tentacules de ces familles de polypes ne s'enchevêtrent pas... Mais pourtant, quand ils se disputent une proie? Car enfin cette proie se débat ; elle ne se laisse pas prendre de bonne volonté.

Ernest. On a lieu de croire que les polypes, en général, possèdent la faculté fascinatrice ou stupéfiante accordée, dit-on, au serpent. Des animaux, en apparence beaucoup plus robustes, demeurent immobiles dès qu'un des bras du polype les a touchés ; si cependant la victime tente de résister, un autre bras vient la saisir, puis un autre, encore un autre ; ces bras l'enveloppent, l'enserrent, se contractent et l'amènent à l'ouverture buccale qui l'engloutit aussitôt. M. Bory de Saint-Vincent, que j'ai cité tout à l'heure, a imaginé, entre autres expériences, de couper la partie inférieure du petit sac gélatineux et vivant au moment où une proie venait d'y être engloutie; la proie s'est aussitôt échappée.

LAURE. Voilà le glouton bien attrapé!... Mais il meurt sur-le-champ?

ERNEST. Un polype ne meurt pas pour si peu! Il se pelotonne sur lui-même et demeure ainsi en boule jusqu'à ce que la partie retranchée ait repoussé, ce qui n'est pas long.

LAURE. Les singuliers animaux!... Ils n'ont absolument rien de ce qui a été donné à tous les autres, point d'yeux, pas d'oreilles, point de pattes...

ERNEST. Le ver de terre n'a point de pattes; les yeux de la taupe sont si petits, qu'on a douté long-temps qu'elle en eût; mais ce qui ne manque à aucun animal, le polype compris, c'est l'estomac, et certes il est, sous ce rapport, aussi bien partagé que tout autre. De plus, règne parmi ceux qui vivent en société un *esprit public* bien prononcé, et une telle *longanimité* chez tous les membres qui composent le polype à bouquet, le polype à panache, par exemple, que nul ne mange et ne digère pour lui seul; le fruit de la chasse de l'un profite aux amis et connaissances, ainsi qu'on a pu s'en assurer par diverses expériences.

Laure. Mon frère, tu me fais des contes !

Ernest. Non, du tout. Au moyen de la nourriture colorée donnée à un seul, on a pu reconnaître, je le répète, que les sucs nourriciers circulent dans toute l'association ; et, de même, on a pu s'assurer que la volonté, quand il s'agit de changer de place, leur est également commune ; alors, des milliers de tentacules travaillent à transporter le *vaisseau de l'état* vers les eaux abondantes en gibier.

Laure. Que je voudrais donc voir cela !

— Tu n'es pas au bout, ma sœur, répondit Ernest, de tout ce que tu pourras souhaiter de *voir !*

Tout en causant, le frère et la sœur étaient arrivés au bord de la petite rivière qui *dormait,* au dire de la jeune fille.

Laure s'assit sur un tertre de gazon au pied d'un vieux saule, au feuillage argenté, tandis qu'Ernest jetait bas sa veste, relevait les jambes de son pantalon, les manches de sa chemise, enfonçait son chapeau sur sa tête, et ouvrait celui des deux *carquois* qui était destiné non à renfermer des flèches, mais à recevoir les insectes aquatiques.

En quelques minutes, il fut prêt à descendre vers la petite rivière ; elle était comme encaissée dans un terrain élevé de chaque côté et tout verdoyant d'arbres, de plantes grimpantes et d'aubépines.

Laure se serait volontiers hasardée à sa suite, si Ernest ne le lui avait pas défendu expressément, parce que la terre humide n'offrait qu'un chemin dangereux pour une franche étourdie, plus disposée à regarder en l'air qu'à ses pieds.

La soirée était délicieuse; mille et mille insectes bourdonnaient au dessus de l'eau, dans le feuillage, dans le gazon; mais Laure ne regardait que les *évolutions* de son frère. Il avait franchi lestement le sentier glissant, et, dans l'eau jusqu'à mi-jambe, il attirait à lui fort adroitement des îles entières de lentilles d'eau, des plantes aquatiques, des branches d'arbre et des racines, qu'à l'aide de son crochet il détachait du fond de la rivière; puis il faisait un choix dans tous ces trésors.

— La pêche est bonne, ma petite Laurette! dit-il en remontant soudain vers elle. Tiens, voici une branche qui est bien garnie, j'espère!

Laure regarda; elle ne put rien voir, quoiqu'elle eût la vue excellente, qu'un peu de gelée tremblante attachée inégalement à la branche de bois mort.

— Prends ma loupe, dit encore Ernest : elle est dans la poche de poitrine de ma veste... Eh bien, tu ne vois rien?

Laure. Je vois... des boutons fermés..., comme celui de ce matin... Il y en a des quantités attachées sur la même tige... et d'autres isolés... Mais, c'est singulier... où sont donc les tentacules de tous ces polypes?

ERNEST. Quand ces boutons s'épanouiront demain, les tentacules reparaîtront. En ce moment les polypes ont peur; ils ont contracté leurs bras, et il leur faudra bien la nuit entière pour se remettre de la frayeur que leur causera encore le mouvement de la marche que nous allons faire.

LAURE. Que c'est donc singulier qu'ils puissent avoir peur, ces animaux qui n'ont pas de tête pour penser, de cœur pour sentir et se serrer...

ERNEST. N'y a-t-il pas des gens qui n'ont, moralement parlant, ni cervelle ni cœur, et qui sont plus accessibles que tous les autres à la peur?

LAURE. Oh! il est très vrai que moins on a de tout cela plus on est poltron!... Ernest, allons-nous-en, tu es tout mouillé...

ERNEST. Bah! ce n'est rien!

LAURE. Est-ce que nous pourrons voir quelque chose dès ce soir?

ERNEST. Non; il faut attendre à demain. Mais, par exemple, je pourrai préparer un polype vert, de manière à en avoir une douzaine environ qui, demain, seront arrivés à leur point de perfection.

— Allons-nous-en tout de suite, Ernest! s'écria Laure. Elle était dans une telle impatience de voir *préparer* un polype, qu'à l'arrivée à la maison elle donna à peine à son frère le temps de changer de chaussure; mais lorsqu'il s'arma d'une paire de ciseaux fins, elle s'écria : Que vas-tu faire à ce pauvre petit grain vert que tu tiens dans le creux de ta main?

Ernest. Je vais le diviser en autant de morceaux que je pourrai!

Et c'est ce qui fut exécuté, au grand chagrin
de Laure. Cependant elle se résigna à suivre des
yeux l'opération qui eut lieu sans difficulté. Le
polype *préparé* fut placé dans un verre avec un
peu de sable de rivière, de l'eau et une petite
branche bien propre ; des grains verts, presque
invisibles à l'œil nu, flottaient à la surface ; il
y en avait sept ou huit.

Le lendemain, pour la première fois de sa vie,
Laure était levée avec le soleil. Elle courut à sa
fenêtre, prit la loupe qu'elle avait emportée, et
elle aperçut huit polypes attachés à la branche
de l'arbre ; ils faisaient le moulinet avec leurs
tentacules.

Ivre de joie, elle descendit comme une folle
chez son frère, qui remonta avec elle, et, sans
miséricorde, coupa en morceaux tous les nou-
veau-nés.

—Ah! méchant! s'écriait Laure.

—Ce sont des hydres, répondait Ernest en
riant. Plus on les hache, plus on en a ; tu le verras dans quelques heures, car il fait chaud, et
cette saison est celle de la reproduction des polypes. Les têtes vont se munir de corps, les corps
vont se munir de têtes... C'est Linnée qui, le premier, a reconnu cette faculté régénératrice des
polypes verts en particulier, et son imagination
poétique, établissant aussitôt un rapprochement

avec la fable de l'hydre de Lerne, lui a suggéré l'idée de ce nom qui est resté; car les expériences de Tremblay ont confirmé les observations de Linnée... Mais viens, que je te montre le produit de ma pêche d'hier.

Il y avait des hydres grises ou polypes à longs bras que Laure connaissait déjà; des hydres vertes qu'elle connaissait aussi; des polypes à bouquet; enfin des plumatelles cristatelles ou polypes à panache.

Il fallut recourir au microscope, car la loupe ne grossissait pas assez pour que Laure pût juger de toute l'élégance de ces animaux à peine visibles à l'œil nu.

Comme Ernest s'aperçut que sa sœur, peu accoutumée encore à *regarder*, confondait entre eux les différents polypes, il lui présenta le dessin que déjà elle avait vu la veille, et, du doigt, il indiqua les figures 7 et 8.

— Voici, dit-il, le polype à panache de grandeur naturelle; et à côté, figure **8**, le voici grossi. C'est un savant allemand nommé Rœsel qui a, le premier, étudié ces polypes.

Un jour qu'il examinait à la loupe de l'eau recueillie dans un marais voisin, il aperçut quelques globules, pas plus gros qu'une tête d'épingle, demeurant immobiles au fond du verre. Quelques heures après, ayant recommencé ses observations, il vit que plusieurs de ces globules avaient changé de place; ils s'étaient attachés aux parois du verre à une certaine hauteur au dessus du fond; des panaches sortaient du globule et s'épanouissaient en fer à cheval, ainsi que tu peux le remarquer particulièrement sur la figure 8. Au centre du fer à cheval est placée la bouche.

LAURE. Ainsi, ce sont plusieurs polypes réunis, comme dans les polypes à clochettes ou à bouquet?

ERNEST. Tu le vois bien; seulement le nombre n'en est pas illimité.

LAURE. Mon frère, cette anémone de mer m'a bien occupée depuis hier. M'as-tu dit à son sujet la vérité *vraie*.

ERNEST. Comment?

LAURE. Est-ce que c'est bien réellement un animal? Est-ce que les pétales que voici sont bien réellement des tentacules?

ERNEST. Oui, ma sœur.

LAURE. Et ces tentacules font aussi le moulinet pour imprimer à l'eau de petits courants?

ERNEST. Tous les zoophytes n'ont qu'une seule et même manière d'attirer leur proie vers l'ouverture buccale.

LAURE. Ainsi, cette anémone de mer n'est qu'un sac tout comme les polypes?... Mais, mon frère, elle ne peut pas allonger ses tentacules autant que le polype à longs bras?

ERNEST. Non, sans doute, parce que cela ne lui est pas nécessaire, et rien d'inutile n'a été donné aux êtres créés; mais elle peut les contrac-

ter en cas de danger et disparaître, pour ainsi
dire. Demain, je te montrerai d'autres animaux
du même genre, qui ont reçu le surnom d'orties de
mer, et j'entrerai à leur sujet dans quelques détails.

— En attendant, dit la jeune fille, qui n'était
pas tout-à-fait persuadée, voyons donc ce que
font nos polypes.

Laure prit la loupe et retourna près de la table sur laquelle était posée la coupe qui contenait
tant de *richesses*. Elle s'aperçut alors qu'elle
voyait beaucoup mieux ces singuliers animaux,
depuis que l'étude, un peu superficielle cependant, qu'elle venait d'en faire sur une planche
bien dessinée, lui avait appris à regarder.

Tout ce qu'Ernest avait annoncé à sa sœur se
vérifia à la lettre. Elle *vit* une hydre dévorant des
pucerons rouges ou daphnies ; elle *vit* le mouvement *péristaltique* qui aide à la digestion par le
ballottement de haut et de bas des aliments dans
l'estomac ; elle *vit* les sucs nourriciers colorer
tous les polypes à clochettes d'un même bouquet
et *tous* les polypes à panaches d'une même branche ; elle *vit* deux polypes à longs bras se dispu-
ter un naïs, serpent au microscope, et serpent
hérissé, sur la peau duquel ressort un dessin
brun parfaitement régulier, tandis qu'à l'œil nu
ce n'était qu'un *fil* à peine visible ; et enfin elle
put reconnaître, par ses propres yeux, qu'au
moindre bruit tous les polypes se contractant, les
tentacules disparaissent.

—Mais ils n'ont pas d'oreilles, pourtant! disait Laure émerveillée.

—Non, sans doute, répondait Ernest, pas plus qu'ils n'ont d'yeux pour découvrir leur proie; mais ta voix, tes mouvements agitent l'air; cette agitation de l'air se communique à l'eau, et les polypes se trouvent ainsi avertis que quelque chose d'inaccoutumé se passe; ils ont peur et ils se *font petits*.

—Que Dieu est bon! s'écria Laure; et elle appuya sa tête sur l'épaule de son frère. Ernest, ajouta-t-elle avec un peu d'émotion, je veux étudier sérieusement l'histoire naturelle.... Que je regarde encore *mes* polypes... Ah! Ernest, quelque chose qui se détache du corps des hydres!

—Ce sont des œufs, répondit Ernest. Si tous se reproduisent par bourgeons, par sections, par boutures, quelques uns se reproduisent encore par des œufs.

Au déjeuner, il ne fut question que des *travaux* de la veille et du matin, et, ce jour-là, Laure songea plus d'une fois, pendant ses leçons, à l'heure de la récréation du lendemain, qui lui promettait des plaisirs non moins vifs; sa curiosité était enfin éveillée, et elle commençait à comprendre que l'histoire naturelle pouvait bien être autre chose qu'une science toute composée de mots *barbares*.

SECONDE LEÇON.

———

LES ACTINIES. — LES ACALÈPHES.

Le lendemain, Laure accourut avec empressement auprès de son frère, et ses polypes, car ils étaient *siens*, eurent ses premiers regards. Elle demeura stupéfaite en voyant la rapidité avec laquelle ils avaient multiplié depuis la veille et le matin.

—Pour peu qu'ils continuent de la sorte, s'écria-t-elle, tes deux grandes coupes, mon frère, seront bientôt pleines au point qu'on n'y pourra plus mettre d'eau!

Ernest. Ce qui manquera avant tout, ce sera la nourriture. Les polypes se dévoreraient bien, faute de mieux, les uns les autres, parce qu'ils sont très voraces; mais ils appartiennent aux gens qui ne peuvent se digérer l'un l'autre; aussi l'hydre avalée par la voisine est-elle promptement rejetée en aussi parfaite santé que si ce *malheur* ne lui était pas arrivé... Voici ce que je t'ai promis, Laurette... Regarde!... ces animaux ne sont-ils pas aussi singuliers que jolis?

Laure. Ce sont encore des actinies..... mais elles ne ressemblent pas à celle que tu m'as montrée hier... Au reste, cela doit être, puisque l'actinie de Sainte-Hélène est une anémone de mer, et que celles d'aujourd'hui ce sont des orties de mer, n'est-ce pas? bien qu'elles n'aient pas le moindre rapport avec la plante qu'on appelle ortie. Peu importe, au reste, elles sont toutes bien belles... et bien extraordinaires!

Ernest. De même que les hydres, les actinies sont douées d'une puissance de reproduction telle qu'on peut les couper en long, en travers et obtenir de chaque tronçon un animal bientôt aussi parfait qu'il est donné de l'être à chaque espèce de ces rayonnés. Elles se reproduisent encore par des œufs et par des petits vivants; enfin, il suffit qu'un morceau de la partie inférieure ou pied, au moyen duquel elles adhèrent aux rochers,

1 Actinie aurore, variété — 2 Actinie verte — 3 Physalie.
4 Cyanée aux beaux cheveux — 5 Branche de Corail fleuri.
6 id. Détails grossi.

reste où l'animal était attaché, pour que ce fragment, continuant de vivre, augmente de volume et s'arrondisse; bientôt la bouche, les tentacules, l'estomac se forment, se développent, et voilà une actinie aussi belle que celle dont le nouvel animal n'était hier qu'une très petite partie.

LAURE. Si tu m'avais dit cela il y a seulement trois jours, je n'aurais pu y croire; mais maintenant que j'ai *vu* de mes yeux *préparer* un polype... Mais, Ernest, ces animaux piquent donc, puisqu'on les appelle orties?

ERNEST. Une seule, l'actinie verte que voici, figure 2, peut mériter ce surnom, parce que ses tentacules occasionnent sur la peau comme une piqûre brûlante qui rappelle la sensation causée par les piquants de l'ortie; les autres espèces connues, qui sont au nombre de vingt-quatre, sont aussi belles qu'innocentes.

LAURE. Et cette *physalie?* et cette *cyanée aux beaux cheveux?*

ERNEST. Ce sont des acalèphes hydrostatiques, ou orties de mer libres; nous en parlerons tout à l'heure. L'actinie aurore que te présente la figure 1 n'a, tu le vois, qu'un seul rang de tentacules, tandis que chez l'actinie de Sainte-Hélène, et chez l'actinie verte, ces tentacules sont, pour ainsi dire, innombrables. Lorsque l'actinie se contracte, elle les replie sur sa bouche, qui occupe le centre autour duquel ils sont placés plus ou moins régulièrement, et elle les recouvre entièrement au moyen de son enveloppe extérieure; ce n'est plus alors qu'une boule cylindrique de couleur sombre, se confondant aisément avec les rochers.

LAURE. Mon frère, comment faire pour les voir ainsi épanouies?

ERNEST. C'est au moment où la marée, en se retirant, ne laisse plus que quelques pouces d'eau sur les rochers, que ceux-ci s'émaillent d'anémones de mer dont les unes sont roses, les autres pourpres, d'autres jaunes, d'autres violettes.

LAURE. Quelle variété! et que cette quantité de fleurs..., vivantes doit présenter un beau coup d'œil!..... De quoi se nourrissent - elles, mon frère?

ERNEST. De petits poissons, de mollusques et de crustacés; mais elles sont surtout friandes de méduses qui méritent bien, celles-ci, le surnom d'orties de mer.

LAURE. Des méduses! Ah! que je voudrais voir au moins une méduse!

ERNEST. En voici une, figure 4.

LAURE. Comment? cette *cyanée aux beaux cheveux?* Mais elle n'a rien de *stupéfiant!* elle est fort jolie, au contraire. Pourquoi donc lui avoir donné ce terrible nom?

ERNEST. Parce que, sans doute, les filets, fort longs chez quelques unes, que tu vois pendre autour de l'ombrelle qui forme le corps de l'animal, se dressent et se lancent autour d'elle comme autant de serpents pour saisir leur proie.

LAURE. Ces filets, ce sont des tentacules?

ERNEST. Oui, ma sœur, et des tentacules redoutables; car la partie de la peau qu'ils viennent à toucher éprouve la même sensation brûlante qui accompagne la piqûre de l'ortie; de là le nom scientifique *d'acalèphe,* ou d'ortie, par lequel méduses et physalies sont désignées.

LAURE. Est-ce que cette physalie est aüssi une méduse?

ERNEST. Non; c'est une autre espèce d'ortie de mer aux appendices encore plus redoutables que ceux des méduses. La crête que tu vois au dessus de ce corps vésiculeux sert de voile à l'animal lorsqu'il flotte à la surface des flots par un temps calme. La physalie a reçu des matelots le surnom de petite galère ou de frégate, suivant sa grosseur. Ces singuliers animaux abondent, surtout dans le golfe du Mexique, après les coups de vent et les grosses marées. Quelquefois, en se retirant, la mer les laisse sur le sable; ils y restent jusqu'à ce que la marée montante vienne les remettre à flot, et alors, vogue la galère, ou la frégate! Les marins ne voient jamais les physalies approcher des côtes sans prévoir une tempête; mais en pleine mer, et quand le temps est calme, quand le soleil darde sur cet immense miroir ses rayons brûlants, rien n'est magnifique comme le coup d'œil offert par les phalanges sans nombre des méduses, des physalies et des acalèphes hydrostatiques de toutes les formes. Leurs vives couleurs chatoient des couleurs de l'iris ; le blanc, le rouge, le violet, l'orange, le bleu argenté font apparaître les vagues comme une vaste mosaïque mouvante composée de pierres précieuses ; et, le soir, le vaisseau sillonne des flots de feu ; car les débris de tous ces êtres animés, si long-temps désignés sous le simple nom de *gelée de mer,* ou de *cappello di mare,* comme disent les Italiens, produisent un très beau phosphore dont les vives lueurs se mêlent à celles que donnent les acalèphes vivants et de leur nature *phospho-rescents.*

LAURE. Que je voudrais donc voir cela !

Ernest se mit à rire et répondit : C'est ton refrain favori. Mais il faudrait d'abord n'avoir pas peur de l'eau, au point de jeter les hauts cris lorsqu'il s'agit de passer sur une planche placée en travers d'un ruisseau.

LAURE. Et il faudrait aussi, n'est-ce pas, mon frère, aller dans la mer des Indes ?

ERNEST. Je ne suis allé qu'à Dunkerque, il y a deux ans ; et là, en nageant en pleine mer, j'ai vu cette mosaïque de pierres précieuses dont je viens de te parler. La mer était si unie qu'à peine on pouvait apercevoir sur sa surface quelques légères ondulations. Ébloui à la vue de ce magnifique spectacle, j'allais courir plus avant, lorsqu'on me hêla du bateau-pêcheur que j'avais pris pour me conduire en pleine mer, et presque aussitôt je sentis sur les bras et sur les jambes des picotements assez vifs...

Laure. Ah! mon Dieu! quelle imprudence!

Ernest. C'est ce que me dit, comme toi, le patron de la barque, vieux loup de mer qui avait, assurait-il, *roulé sa bosse* dans les cinq parties du monde. Il avait toujours une histoire à raconter, quelle que fût la circonstance où l'on se trouvât.

Laure. Et te raconta-t-il une histoire, ce jour-là?

Ernest. Je le crois bien! une histoire épouvantable et qui développa en moi la passion de l'histoire naturelle.

Laure. Oh! raconte-la-moi, veux-tu?

Ernest. Je le veux bien; mais recueille d'abord, avec toute l'attention dont tu es capable, une remarque que j'ai faite et que tu feras toi-même quand tu écouteras ou quand tu liras ces histoires merveilleuses que les bonnes gens racontent sur presque toute la terre; c'est qu'elles ont pour fond, de même que les *rêveries grecques* ou fables du paganisme, quelque chose de *vrai* en soi et de fondé sur l'observation des phénomènes les plus curieux de la nature.

J'eus d'abord à essuyer des remontrances toutes paternelles. Jean-Baptiste affirma que si j'étais allé plus avant, je n'aurais jamais pu me tirer sain et sauf des millions de bras de ces mille millions de vampires marins qui s'appliquent sur la peau d'un honnête homme comme si ce n'était ni plus ni moins qu'un animal de marsouin, et sucent tout son sang, chose qui n'est point vraie, entends-tu bien? Ensuite vint le récit de tous les méfaits du grand monstre marin et terrestre qui, sur nos côtes, fait la guerre aux homards et aux écrevisses, à tel point qu'il les détruit entièrement partout où il juge à propos d'établir ses quartiers, et ceci au grand chagrin des pêcheurs. Mais c'est au Pont-Euxin que ce monstre, *dix fois* plus grand au moins, prend ses ébats, ajouta Jean-Baptiste. Comme en ce temps-là je n'avais pas la plus légère idée de ce que sont les mollusques, j'écoutais, la bouche béante, mon vieux loup de mer me décrire, avec toutes sortes d'embellissements, le poulpe des anciens, que quelques personnes confondent encore aujourd'hui avec la seiche et le calmar. Jean-Baptiste lui donnait je ne sais combien de centaines de bras armés de *griffes*, de *pompes*, de *trompes;* il le représentait comme possesseur d'une gueule dix fois plus large que celles de dix canons. Je ne pus m'empêcher de lui dire qu'alors ces monstres marins devaient avoir bientôt fait d'avaler un homme, et que, par conséquent, le supplice était promptement fini. Mais Jean-Baptiste me répondit, avec beaucoup de gravité, que leur plaisir étant de le sucer, on en avait pour quelque temps avant qu'ils eussent terminé leur besogne. Il me dit encore que le monstre marin du Pont-Euxin n'était rien pourtant en comparaison du *poisson-montagne* des mers du Nord, auprès duquel les plus gros requins et les plus monstrueuses baleines ne paraissent pas plus grands que des sardines ou des harengs. Ce poisson a une demi-lieue de long; ses bras, car il a des bras, ont la grosseur et la longueur des mâts les plus hauts des vaisseaux de guerre; en les agitant, il attire autour de lui tous les poissons qui peuplent les eaux à vingt lieues à la ronde, ouvre son dos comme nous ouvrons la bouche, et les engloutit tous en une seule *bouchée*. Comme je montrais quelque incrédulité, Jean-Baptiste m'assura que le *kraken*, ou poisson-montagne, est connu de tous les pêcheurs de la Norwége, depuis le premier jusqu'au dernier. Pendant les chaleurs de l'été, il leur arrive souvent de ne trouver en pleine mer que vingt ou quarante brasses, tandis que la profondeur ordinaire est de quatre-vingts à cent brasses. Cette différence les avertit de la présence du kraken. Les vieux pêcheurs, qui sont rusés et courageux, jettent à l'eau leurs filets, bien certains que le kraken, avec ses longs bras, va faire venir du poisson en quantité; mais ils ont la précaution de sonder sans cesse, afin de s'assurer si le fonds reste le même; s'il diminue, les pêcheurs fuient à la hâte, dans la crainte que le poisson-montagne, en changeant de place, ne les fasse tous chavirer. Jean-Baptiste me dit ensuite avoir vu un homme dont le grand-père

avait vu un pêcheur qui avait vu un autre pêcheur qui avait vu un homme qui avait eu un
frère qui avait eu pour ami le fils d'un pêcheur
dont le grand-père avait vu quelqu'un qui avait
vu l'un des bras du kraken...

Un éclat de rire de Laure interrompit Ernest.

— Tant il y a, dit-il après lui avoir donné le
temps de rire à son aise, que le mot de l'énig-
me du monstre du Pont-Euxin et du kraken
m'a été donné, il y a deux ans à peu près, par
M. Blanville, à qui je racontai, je ne sais plus à
quel propos, les *contes* de Jean-Baptiste. Ce fut
alors que j'entendis parler pour la première fois
des *poissons-fleurs* de mer et d'eau douce, des
arbres-pierres, et enfin du poulpe commun dont
la voracité passe toute expression, mais qui,
pourtant, ne dévore point les hommes. Tout ce
qu'il peut faire, c'est d'enlacer quelquefois les
pêcheurs avec ses longs bras, et alors malheur
à ceux qui, ne sachant point nager, perdent la
tête, car ceux-là se noient. J'appris donc que le
poulpe commun, aussi bon chasseur sur terre que
sur mer, et qui appartient à la classe des mollusques, possède, non pas une bouche aussi
grande que *dix fois* la bouche d'un canon, mais
proportionnée à sa taille ; que les pieds ou bras
qui approvisionnent cette bouche sont au nombre de huit, longs d'un pied et demi environ, et
munis chacun de deux rangs de suçoirs au nombre de deux cent quarante pour chacun.

Laure. Ah! l'horrible bête!

Ernest. J'appris encore, sur le compte de ce bel animal et sur celui de la seiche et du calmar, ses confrères en beauté et en abstinence, une foule de choses que nous serons bien aises de savoir quand nous nous occuperons des mollusques, tout aussi curieux à examiner que les polypes; ainsi, grâce à M. Blanville, mes idées, au sujet du kraken ou poisson-montagne, se débrouillèrent, et je pus séparer la vérité de l'erreur. Il en sera de même pour toi lorsque nous arriverons aux polypes à polypiers; et ici, tout au rebours de la fable, nous verrons plus petit qu'une souris enfanter une montagne. L'année dernière, excité par le récit de quelques expériences tentées pour s'assurer de la manière dont les orties de mer s'attachent si fortement aux rochers, j'ai voulu les répéter sur moi, et je suis tout fier de pouvoir te dire aujourd'hui que la sensation causée par une actinie s'attachant sur la peau est la même que celle produite par une ventouse.

Laure. Comment! tu as essayé sur toi-même?

Ernest. Sur moi-même. J'ai éprouvé aussi que l'application sur la main d'un seul tentacule d'actinie verte cause une démangeaison assez vive, et j'en ai conclu qu'on peut se trouver passablement à la gêne en compagnie, dans les eaux de la mer, de quelques milliers de méduses et de physalies en promenade et en gaîté, mais sans que mort s'ensuive pourtant.

Laure. Oh! l'on me hacherait par morceaux plutôt que de me faire faire des expériences de ce genre!

Ernest. C'est qu'apparemment tu te crois de l'espèce des polypes, et que tu te dévouerais bravement comme eux à multiplier les Laurettes par sections et boutures.

Laure. Allons, mauvais plaisant!

Ernest. La mauvaise plaisanterie vient sur les lèvres sans effort, lorsqu'on entend une personne qui se croit sensée dire qu'elle préférerait *mourir cent fois*, si c'était possible, plutôt que de faire une expérience curieuse, qui prouverait du moins une sorte de courage, et dont on ne meurt pas, tu le vois.

Laure. Dis donc, Ernest, il me semble que tu as parlé tout à l'heure des arbres-pierres? Qu'est-ce que cela?

Ernest. Les arbres-pierres nous ramènent tout droit aux polypes à polypiers; nous nous en occuperons demain. Ce second ordre de la quatrième classe des zoophytes mérite toute notre attention. Aujourd'hui nous n'aurions pas le temps d'en parler convenablement.

Mais voyons, tâchons de nous rendre un peu compte de ce que nous avons appris.

Laure. Eh bien! qu'est-ce que nous avons appris?

Ernest. Mais nous avons appris, ce me semble, que les polypes nus ou gélatineux peuvent se reproduire par des œufs, des bourgeons, des boutures, et qu'il en est de même des actinies.

LAURE. Et les méduses, Ernest? et les phy-salies?

ERNEST. Il est à présumer que les méduses présenteraient les mêmes phénomènes ou d'autres analogues, s'il était possible de les mieux observer. On sait cependant aujourd'hui que les méduses se reproduisent du moins par des œufs d'une structure fort curieuse. Mais ce n'est pas ce genre de récapitulation que j'entendais. Cédant à ta fantaisie, ma sœur, et à ta passion de *voir* par tes propres yeux, j'ai commencé *mon cours* par te parler non seulement du quatrième et dernier grand embranchement du règne animal, qui comprend les animaux rayonnés, mais encore de la *quatrième* classe de ce grand embranchement, les polypes; il faut au moins que tu saches qu'avant les polypes nus sont placés les acalèphes qui forment la troisième classe de ce grand embranchement.

LAURE. Pourquoi *faut-il* que je sache cela, mon frère?

ERNEST. Comment! pourquoi? En vérité, je ne te comprends pas, ma sœur. Veux-tu ou ne veux-tu pas *étudier* l'histoire naturelle?

LAURE. Eh bien, voyons : les acalèphes viennent avant les polypes nus ou gélatineux, et forment la troisième classe du quatrième grand embranchement du règne animal; es-tu content?

ERNEST. Je le serais davantage si tu concevais bien l'importance de la classification...

—Maman m'appelle, s'écria Laure. *La suite au prochain numéro.*

Et elle s'enfuit en faisant un signe plein de malice à son frère, qui sourit malgré lui de la joie que montrait l'écolière d'échapper au professeur au moment où il allait le devenir tout de bon.

TROISIÈME LEÇON.

———

LES POLYPES A POLYPIERS. — LES MADRÉPORES. —
LES ÉPONGES.

Je viens chercher des contes du baron de Crac, dit Laure en arrivant gaîment le lendemain dans le cabinet d'Ernest.

— Seulement des contes? demanda son frère.

Laure. Et des vérités aussi. Écoute, Ernest, j'ai eu tort de m'enfuir hier au moment où tu allais me parler de classification.

Ernest. Puisque tu le reconnais et puisque tu

reviens, je dois supposer qu'aujourd'hui tu es mieux disposée.

LAURE. Oui et non, c'est selon..... Oui, si la science ne rend pas l'histoire naturelle ennuyeuse; non, si l'ennui doit venir. Je ne redoute rien autant que l'ennui!

ERNEST. Mais dans le cas où je ne te demanderais que quelques minutes de sérieuse attention?

LAURE. Va pour quelques minutes!

ERNEST. Avant de pénétrer dans les forêts sous-marines où s'élèvent les *arbres-pierres* qui ont presque la solidité du marbre; qui consolident les rivages encore tremblants, éclos, pour ainsi dire, du sein des mers à la suite des éruptions de quelques volcans; qui étendent ces rivages en exhaussant le sol; qui forment des havres et qui prolongent les récifs redoutables aux navires, ne trouves-tu pas qu'il est de la prudence de se munir d'un fil protecteur au moyen duquel on puisse revenir sur ses pas en cas de besoin?

LAURE. Oh! je devine où tu en veux venir, mon frère; c'est à la nomenclature et à la classification.

ERNEST. Justement.

LAURE. Mais faut-il absolument que je sache comment les savants ont classé les... zoophytes, avant que tu me dises ce que c'est que le corail et comment les polypes le fabriquent?

ERNEST. Il faut du moins te laisser dire, pour

le cas où l'envie d'étudier réellement ces animaux singuliers te prendrait quelque jour, qu'ils forment le troisième ordre de la quatrième classe des rayonnés et la troisième famille, celle des polypes corticaux.

—Eh bien, *je me le suis laissé dire,* reprit Laure en riant; passons à cette belle branche de corail fleuri que j'ai entrevue hier, au bas du dessin que tu m'as montré... Où est-il donc, ce dessin?... Ah! le voici!... Et tu prétends que ce n'est pas là un morceau de branche pétrifié? que ces fleurs, qui le couvrent à moitié, ce ne sont pas des fleurs?

Ernest. Tu le sais déjà.

Laure. Je le sais, je le sais..., c'est-à-dire que tu me le dis. Rien ne ressemble davantage à une branche de pêcher en fleur... Mais tu ne regardes pas le dessin... Tu boudes, mon frère?

Ernest. Je ne boude pas; seulement je suis peiné de te trouver si prompte à reconnaître les complaisances qu'on a pour toi par des mots désagréables ou impolis. Si tu ne veux pas *croire* que ce que *je dis* soit *la vérité,* aie du moins la politesse de n'en rien témoigner, ou bien encore attends, avant de te prononcer, que tu aies pu examiner par tes propres yeux.

Laure baissa la tête avec confusion.

—Ce n'est pas moi seul, d'ailleurs, reprit Ernest, qui te *dis* que certaines *plantes* et que certains *arbres-pierres* ne sont pas plus des arbres

que des plantes. Il y a des siècles que les animaux singuliers qui produisent ces prétendues
plantes et ces prétendus *arbres* sont l'objet des
observations d'hommes instruits; il y a des siècles qu'on a cherché les moyens de s'assurer
comment il pouvait être *possible* qu'un animal
aussi *simple* que le polype, remarquable en tout
lieu par sa forme radiaire ou rayonnée, par sa
nature gélatineuse, par ses habitudes, soit dans
les eaux douces, soit dans les mers de tout le
globe, pût se montrer avec tant de diversité dans
son entourage au moins. Après bien des expériences inutiles, on est arrivé enfin à s'assurer
que les polypes d'eau douce, d'une part, ne sont
point des plantes, et que, d'autre part, les corallines, les coraux non seulement servent de demeure à ces petits animaux, mais qu'ils sont le
produit de leurs travaux, pour ainsi dire; que
les madrépores eux-mêmes, non moins variés
dans leurs formes, mais toujours reconnaissables
à un caractère particulier, sont encore le produit
de ce même travail des polypes; que les uns construisent leur polypier avec une substance gélatineuse seulement, ce sont les alcyons; les autres
avec une substance gélatineuse et cornée, c'est-
à-dire tenant de la nature de la corne, ce sont
les cellulaires, les gorgones, les corallines; d'autres avec une substance gélatineuse et calcaire
friable, ce sont les madrépores; d'autres, enfin,
avec une substance gélatineuse et calcaire qui ac-
quiert la solidité du marbre le plus dur, ce sont

les coraligénés ou coraux. Chacune des fleurs de cette branche de corail que tu vois représentée ici, figures 5 et 6, est un polype; les prétendus pétales de cette prétendue fleur sont les tentacules de l'animal. Et, cette fois, tu peux m'en *croire*, car je parle d'après les observations d'*autrui*.

La jeune fille était fort embarrassée; ne sachant comment se justifier, elle embrassa son frère et murmura tout bas : Ernest, pardonne-moi!

—Heureusement, reprit Ernest, mes *dires* seront soutenus de l'autorité de M. Blanville. Il a répété bien des fois l'expérience que je vais te dire et qui a conduit les naturalistes non seulement à reconnaître la nature des *plantes* et des *arbres-pierres,* mais encore à les ranger dans un ordre de classification qui pût rendre leur étude facile.

Les coraligénés, les madréporés, les tubiporés, les polypiers corticaux enfin, mis dans du vinaigre, se sont trouvés plus ou moins promptement dégagés de toute matière *calcaire,* et la matière *cornée* est seule restée. Alors on a pu voir les réseaux à mailles étroites ou larges et plus ou moins régulières, et les fourreaux plus ou moins longs des tubiporés, des madréporés, des coraligénés. Divers essais ont été tentés pour dissoudre cette matière cornée, et tous ont conduit à faire reconnaître qu'elle devait être un produit animal.

Tandis qu'Imperati et d'autres naturalistes faisaient sur les productions de la mer ces observations curieuses, Peyssonel et Tremblay en faisaient d'autres sur les prétendues plantes *vivantes,* et le résultat des rapprochements entre tous ces travaux conduisit à démontrer d'une manière certaine l'existence des polypes, si reconnaissables d'ailleurs. Partout ils offraient à l'observateur attentif la même substance gélatineuse, la même figure conique ou cylindrique, une bouche garnie de tentacules en nombre plus ou moins grand, une égale promptitude à se contracter ou à se dilater, enfin les mêmes habitudes et les mêmes moyens de reproduction. Ce que je *dis* là commence-t-il à te paraître *croyable?*

— Mon frère, répondit Laure en l'embrassant de nouveau, est-ce que tu ne m'as point pardonné?

ERNEST. N'en parlons plus, puisque en effet j'ai *pardonné.*

LAURE. Mon petit Ernest, je vois comme des boutons auprès des polypes épanouis, sur cette branche de corail qui est si jolie; qu'est-ce que cela, je te prie?

ERNEST. Tu as vu des *boutons* se détacher du corps des hydres, ces boutons s'ouvrir et donner d'autres hydres; les polypes de mer se reproduisent de la même façon, excepté cependant que chaque bouton ou vésicule sert d'abri au nouveau-né jusqu'à ce qu'il soit arrivé à son entière croissance. A la moindre alerte, il s'y retire, et le couvercle se referme sur lui. Mais dès que le polype est parvenu à la taille qu'il doit avoir, la vésicule tombe d'elle-même, ainsi que tombent les pétales des fleurs quand le fruit est noué.

LAURE. Comment veux-tu, mon bon frère, que tant de points de ressemblance avec les plantes ne m'aient pas empêchée de confesser plus tôt que ce ne sont point là des plantes? Car enfin les polypes d'eau douce forment de vrais bouquets, de vrais arbrisseaux. Et les actinies ne sont-elles pas absolument des fleurs? Mais, Ernest, je ne vois pas une seule racine.

ERNEST. Ma pauvre Laurette, tu ne peux encore te résigner à ne point trouver, dans les polypes, tous les caractères de la plante. On en est réduit, tu dois le deviner, à des conjectures sur la manière dont *se commencent* corallines, coraux et madrépores; mais ceux qui jettent les fondements de la colonie future travaillent solidement, car ce n'est pas chose aisée que d'arracher les coraux, en particulier, des rochers auxquels ils adhèrent; il faut au contraire de grands efforts pour les en détacher.

D'après ce qu'on sait de la liqueur visqueuse qui transsude de tout le corps de chaque polype, on a pu conjecturer que cette liqueur pénètre dans les pores des rochers sur lesquels les coraux se fixent, et expliquer ainsi, par la nature même de la production appelée *corail,* la cause de cette *adhérence;* elle est beaucoup plus faible chez les madrépores, parce que ceux-ci se trouvent composés d'une matière friable.

Si maintenant tu te rappelles avec quelle rapidité se reproduisent les polypes, tu devineras qu'il en faut un bien petit nombre pour établir promptement et largement les bases d'un arbrisseau-corail. Autour et au dessus des *fondateurs,* poussent et se développent les bourgeons. Chaque polype quittant sa cellule dès que celle-ci se remplit de la matière rouge et dure qui constitue particulièrement le corail, des branches tardent peu à sortir du tronc principal, lequel se durcit de plus en plus par sa base et par toutes les ramifications bientôt abandonnées. C'est seulement aux extrémités des branches qu'on trouve le corail couvert d'une écorce rose, gélatineuse, percée de milliers de cellules et comme semée de vésicules ou boutons. Cette écorce se sèche à l'air et tombe en poussière, tandis que le corps fibreux et calcaire qu'elle recouvre, conservant sa solidité, peut être taillé et poli comme on taille et comme on polit le marbre.

LAURE. Mais, mon frère, tu ne m'as pas dit encore un seul mot de la manière dont les polypes s'y prennent pour faire le corail!

ERNEST. Je n'ai pas *osé...*

LAURE. Allons, tu te moques!

ERNEST. Je n'ai pas *osé* te parler de ce que personne n'a *vu*, et surtout des simples conjectures auxquelles on en est réduit à ce sujet; conjectures fort vraisemblables, du reste. Par exemple, on a *vu* des limaçons faire leur coquille.

Laure. En ce cas, nous pourrions le voir aussi.

Ernest. Oui, au printemps prochain, et si tu as assez de patience pour les observer plusieurs heures de suite.

Laure. Pour cela, non, mon frère! ce sont de vilaines bêtes que je ne voudrais pas *contempler* long-temps.

Ernest. Alors, si une explication peut te suffire!...

Laure. Oui, oui.

Ernest se leva et alla prendre dans un tiroir une coquille de limaçon jaune et noire, et une autre grise.

—Voici, dit-il en se rasseyant auprès de sa sœur, ce qu'il nous faut pour une simple explication.

Le travail fait par les limaçons pour construire et étendre leur coquille est le même que celui fait par tous les mollusques *testacés*, c'est-à-dire à coquille. Ce travail commence avec la vie de l'animal; la forme, les couleurs de chaque espèce se trouvent conservées chez chaque individu de cette espèce, sans autre altération que celle apportée par des circonstances fortuites qui viennent déranger un peu l'ordre de la nature. Remarque ce point presque imperceptible d'où partent les anneaux de la spirale qui va en s'élargissant jusqu'au bourrelet avec une régularité parfaite! C'est, pour ainsi dire, le point de départ du limaçon qui, à peine sorti de l'œuf, commence à *suer* sa demeure.

LAURE. Comment as-tu dit, Ernest?

ERNEST. J'ai dit qu'à peine sorti de l'œuf, le limaçon commence à *suer* sa coquille. Celle-ci tarde peu à devenir trop étroite; l'animal alors se déplace, fait déborder son corps par l'ouverture et demeure immobile. Ce que l'histoire naturelle nous apprend sur les animaux en général et sur les travaux particuliers de chacun ne nous permet pas de douter que les mollusques testacés ne *travaillent en effet* tout autant que les autres, mais à leur manière, malgré leur apparente immobilité. Bientôt la matière visqueuse qui transsude de tout leur corps, et qui est mêlée de matière calcaire plus ou moins susceptible d'acquérir de la solidité, forme, sur la partie du corps qui est découverte, une pellicule qu'on voit se durcir à l'air, s'épaissir, et à laquelle l'animal ajoute, en dessous, plusieurs autres pellicules ou feuillets dont la réunion donne la coquille solide que tu vois. Chaque tour de la spirale marque le travail complet ajouté au travail précédent.

LAURE. Que c'est donc extraordinaire!

ERNEST. Ce que je viens de te dire n'excite-t-il en toi aucune idée de quelque rapprochement à faire avec les *travaux* des polypes à polypiers?

Laure. Comment! Mais, Ernest, ils ne construisent point de coquilles?

Ernest. Non; mais il est *supposable* qu'ils suent chacun leur cellule; que cette cellule se comble bientôt par le dépôt de la matière visqueuse et calcaire qui transsude de l'animal, et que celui-ci se forme alors une autre cellule. Dans quelques espèces, cette cellule s'allonge en tube. Si plusieurs individus se trouvent accolés l'un à l'autre, ces tubes se soudent en restant visibles ou distincts, comme dans le tubipore musica, ou bien ils s'unissent intimement, se confondent, forment un seul tout, comme dans le corail, par exemple. Puis le *tronc* se ramifie, grace aux générations qui éclosent à droite, à gauche; ces branches nouvelles se ramifient à leur tour, et l'arbre corail grossit, grandit, s'élargit.

Laure. Je comprends cela, mon frère; mais ce que je ne comprends pas, c'est que leurs demeures et celles des limaçons offrent des couleurs qui ne ressemblent pas du tout à celles de l'animal; excepté le limaçon gris, pourtant.

Ernest. Ainsi que toi, ma sœur, j'ignore le *comment* et le *pourquoi*. Tout ce que je sais, et tu le sais aussi, c'est que le rosier rose produit des roses roses, et le rosier blanc des roses blanches et du feuillage vert; c'est que le limaçon à coquille grise produit une coquille grise, et le limaçon à coquille jaune et noire une coquille jaune et noire; c'est que le polype lithophyte produit du corail noir, le polype cortical le corail rouge; c'est que les alcyons à polypier vert produisent un polypier vert, ceux à polypier orange un polypier orange; c'est que le tubiporé du tubipore musica produit un polypier d'un rouge éclatant, et un autre tubiporé des tubes de la forme et de la couleur de la paille d'avoine, etc., etc.

—Me voilà bien avancée! s'écria Laure en riant.

ERNEST. Disons maintenant quelques mots des madrépores.

Je te ferai d'abord observer que ce qui caractérise principalement les madréporés, c'est la figure *étoilée* que tous donnent à leurs cellules. Que le madrépore se présente avec le nom d'abrotanoïde sous l'aspect d'un arbrisseau, dont chaque branche rappelle un peu la forme de la graine du plantin, ou bien qu'il offre la réunion capricieuse de grandes feuilles d'acanthe dont l'ensemble a reçu le nom de *pavonie laitue,* ou bien l'aspect d'un entonnoir, ou enfin d'un gâteau d'abeilles dont chaque cellule correspond à l'autre par mille et mille petites ouvertures, le madrépore est reconnaissable, je le répète, à la figure en étoile, plus ou moins régulière, de la cellule que ce polype a transsudée.

Des lames minces, formant des lignes droites ou serpentantes, distinguent quelques genres; mais ces lames principales, plus légères et plus délicates encore que celles qu'on trouve dans la pâte feuilletée, sont toutes garnies de lamelles ou lames plus petites, qui toujours viennent se réunir à un centre et présenter la figure d'une étoile. Cuvier nous apprend que, dans l'état de vie, cette partie pierreuse est recouverte d'une écorce vivante, molle et gélatineuse, toute hérissée de rosettes de tentacules, qui sont les polypes ou plutôt les actinies; car ils ont généralement plusieurs rangées de tentacules, et les lames pierreuses des étoiles correspondent, à quelques égards, aux lames membraneuses du corps des actinies. L'écorce et les polypes se contractent au moindre attouchement.

Ce n'est pas tout; les madrépores ne présentent pas la même solidité que le corail, et la matière calcaire est si abondante chez eux qu'en bien des contrées on ne connaît pas d'autre chaux pour faire le ciment, crépir les murailles et engraisser les terres. Mais quelque friables que soient les madrépores, ils forment cependant des montagnes sous-marines plus étendues encore que les coraux, et dont les masses, élevées l'une sur l'autre, arrêtant au passage les sels, les sables, les terres, les débris de poissons et de coquillages charriés par les eaux, sortent bientôt du sein des mers et donnent des îles nouvelles sur lesquelles le vent apporte les graines des plantes, des arbres, des herbes les plus humbles; alors les immenses travaux de plusieurs milliares de

générations polypiaires se couvrent d'une végé-
tation riche et brillante, et le navigateur qui
vogua dans ces parages quelques années auparavant, sans apercevoir autre chose que le ciel et
l'eau, s'étonne à la vue de ces îles verdoyantes
dont sa mémoire n'a gardé aucun souvenir. Il
cherche les écueils qu'il avait reconnus jadis et
qu'il avait soigneusement indiqués sur sa carte;
mais vainement: le *poisson-montagne* a été transformé en une île que d'autres *poissons-montagnes*
élargiront, que les coraux entoureront d'une tri-
ple ceinture d'écueils à fleur d'eau , et le navigateur abandonne sur cette île encore déserte et
visitée seulement par les oiseaux quelques animaux d'Europe, de ceux surtout qui peuvent endurer le plus long-temps la soif; car les arbres
ne sont encore dans cette île nouvelle que des
arbrisseaux; car les *montagnes* n'y sont encore
que des dunes à peine visibles; à marée basse, le
vent y amoncellera de nouveaux débris, les ex-
haussera peu à peu, leur fera même atteindre
jusqu'à deux cent cinquante pieds d'élévation, et
sur cette terre s'établiront à la longue les *alam-
bics* naturels que nous connaissons tous sous le
nom de *sources.* Mais bien des années, bien des
siècles peut-être passeront avant que des eaux
abondantes et sortant du sol, pour ainsi dire ,
viennent ajouter à la fertilité de la terre et activer
la croissance des arbres, qu'une ondée passagère,
qu'une pluie d'orage aura seule aidés dans leur
développement.

Les siècles s'écoulent ; des sources intermitten-
tes jaillissent çà et là ; quelques unes continuent
de n'alimenter les ruisseaux que par caprice ;
d'autres donnent toute l'année des eaux abondantes, et tandis que l'île se peuple d'animaux
divers, d'hommes même, la nature continue ses
travaux ; elle enveloppe dans des couches solides
les madrépores, principales bases de la terre
nouvelle ; ces couches solides se changent en
pierre, en marbre ; et l'homme qui découvre aujourd'hui, au milieu des terres, des carrières
dont la pierre ou le marbre renferme des madrépores, des coraux, des coquillages, des éponges,
et qui, en parcourant les mers, assiste, pour ainsi
dire, à la formation de mondes nouveaux,
l'homme demeure confondu d'admiration et de
respect devant la toute-puissance de cette main
divine qui, à son gré, fait sortir des mondes du
sein des eaux, y fait rentrer les mondes anciens,
et imprime partout, en caractères gigantesques,
le sceau ineffaçable d'une grandeur sans bornes
et d'un pouvoir infini !

Laure se sentait émue de ce tableau que son
frère venait de tracer de la formation d'une île
nouvelle, et elle le témoignait par sa contenance.

Après un moment de silence, elle dit : « C'est
pourtant contrariant, Ernest, que ces petits *sacs*
bâtissent des mondes, tandis que nous, nous ne
pouvons bâtir que des maisons ! »

Ernest. N'est-ce point là une leçon bien faite

pour abaisser notre orgueil? Leurs travaux cimentés dans la pierre et le marbre passent de siècle en siècle aux générations les plus lointaines, tandis que les nôtres, à la surface du sol, se réduisent en poussière promptement balayée par l'aile des vents! Il nous faut, à nous, pour creuser seulement un puits, des outils inconnus à la mygale pionnière, à la mygale maçonne; il nous faut des cloches à plongeur pour aller recueillir au fond de la mer les débris des navires, et l'on n'a pas encore trouvé de moyen assuré d'y renouveler l'air; tandis que l'argyronète bâtit dans l'eau la cloche imperméable sous laquelle éclosent ses petits, et elle vient, à la surface de cette eau qui l'enveloppe, recueillir l'air nécessaire pour renouveler celui de sa demeure.

Laure. Est-ce que les mygales et l'argyronète sont encore des polypes?

—Ce sont des araignées, répondit Ernest en souriant de la question qui montrait que Laure était encore tout-à-fait ignorante de l'histoire si curieuse des insectes.

Laure rougit.

—Mais aussi, dit-elle avec un petit mouvement d'humeur, pourquoi toujours donner des noms étranges à des animaux... connus de tout le monde... sous leur véritable nom?

Ernest. Connus de tout le monde! mais il me paraît que non.

Laure. Des araignées sont toujours des araignées.

Ernest. Sans doute, comme des fagots sont toujours des fagots ; mais il y a pourtant fagots et fagots, tu le sais bien.

Laure. Oh! que tu es quelquefois moqueur! Eh bien! l'*ignorante* te dira à son tour qu'il y a corail et corail; car il me semble avoir entendu parler de corail blanc.

Ernest. Il y en a même du noir, l'isis à queue de cheval, si l'on veut adopter ce nom de corail pour la désigner, ainsi que le commerce désigne par le nom de corail blanc les madrépores pêchés dans la Méditerranée. La réflexion que, tout à l'heure, tu as faite sur la fragilité des édifices construits par l'homme et sur la solidité des polypiers construits par les coraligénés, vient de me rappeler que cette solidité n'est pourtant que relative. Malgré leur dureté, ces produits des travaux d'animaux microscopiques ne sont point à l'abri des attaques d'autres animaux microscopiques; c'est à ce point que le corail, comme le marbre, est percé de part en part, dans tous les sens, au fond des mers, par ces animaux; il devient alors si friable qu'un rien suffit pour le réduire en poudre. Ces atomes destructeurs, actifs et très puissants, tu le vois, malgré leur ténuité, ne travaillent pas seulement dans les profondeurs de l'Océan; la terre ferme en contient de non moins dangereux. Voici une note que j'ai empruntée l'autre jour à un compte rendu de l'une des séances de l'Académie des

sciences; M. Ehremberg adresse à l'Académie, par
l'intermédiaire de son savant ami, M. de Humboldt, des échantillons de la couche tourbeuse
et argileuse qui existe, à sept mètres de profondeur, sous le pavé de la ville de Berlin. Dans cette
couche se trouvent des quantités innombrables
d'infusoires ou microscopiques vivants, qui impriment à la longue au sol des mouvements capables de compromettre, à un certain point, la
solidité des constructions de plusieurs quartiers
de cette grande cité.

Laure. Est-il possible, Ernest?

Ernest. Au nombre des constructions ainsi
menacées est la maison même de l'illustre voyageur (de Humboldt) qui donne communication
à l'Académie, au nom de M. Ehremberg, de cette
singulière nouvelle. M. Ehremberg a, de même,
constaté les traces de cette vie souterraine à deux
ou trois mètres au-dessous du fond de la Sprée,
ainsi que dans le limon de divers fleuves et
ports. Ces animalcules multiplient d'une manière
si prodigieuse, qu'en 1840, au bord de la Baltique, on a retiré du bassin de Swienemünde deux
millions de pieds cubes environ dont *la moitié*
était composée d'animalcules.

Laure. Mais, mon frère, comment peuvent-ils
vivre ainsi enfouis?

Ernest. Ils respirent l'oxigène de l'air, dans ces
couches souterraines, par l'intermédiaire de l'eau.
M. Ehremberg a constaté la présence d'animal-

cules de ce genre sur des étendues immenses qui embrassent la Nubie, le Delta du Nil, l'Amérique du Nord, la Sibérie, les îles Malouines, Mariannes, etc., etc. Eh bien! ma sœur, qu'en dis-tu?

LAURE. Je dis... que je ne dis rien, tant je suis étonnée de ce que tu viens de me raconter. Ainsi la ville de Berlin se trouve minée par dessous... En vérité, c'est inimaginable!

ERNEST. Oh! tu es loin de te douter de toutes les merveilles que présente l'histoire naturelle!... Si tu veux, je te conduirai ce soir chez M. Blanville. Il aura la complaisance, je l'espère, de te montrer des madrépores parfaitement conservés, des polypiers et des éponges fossiles découverts dans les environs de Caen.

LAURE. Comment! dans les environs de Caen? Les polypiers et les éponges ne sont-ils donc pas le produit des travaux des polypes gélatineux qui vivent dans la mer?

ERNEST. Si, ma sœur. Du reste, les éponges fossiles sont rares; mais lorsqu'on en trouve, c'est toujours au milieu des terres les plus éloignées des côtes. Ceci est donc encore une preuve à ajouter à des milliers d'autres, qui ne permettent pas de douter que le continent d'Europe, de même que les îles nouvelles, est sorti du sein des eaux salées.

LAURE. Mon frère, à quelle classe appartiennent les éponges, je te prie?

ERNEST. A celle des animaux rayonnés; du

moins les naturalistes les ont placées, jusqu'à présent, à la suite des madréporés.

Laure. Alors ce sont des polypiers... mous?

Ernest. Jusqu'à présent, je te le répète, ma sœur, on n'a pas pu se prononcer sur ce sujet, parce qu'il n'a pas encore été possible de *voir* l'animal qui construit l'éponge. Mais on s'est assuré que la plupart des ouvertures dont elle est toute semée sont autant de conduits où s'établissent des courants d'eau qui amènent sans doute avec eux les animalcules dont l'animal ou la colonie se nourrit. Mais si les éponges vivent aux dépens des animalcules que leur apportent ces courants d'eau, d'autres animaux vivent aussi à leurs dépens, et une foule d'autres encore viennent s'installer dans leurs ouvertures nombreuses; il est facile de s'en assurer lorsqu'on examine avec quelque soin les éponges communes surtout, même alors qu'elles ont passé par les mains des gens qui les préparent pour les livrer au commerce. On y trouve une foule de petits coquillages d'espèces différentes.

Laure. Pourtant, Ernest, les éponges doivent mourir quand ces petits coquillages, remplissant ces ouvertures, mettent obstacle aux courants de l'eau?

Ernest. C'est probable.

Laure. Est-ce qu'elles tiennent aussi solidement aux rochers que les actinies et les coraux?

Ernest. Elles y tiennent du moins par le secours de cette même matière visqueuse qui sert à leur construction ; et comme leur couleur fauve ne permet pas de les distinguer aisément des rochers sur lesquels elles s'établissent, la pêche des éponges est difficile et coûte tôt ou tard la vie à ceux qui s'y livrent, quoique cependant on ne soit pas obligé de les aller chercher toujours à une aussi grande profondeur que le corail. La pêche des éponges est la principale industrie des habitants de l'archipel grec; de là est venue, sans doute, la coutume établie dans ces îles, depuis des siècles, de ne permettre aux filles et aux garçons de se marier que lorsqu'ils ont fait preuve d'adresse et de courage à la pêche des éponges.

Laure. Ainsi une chose dont on fait si peu de cas met tous les jours en danger une foule de ces pauvres gens !

Ernest. Il n'est, pour ainsi dire, pas une des jouissances ou des commodités que se procure le riche, qui ne soit le produit des dangers ou des travaux pénibles d'une foule de pauvres gens !

Laure soupira, et, le reste de la journée, elle pensa plus sérieusement que de coutume à ce que lui avait dit son frère.

Mais le soir, au moment de partir pour aller avec lui chez M. Blanville, sa gaîté et son étourderie reparurent.

QUATRIÈME LEÇON.

———

LA MER LUMINEUSE.

Ce n'était pas la première fois que Laure voyait le cabinet de zoologie de M. Blanville; mais certainement, jusqu'à ce jour, elle ne l'avait jamais aussi bien *vu,* parce que, jusqu'à ce jour, elle ne s'était guère mise en peine de *regarder* des choses qui, à son avis, ne pouvaient nullement l'intéresser. Cette fois elle y venait avec un sentiment de curiosité fondé sur quelques aperçus encore vagues mais intéressants, et elle était ainsi toute disposée à écouter avec attention des explications même sérieuses. M. Blanville, de son côté, paraissait bien aise de trouver la jeune fille capable de faire des questions qui montraient en elle le désir réel de s'instruire; on apportait donc, des deux côtés, les meilleures dispositions du monde.

Avec cette condescendance qui toujours distingue les gens de mérite des gens à prétention, et les vrais savants des ignorants *frottés* de science, M. Blanville rendit *sensible,* pour ainsi dire, et même *palpable* à la jeune fille quelques unes des différences auxquelles sont dues les divisions et subdivisions des animaux par les naturalistes en classes et sous-classes, genres et sous-genres.

Il possédait une très belle collection de polypes gélatineux, de polypes charnus conservés dans l'esprit de vin; des polypes tubiporés, des polypiers corticaux, des madrépores, des millipores, et Laure était enchantée de pouvoir se *reconnaître* au milieu de ces échantillons des *arbres* qui composent les *forêts* sous-marines.

Après lui avoir montré des éponges fossiles, le vieux savant lui parla du *pennatula encrynus,* espèce d'ombelle vivante, à tête empanachée et toute formée d'hydres d'une couleur jaune presque aussi brillante que de l'or. Il lui raconta que cet *encrynus* de six pieds de long avait été pêché pour la première fois non loin des côtes du Groënland, à près de *onze cents pieds* de profondeur.

— Il est étonnant, dit Ernest, qu'à une si grande profondeur les animaux renfermés dans le sein des mers ne s'étiolent pas comme les plantes privées de lumière.

— D'abord, mon jeune ami, répondit M. Blanville, il n'est point *prouvé* que, même à cette *grande profondeur*, les animaux et les plantes soient privés de cette lumière à laquelle est due en grande partie la coloration des végétaux surtout; ensuite on a pu penser, à la vue de la belle caulerpa à feuilles de vigne d'un vert si éclatant et que de Humbold et Bompland pêchèrent à *deux cents pieds* de profondeur en arrivant dans les parages des Canaries, que l'intensité de la lumière n'est pas toujours absolument nécessaire à la coloration des végétaux. Cependant, comme plusieurs expériences faites sur la propagation de la lumière dans l'eau ont donné lieu de supposer qu'elle pénètre jusqu'au fond de l'Océan, il n'est pas possible de douter que son influence ne soit pour quelque chose dans cette coloration qui se répète d'une manière uniforme à différentes profondeurs. Ainsi, par exemple, à la surface des eaux de la mer qui décomposent, en quelque sorte, les rayons lumineux, mais pour en augmenter l'intensité, brillent, chez les actinies, les méduses, les porpites, les alcyons, toutes les couleurs si vives et si pures du prisme. Plus bas, les floridées et les coraux présentent toutes les nuances du rouge, à partir du pourpre jusqu'au rose pâle; les plantes de cette zone offrent le vert tendre que nous voyons dans les lentilles d'eau à la surface des marais, et cette couleur verte, on la retrouve encore sur la caulerpa, à un fond de deux cents pieds. Après la zone des floridées et des coraux, vient celle des spongiaires; et ici nous voyons, à cinq ou six cents pieds d'enfoncement, ce même brun jaunâtre qui nous est présenté par le genre *lichina* sur les rochers du rivage que baigne seulement, et comme par caprice, l'écume des vagues; enfin, à onze cents pieds de profondeur se présente le jaune pur que nous n'avons trouvé dans aucune des zones supérieures, et le gigantesque rameau d'or du *pennatula encrynus* vient faire répéter au savant ce mot de Montaigne qui partout et en tout temps est vrai autant que désolant : *Que sais-je?* En effet, que *savons-nous* positivement en quoi que ce soit au monde?

Laure ouvrait de grands yeux. Elle qui croyait déjà *savoir* beaucoup de choses, elle ne comprenait pas que M. Blanville pût dire avec Montaigne : *Que sais-je ?*

Ernest s'informa si M. Blanville avait fait de nouvelles expériences sur l'eau de mer lumineuse; et alors l'entretien, qui avait été jusqu'alors à la portée de Laure, commença à devenir pour elle inintelligible. Ce qu'elle comprenait seulement, c'est que, pour un jeune homme de vingt ans, son frère était fort instruit. Elle en jugeait, moins par les observations et les questions qu'il faisait et qui annonçaient pourtant des connaissances variées, que par la manière dont M. Blanville y répondait. Ce n'était point un maître donnant des explications à son disciple; c'était un savant parlant à un autre savant la langue. également familière à tous les deux.

M. Blanville voulut qu'avant de s'en retourner le frère et la sœur vinssent faire une promenade dans son jardin, et alors, s'occupant encore une fois de Laure, il l'engagea à continuer avec Ernest l'étude de la nature.

— C'est, lui dit-il, un grand livre toujours ouvert devant nos yeux. Bien des gens s'arrêtent à la première page. Ne faites pas comme eux, ma chère Laure. Profitez de votre séjour à la campagne pour acquérir quelque connaissance de l'histoire des insectes, par exemple. Elle est curieuse, elle est amusante; les sujets d'étude se présentent à chaque pas. Puisque vous aimez tant à *voir*, apprenez à regarder; ne dédaignez rien de ce qui peut vous familiariser avec des recherches qui deviendront plus tard plus étendues, mais surtout étudiez par amour de l'étude et non pour faire un vain étalage du peu que vous aurez pu apprendre. La science n'a de véritables charmes que pour ceux qui s'en occupent par amour pour

elle-même; n'est-elle qu'un objet d'amour-pro-
pre, elle trompe nos espérances, car il n'est pas
rare à tout âge, mais dans la jeunesse surtout, de
trouver des gens beaucoup plus instruits que
nous ne pouvons l'être.

Laure rougit un peu. Sans s'en douter, M. Blanville venait de toucher une corde bien sensible;
Laure était du nombre beaucoup trop grand de
ces jeunes filles qui ne voient, dans l'acquisition
d'une connaissance nouvelle, qu'un moyen de
plus d'attirer les yeux sur elles, et non pas une
source de jouissances intellectuelles, ou simplement une ressource contre le désœuvrement et
l'ennui.

Au retour, Laure remercia son frère de l'avoir
mise à même, par les leçons qu'il lui avait données depuis quelque temps, de suivre, *sans cloche à plongeur,* M. Blanville aux différentes
zones habitées par les méduses, les actinies, les
coraux, les éponges et les pennatules encrynes.

—Mais il y a bien des choses que je n'ai pas
comprises, ajouta-t-elle; et il faut que tu me les
expliques, mon petit Ernest.

ERNEST. Questionne, et je répondrai.

LAURE. C'est que je voudrais demander tout
à la fois... et les mots me manquent, parce que
ceux dont M. Blanville s'est servi sont si nouveaux pour moi qu'ils ne me reviennent pas à la
mémoire. Mais d'abord explique-moi une chose
que j'ai lue il n'y a pas long-temps, je ne sais plus

où, c'est dans un voyage, je crois; c'était un essai tenté pour apaiser, avec de l'huile, les flots de la mer. Le voyageur dit que les vagues furieuses s'abaissèrent peu à peu et que la mer devint unie comme un miroir. Xercès, lui, la faisait fouetter, ce qui est bien différent, et elle s'apaisait pourtant!

ERNEST. Brrr! voilà ta tête de jeune fille en chemin de faire des romans et d'ajouter ses rêveries à tant d'autres. Pour peu que cela te fasse plaisir, nous essaierons en petit, sur notre vivier, de répéter cette expérience curieuse qui, de plus, nous conduira à voir par nos yeux, ou du moins à deviner par comparaison, comment il est *possible* à l'homme d'arriver à reconnaître, au moins jusqu'à une certaine profondeur, la propagation de la lumière à travers les eaux.

LAURE. Oh! quel bonheur! nous essaierons demain, n'est-ce pas, Ernest?

ERNEST. Demain ou un autre jour. Il vaudrait mieux attendre un temps d'orage, un grand vent.

LAURE. Tu as raison, parce qu'alors il y aurait des *vagues* sur notre vivier toujours si tranquille.

ERNEST. Nous nous mettrions du côté où soufflerait le vent; une demi-cuillerée d'huile répandue sur l'eau, tout au bord du rivage, étant suffisante pour couvrir une surface assez étendue, tu verrais alors les *vagues* s'abaisser, en même temps les fleurs, les feuilles tombées sur l'eau s'écarter poussées en avant par l'huile, et tu pourrais distinguer les poissons, les coquillages, les cailloux même jusqu'au fond de l'eau.

Laure. Est-il possible? Comment! avec une demi-cuillerée d'huile, on produit tout cela?

Ernest. Les pêcheurs de nuit, en général, et ceux de Naples, en particulier, connaissent ce moyen de rendre la transparence aux eaux de la mer, dans lesquelles, ainsi que tu peux t'en souvenir, M. Blanville vient de te montrer tant de corps en dissolution et en mouvement. La nuit, ces pêcheurs versent de l'huile sur les flots, et les poissons, attirés par la vive lueur du feu allumé à l'arrière du bateau, deviennent tellement *visibles*, que rien n'est plus facile que de les harponner; le jour, les pêcheurs de coquillages jettent devant eux de petits cailloux couverts d'huile; l'huile se détache promptement, monte à la surface, rend à l'eau sa transparence, et les pêcheurs n'ont plus, comme disent les bonnes gens, qu'*à se baisser et à prendre.*

Laure. Il me vient une idée, Ernest! *une idée!* comme le dit d'une manière si comique M. Dervigny. C'est que Xercès pouvait bien connaître l'effet produit par l'huile sur les eaux agitées par la tempête, et qu'il faisait fouetter la mer furieuse avec des fouets trempés dans de l'huile.

Ernest. C'est possible. Les *demi-dieux* de

l'antiquité étaient passablement *jongleurs*, d'après ce que nous apprend l'histoire, et comme alors la science se trouvait réservée seulement à un petit nombre d'initiés, rien ne leur était plus facile que d'éblouir les nations ignorantes par la production de quelques-uns des phénomènes de la nature dont la connaissance appartient aujourd'hui à tout le monde. Pline et Aristote parlent, dans leurs écrits, de cet effet physique que les pêcheurs, du temps de Xercès, savaient produire (l'histoire le prouve) pour s'aider dans leurs travaux. Mais si par hasard ces pêcheurs devinaient la manière dont Xercès employait l'huile pour calmer l'agitation des flots, ils n'avaient garde sans doute de le proclamer, bien persuadés qu'on n'*huilerait* pas le bâton ou le fouet qui servirait à châtier leur indiscrétion maladroite. Xercès pouvait donc, à son gré, *fouetter* la mer pour l'apaiser; c'était prouver à la fois sa puissance et celle du fouet d'une manière irrécusable, et consolider ainsi l'une et l'autre. Un savant, M. Van Beeck, a fait, de nos jours, des recherches intéressantes sur la propriété que l'huile possède d'apaiser les flots; il rapporte que, jusqu'à l'immortel Franklin, aucun savant ne s'était occupé *scientifiquement* de ce phénomène singulier.

Dans le cours d'un voyage entrepris par Franklin, en 1757, avec une flotte de quatre-vingt-seize voiles, il observa, un jour, que le sillage de deux vaisseaux restait uni, tandis que celui des autres était violent et écumeux. Le commandant du vaisseau, auquel Franklin fit part de sa remarque, répondit d'un air indifférent, et comme parlant d'une chose tout-à-fait vulgaire et connue de tout le monde, que probablement les *coqs* de ces vaisseaux, ou les deux cuisiniers, si tu le préfères, avaient fait couler par hasard au même instant les eaux grasses de leurs cuisines, et que ces eaux s'étaient répandues autour des bâtiments.

Un homme comme Franklin ne pouvait laisser passer inaperçu un fait si extraordinaire. Il résolut de faire lui-même des expériences sur cette propriété des corps gras d'apaiser l'agitation des flots, et il put se convaincre que le phénomène se reproduisait toujours à volonté. De ce moment, il ne se promena plus sans être *armé* d'une canne qu'il avait fait faire et dont la pomme contenait de l'huile. Partout où l'occasion s'en offrait, il renouvelait ses expériences, et toujours avec succès. Il apaisa une fois les vagues que le vent commençait à former sur la surface d'un étang d'une étendue de 2,023 mètres carrés; une seule cuillerée d'huile suffit pour rendre cette surface unie comme un miroir.

Laure. Si jamais je voyage sur mer, j'aurai soin qu'on embarque pour mon usage plusieurs tonnes d'huile.

Ernest. C'est qu'alors tu compteras sur

d'*épouvantables* tempêtes, car il a été constaté, par d'autres expériences récentes, qu'il faut une très petite quantité d'huile pour obtenir en mer un calme *étendu* et d'assez longue durée. Dans tous les cas, tu auras soin de composer ta provision d'huile de colza, parce qu'on a de même reconnu que l'huile animale opère beaucoup moins bien et plus lentement que l'huile végétale.

LAURE. Je m'en souviendrai en temps et lieu. A présent, Ernest, il faut m'expliquer, je te prie, ce qui rend la mer lumineuse. D'après le peu que j'ai pu comprendre de ce que M. Blanville t'a dit à ce sujet, les savants ne sont pas du tout d'accord là-dessus, n'est-ce pas ?

ERNEST. Les savants sont en général peu d'accord, surtout dans les sciences naturelles, parce que chaque jour amène de nouvelles observations, de nouvelles découvertes, qui viennent renverser brutalement des systèmes depuis longues années établis bien solidement en apparence, ou faire ressortir des méprises très extraordinaires ; mais, avant que de *traduire* pour toi en langage *usuel* le langage *savant* de M. Blanville, je dois te dire qu'au rapport des voyageurs, dans toutes les régions de l'Océan, une lumière qui ne ressemble point à celle du jour, mais à celle du feu, semble jaillir du sein des eaux dès que la nuit paraît. Ainsi la mer, que j'ai tenté de te montrer en plein jour et aux rayons du soleil comme une vaste mosaïque diaprée des couleurs les plus vives et les plus variées, se transforme en un immense tapis de feu. Ici, au sommet de chaque vague, jaillissent des milliers d'étincelles; ailleurs, ce sont des étoiles qui filent à travers de longues traînées moins brillantes et dont la lueur bleuâtre rappelle la couleur de l'éclair. La grève que baignent les flots, les plantes marines qu'ils couvrent de leur écume, tout devient lumineux. Quelquefois les matelots s'amusent à puiser un seau d'eau de mer et à dessiner grossièrement quelques figures sur le pont; ces figures brillent assez long-temps d'une manière semblable à celle du lampyre ou ver luisant, et le doigt, la main qui ont tracé ces figures, brillent également.

Laure. Et cela ne brûle pas?

Ernest. Pas du tout; pas plus que le ver luisant ne brûle la main qui le saisit.

Laure. C'est que ce sont aussi des vers luisants qui se trouvent dans la mer?

Ernest. Sans aucun doute; et même ces vers sont, en partie, de notre connaissance, puisque les vers gélatineux et diaphanes, que tu viens d'admirer dans les beaux atlas de M. Blanville sous les noms d'acalèphes simples ou de méduses, de béroës, etc., fournissent, avec le *monorpha*, le *noctila* et tant d'autres animaux *lucifers,* leur contingent de luminaire.

Laure. Comment! les acalèphes simples et les méduses ont des *fallots* à montrer aux passants?

Ernest. Certainement; mais ces *fallots* prétendus sont apparemment des *lanternes sourdes* que l'animal ouvre et ferme à volonté, puisque c'est seulement en cas de péril que le fallot s'allume ou paraît. Tu penses bien que ce n'est pas sans déranger beaucoup l'innombrable *gent* aquatique qui fait comme partie des flots, qu'un vaisseau de guerre, par exemple, et même l'embarcation la plus légère, les ouvre avec sa proue; aussitôt les braves méduses et leurs consœurs font acte de présence, ce qui prouve du courage dans ces animaux auxquels la nature n'a donné d'autres moyens de défense que les appendices plus ou moins longs qui occasionnent sur la peau l'effet de l'ortie.

Laure. Mais alors, Ernest, les matelots qui s'amusent à dessiner sur le pont des figures avec l'eau de mer lumineuse doivent se brûler les doigts, quoique tu en dises.

Ernest. Non seulement, ma petite Laurette, ils se brûleraient les doigts, mais ils les sentiraient entortillés dans des milliers d'appendices fort piquants, s'il y avait possibilité qu'ils ramenassent, dans un seau d'eau de mer, une ou deux méduses seulement, parvenues à leur taille ordinaire; car ce ne sont pas des animaux *microscopiques* comme nos polypes d'eau douce et comme tu parais te le figurer; il y a tel acalèphe hydrostatique, la petite galère par exemple, qui a souvent plus d'une brasse de long; ensuite la lumière s'éteindrait à l'instant, tandis qu'elle dure assez long-temps et qu'elle existe même dans l'eau de mer où les vers grossissants ont fait quelquefois, mais pas toujours, découvrir des animalcules microscopiques ; et elle y existe non pas constamment en masse, mais en une multitude de points brillants dont la réunion forme, en avant et en arrière du vaisseau, de longues et larges traînées de feu.

Laure. Ce doit être bien beau!

Ernest. M. Blanville, qui a joui tant de fois déjà de ce spectacle, dit qu'on ne peut s'en lasser.

Laure. Il me semble, Ernest, qu'il t'a parlé de phosphore... de... mucosité, je crois... d'expériences faites pour rendre l'eau de mer et l'eau douce lumineuses...

Ernest. M. Blanville nous a dit fort clairement que le phosphore, à l'état d'acide phosphorique, entre pour quelque chose, et souvent pour beaucoup, dans presque toutes les substances animales, végétales et minérales. La dissolution de ces substances le délivre des liens dans lesquels il se trouvait emprisonné ; et comme il a été reconnu, par l'analyse chimique, que ces acides et sels phosphoriques abondent dans les humeurs et dans la laitance des poissons, il est facile de comprendre par les bimillions, les trimillions de ceux qui périssent journellement dans les eaux de la mer, qu'une immense quantité de sels phosphoriques se dégage sans relâche, se mêle aux eaux salées et s'enflamme par parcelles multipliées au seul choc des flots.

LAURE. Mais, Ernest, comment les sels phosphoriques se trouvent-ils retenus dans les eaux de la mer quand une fois ils sont sortis du corps ou de la laitance des poissons?

ERNEST. N'as-tu donc pas compris ce que M. Blanville nous a dit encore de ce qu'on appelle *mucosité* de la mer? Si tu avais pris des bains de mer, tu saurais que c'est une espèce d'enduit, plus ou moins gluant, qui poisse entre les doigts quand il abonde, qui donne à la peau du corps humain quelque chose d'onctueux, qui s'attache de même au corps des poissons et le rend à la fois luisant et *glissant*, pour bien dire, ainsi que le sont les rochers baignés par les vagues. Cette même mucosité se retrouve, quoiqu'à un degré fort inférieur, dans les eaux douces qui contiennent probablement aussi du phosphore, mais en très petite quantité; car je ne sache pas qu'on en ait jamais parlé sous ce rapport; tandis qu'au contraire la phosphorescence de l'Océan, forte et immense comme l'Océan même, était faite pour exciter au plus haut point, chez l'homme, la passion de savoir et le désir de remonter à la cause d'effets si merveilleux.

Il paraît bien prouvé aujourd'hui que, du corps des poissons vivants ou morts, se dégagent en abondance des sels et des acides phosphoriques; que ce qui les retient ensuite captifs, c'est l'enduit ou mucosité qui couvre comme d'un voile de gaze les eaux salées; et, pour preuve, on cite les traînées blanchâtres laissées par les bancs de harengs sur leur passage; le soir, ces traînées lactées apparaissent tout en feu. En vain, quelquefois, dans les eaux les plus lumineuses, a-t-on cherché, avec tous les soins possibles, des animalcules phosphorescents; elles n'en présentent souvent aucun; plus on les agite, soit avec la main, soit avec un tube de verre, une branche de fer ou de bois, plus elles brillent; ce qui s'explique fort bien, ou par l'effet du frottement, ou par celui des *espèces de déchirures* que le mouvement occasionne à cette *espèce de voile de gaze* étendu sur l'eau salée; ces issues ouvertes au phosphore le mettent, pour ainsi dire, en contact avec l'air atmosphérique, et il s'enflamme. De nos jours, on prétend que l'électricité entre pour beaucoup dans cet effet merveilleux; mais, quelle qu'en soit la véritable cause, cet effet existe; on peut le reproduire à volonté, en préparant de l'eau de mer et même de l'eau douce, de telle façon qu'on les rend lumineuses.

Laure. Nous en préparerons, veux-tu, Ernest?

Ernest. Que tu es bien du grand village! Où veux-tu que nous prenions ici de l'eau de mer?

Laure. Mais tu viens de dire qu'on en peut préparer ainsi que de l'eau douce, de manière à les rendre lumineuses! Nous ne manquons pas d'eau douce, je pense?

Ernest. Il est vrai; je me suis récrié trop vite. Eh bien! il n'y a qu'à faire cuire du poisson au court bouillon, et ce court bouillon sera phosphorescent; veux-tu de l'eau plus *lumineuse* ou plus phosphorescente? Le procédé est très simple; laisse-s-y en dépôt, pendant vingt-quatre heures, des poissons morts. Lorsque la décomposition commencera...

Laure. Ah! fi! assez, Ernest! Il me semble sentir...

Ernest. L'odeur de marée, et c'est tout.

Laure. Dis donc, Ernest, comment M. Blanville appelle-t-il ces tout petits animaux qui font paraître la mer toute rouge dans le temps de la pêche de la baleine?

Ernest. C'est le *trochilus australis,* crustacé de *deux lignes* de long.

Laure. J'espère qu'il en faut des quantités pour *teindre* la mer en rouge, pendant plusieurs lieues de suite!

Ernest. Tu as mal compris ce que disait M. Blanville. Le *trochilus australis* ne *teint* pas la mer, il la couvre de ses phalanges innombrables par bandes de quelques lieues de longueur; et comme ces petits animaux sautillent sans relâche, on dirait des traînées de sang bouillonnant. A l'époque de la ponte, les larges bandes rouges se diaprent de larges bandes jaunes, et aussitôt les baleines, très friandes de ces petits crustacés, cessant de les dévorer par mil-

lions, quittent la pleine mer pour se diriger vers
les baies.

Laure. Apparemment *ces dames* n'aiment pas
les œufs frais!

Ernest. C'est probable, puisqu'elles abandon-
nent la partie à l'époque de la ponte.

Laure. Mais, mon Dieu, qu'elles doivent avaler, en une seule bouchée, de milliards de ces petites bêtes, ces grosses et grandes vilaines bêtes!...
Ah! une demoiselle!... c'est la première... je n'en
avais pas encore vu de l'année.

Et Laure se mit à courir comme une folle sans
s'inquiéter davantage de la mer lumineuse, lai-
teuse, rouge et jaune.

Quelques minutes après elle était de retour,
tenant délicatement, par ses ailes de gaze, une
demoiselle, au corps svelte et gris de fer, orné
de quelques cercles d'un jaune pâle.

—La voici, dit Laure. Mais elle n'est pas belle
comme celles qui voltigent au dessus de notre
ruisseau, et surtout de notre petite rivière *dormante*, quoique tu dises qu'elle est *courante*.
Pourquoi donc, Ernest, les demoiselles ne sont-
elles pas toutes pareilles?

Ernest. Par la même raison que les papillons
ne sont point pareils, que les mouches ne sont
point pareilles, que les jeunes filles ne sont point
pareilles, que...

Laure. La belle explication!

Ernest. Quand je te dirais que c'est parce que

cette demoiselle est celle du fourmi-lion et non pas celle des libellules, qu'elle est terrestre et non pas aquatique, tu n'en serais pas plus avancée.

LAURE. Est-ce que l'histoire des demoiselles est amusante?

ERNEST. Elle est du moins fort curieuse pour les amateurs de métamorphoses.

LAURE. Oh! j'aime de passion les métamorphoses! Et vraiment il y a des métamorphoses *réelles,* qu'on peut *presque voir?*

ERNEST. Non pas *presque voir*, mais voir tout-à-fait. J'ai des fourmis-lions qui approchent du moment de leur transformation... Mais, chut! voici M. Dervigny. Rends la liberté à cette *demoiselle.*

LAURE. Où sont-ils donc, les fourmis-lions?

ERNEST. Chut! te dis-je! Devant lui, je ne veux pas dire un seul mot relatif à l'histoire naturelle.

CINQUIÈME LEÇON.

—

LE FOURMI-LION.

Où sont-ils donc, tes fourmis-lions? répéta Laure le lendemain, en accourant avec empressement chez son frère.

—Dans ce que tu appelles le *cabinet de la Barbe-Bleue,* répondit Ernest gaîment.

Laure. Tu me permettras d'y entrer aujourd'hui?

Ernest. Pourquoi pas, si tu es raisonnable!

LAURE. Qu'entendez-vous par là, monsieur?

ERNEST. J'entends que tu ne te récrieras pas à la vue de quelques araignées, de quelques chenilles, souveraines maîtresses en ces lieux.

—Oh! les vilaines bêtes! dit Laure en frissonnant. Mais elles ne viendront pas sur moi, au moins!

ERNEST. Mes araignées et mes chenilles sont très bien apprises, je te prie de le croire. D'ailleurs, quelque frayeur qu'elles t'inspirent, elles te trouveront encore plus effrayante qu'elles ne le sont elles-mêmes pour toi. Écloses dans mon laboratoire, elles ne connaissent de l'espèce des *bimanes* que moi; et, bien certainement, à la vue de tes énormes manches, de ta large pèlerine, de ta robe à plis sans nombre, elles feront des conjectures fort singulières!

LAURE *en riant*. Surtout si elles sont naturalistes!

ERNEST. Moqueuse! toujours moqueuse!

LAURE. Ah! j'ai eu bien de la peine hier à m'empêcher de rire quand M. Blanville nous a raconté comment des naturalistes très savants ont pris pour un animal *nouveau* l'ombrelle d'une vieille méduse morte, roulée par les flots et dépouillée de ses appendices.

ERNEST. Tu vas faire, sur mes araignées et sur mes chenilles, l'effet d'une méduse munie de tous ses appendices. Allons, viens.

LAURE. C'est poli et surtout agréable, ce que tu me dis là!

ERNEST. Je te demande un peu ce qu'elles pourront penser en te comparant à moi! Assurément les animaux doivent croire que l'homme et la femme, tels que la mode les fait journellement, ne sont pas de la même espèce... Entre donc; mais prends garde à tes manches... Tout ce qu'il y a ici est précieux... pour moi, du moins.

—Ah! quel taudis! s'écria Laure à la vue du parfait désordre qui régnait dans cette pièce assez petite, encombrée de tables sur lesquelles il y avait tant d'objets confus et dissemblables que l'œil n'y pouvait rien reconnaître à la première vue. Des verres à patte, des verres ordinaires, des cloches de verre, des poudriers de verre, des boîtes de toutes les tailles et de toutes les couleurs, recouvertes d'un morceau de vitre afin qu'on pût voir dans l'intérieur, des vases de toute façon remplis d'eau, se trouvaient mêlés, sur ces tables, à de grandes feuilles de papier pliées en caisse, et dans lesquelles des branches d'arbres, des feuilles, des plantes de toutes les espèces étaient comme diaprées de chenilles de diverses couleurs. A terre, un désordre et un encombrement tout aussi grand; ici, des caisses à moitié pleines de sable et de terre; là, des baquets d'eau de plusieurs grandeurs. Le plafond, la fenêtre, les rayons de bibliothèque garnis, non pas de livres, mais de pierres, de tamis soigneusement enveloppés avec des lambeaux de vieille gaze, des

morceaux de bois et une foule de choses auxquelles Laure n'aurait pu trouver un nom, étaient
ornés de toiles d'araignées en si grand nombre
qu'on eût dit une chambre abandonnée depuis
long-temps.

—Je conviens, dit Ernest, que mon laboratoire ne ressemble en rien à un boudoir; mais,
dans un boudoir, on n'a sous les yeux que des
tableaux, que des meubles plus ou moins élégants,
et bientôt on s'accoutume à les regarder sans
plaisir; tandis qu'ici il y a de quoi occuper la
vie d'un homme et amuser les petites filles qui
n'ont pas peur des moucherons... Ah! tes manches qui m'enlèvent une branche de peuplier!...
Ne te tourne pas si vite, tu vas renverser ma
fourmilière, qui est placée là comme *une île es-*
carpée et sans bords!.. Ton tablier trempe dans
le baquet de mes nymphes libellules... Ne recule
pas ainsi, Laurette, ou tu seras cause de quelque
malheur!

Laure. Comment veux-tu que je fasse, s'il ne
faut ni avancer, ni reculer, ni me retourner?

Ernest. Reste un instant tranquille; je vais
t'ouvrir un passage... Prends garde à tes manches
et serre ta robe autour de toi!... les fourmis-lions
n'aiment pas les grands mouvements ni le bruit...
Par ici... viens à ma suite et marche légèrement...
Tiens, là, dans cette caisse pleine de sable, que
vois-tu?

Laure regarda quelques instants avec beaucoup d'attention, et en hésitant elle dit à son frère... — Ernest, j'ai beau regarder, je ne vois rien... que du sable...

Ernest. Mais ce sable t'offre-t-il une surface également unie?

Laure. Non; voici trois creux en entonnoir; mais ils ne sont pas d'égales grandeurs.

Ernest. Ces creux que tu vois ont été faits par des insectes de différents âges, fort improprement appelés *fourmis-lions,* c'est-à-dire lions des fourmis; ils mériteraient beaucoup mieux le nom de *renard*, puisqu'ils tendent des embûches à la proie dont ils se nourrissent. Le lion ne s'abaisse pas à user de ruse; c'est de front qu'il attaque son ennemi.

Laure. Mais je ne les vois pas, Ernest, tes fourmis-lions?

Ernest. Ne bouge pas; nous allons faire en sorte qu'il s'en montre un. Recule seulement un peu... Tu vois bien jusqu'au fond de l'entonnoir de la place où tu es maintenant?... Oui?... Eh bien, chut!...

Ernest, marchant sur la pointe du pied, alla chercher une des petites chenilles vertes qui couvraient les branches d'un pauvre rosier à moitié dévoré par elles, et la plaça délicatement sur le bord de la *fosse au lion;* puis il revint auprès de sa sœur.

—Mon frère, dit la jeune fille tout bas, pourquoi lui donnes-tu pour appât une chenille, puisqu'il se nourrit de fourmis?

Ernest. Le fourmi-lion, dont le nom scientifique est *myrméléon,* s'accommode de tous les insectes que sa bonne fortune lui envoie... Taisons-nous... et regarde attentivement.

La chenille verte s'était roulée en boule entre les doigts d'Ernest, ainsi que le font toutes les chenilles lorsqu'elles sentent qu'un danger les menace. Elle demeura immobile en cet état sur le sable, assez long-temps pour lasser la patience de Laure ; enfin, au moment où la *victime,* offerte en holocauste au fourmi-lion invisible, commençait à se rassurer et à s'allonger, le sable s'éboula sous ses pattes, et la chenille roula pêle-mêle jusqu'au fond de *l'abîme.* Aussitôt Ernest dit à Laure : Nous pouvons nous rapprocher maintenant.

Laure, fort curieuse de *voir* ce qui allait se passer, regardait et ne *voyait* rien que la malheureuse chenille se tortillant, se débattant, mais en vain.

—Prends cette loupe, dit Ernest. N'aperçois-tu pas deux espèces de pinces de couleur jaune, qui serrent la chenille par le milieu du corps et qui la retiennent en dépit de ses efforts pour s'échapper ?

Laure. Oui, je vois les deux pinces, et, en arrière, quelque chose de plat et de jaune.

Ernest. C'est la tête du fourmi-lion. Ces pinces ou plutôt ces mandibules sont armées de pointes ou de dents, et munies d'un mécanisme admirable à l'aide duquel le fourmi-lion, après avoir percé sa proie, en extrait les fluides, de même que, par le secours de la pompe, nous mettons à sec une citerne ou un puits... Vois-tu comme la pauvre chenille est ballottée, comme les mandibules qui la retiennent prisonnière la frappent rudement sur le sable, à droite, à gauche, en avant, en arrière? Il s'agit de l'étourdir afin qu'elle se laisse sucer tranquillement. Les mouvements sont bien plus rapides et bien plus forts quand la proie est grosse; le myrméléon vient à bout de tout ce qui roule dans sa fosse, et j'ai remarqué qu'il aime, comme les *ogres*, la *chair fraîche*. Si on lui donne une mouche à moitié morte, il en fait fi, alors même qu'il est affamé.

Laure. Mon frère, est-ce que je ne verrai que les cornes de ton mir... mirmidon?

Ernest. C'est pour t'amuser que tu feins de ne pouvoir l'appeler du nom de myrméléon. Laissons-le manger, et quand il aura fini son repas, tu *verras* ce qu'il sait faire.

Laure. Quoi donc?

Ernest. Patience! La patience est une chose nécessaire à l'étude de l'histoire naturelle. J'ai passé quelquefois plusieurs heures de suite dans l'attente, avant de pouvoir m'assurer, par mes propres yeux, des faits curieux dont j'avais trouvé le récit dans mes livres.

Laure. Oui, parce que tu peux faire de ton

temps ce que tu veux; mais moi, tu sais bien que
je n'ai qu'une heure chaque jour à donner à l'étude
de l'histoire naturelle.

Ernest. C'est-à-dire une heure le matin; mais
nous pouvons continuer nos travaux l'après-
dîner. Si tu veux, je te montrerai ce soir l'endroit
où j'ai *déniché* des myrméléons.

Laure. Y en a-t-il encore?

Ernest. Je le pense. Du reste, nous en avons
ici plus d'un, et j'espère cette année pouvoir
suivre, autant du moins qu'il est possible, le travail de la métamorphose. Tu ne devinerais jamais
à qui je dois d'avoir pu me procurer enfin des
myrméléons?

Laure. A qui donc?

Ernest. A Jean-Louis, le fils cadet de notre
jardinier.

Laure. Comment! il connaît quelque chose
aux insectes?

Ernest. Il *sait* par expérience, et par ses propres observations, une foule de choses que bien
des savants ne peuvent guère savoir que par les
livres et par les rapports d'autres savants qui
n'égalent pas les Réaumur et les Bonnet : car tous
ne sont pas doués au même degré de l'esprit et
du talent d'observation.

Laure. Mais comment as-tu fait pour faire
comprendre à Jean-Louis ce que tu voulais, et
comment l'idée de t'adresser à lui t'est-elle
venue?

ERNEST. L'année dernière, après avoir lu les merveilles que Bonnet et Réaumur rapportent au sujet du fourmi-lion, j'ai tâché de me procurer cet insecte, afin de *voir* par moi-même ce qu'ils avaient *vu*. Déjà une partie de l'été s'était passée en vaines recherches, lorsqu'un jour, dans le bois du Moulin, j'aperçus de loin Jean-Louis couché à plat ventre auprès d'un vieux noyer placé sur une petite éminence, presque au bord du chemin; je lui demandai ce qu'il faisait là.— Je m'amuse. — Mais à quoi? — A regarder mes petites bêtes.—Quelles petites bêtes?— Les mangeurs de fourmis. Je leur en apporte tous les jours, allez!..—Ote-toi de là, que je m'amuse à mon tour. — Vous allez leur faire peur. — Tu ne leur fais pas peur, toi! —C'est qu'ils me connaissent. Et puis, j'attends leur bon plaisir sans les tourmenter jamais. C'est qu'ils sont joliment entêtés! et avec cela, ils ont de bons yeux! Ils en ont six, dà! Ça fait que, de quelque côté qu'on se mette, ils vous voient.

J'étais trop pressé de *voir,* continua Ernest, pour donner à Jean-Louis le temps de me faire part de ses remarques. Me voilà à mon tour à plat ventre au pied du vieux noyer, et sous les rayons d'un soleil couchant qui dardaient en ce lieu et brûlaient encore. Quelque jour, je l'espère, Laurette, tu éprouveras à ton tour le plaisir vif et pur que je ressentis en apercevant, sur le sable, les traces laissées par le myrméléon qui n'a pas encore trouvé la place où il creusera son entonnoir. Je dois te dire d'abord que c'est un ver *hexapode,* ou ver à six pieds, qui ne marche qu'à reculons et jamais à découvert. Il enfonce la partie inférieure du corps dans le sable et creuse un sillon... Attends; pendant que celui que nous régalons aux dépens d'une pauvre chenille fait son repas, je vais t'en montrer un ; celui-ci aura la peine de faire une autre fosse; jamais les myrmé-léons ne se servent de celle qu'une circonstance quelconque leur a fait abandonner.

En disant ces mots, Ernest passa doucement les doigts sous le sable d'une des fosses et en re-tira un petit animal tout velu, pas plus gros qu'un cloporte, et dont il était impossible de deviner la couleur sous son enveloppe de sable fin et comme tamisé. Avec un petit pinceau, Ernest commença à le débarrasser délicatement de cette poussière; ce qui ne paraissait point plaire du tout au myrméléon. Il était facile de deviner que la pauvre petite bête, partagée entre l'impa-tience et la peur, était à la fois irritée et épou-vantée de l'opération qu'on lui faisait subir.

Quant à Laure, elle était toute attention. La loupe très forte que son frère lui avait donnée transformait pour elle le myrméléon en *géant.* Elle voyait, sous le *balai* d'Ernest, se dessiner, pour ainsi dire, les anneaux, les houpes de poils, les taches brunes qui forment sur le corps de l'animal des arabesques peu élégants pour les contours, mais du moins très réguliers. Ernest lui faisait remarquer les quatre pattes velues attachées à la naissance du corselet, et les deux autres pattes plus longues, placées un peu plus en arrière, qui aident le fourmi-lion à marcher dans le sable, à reculons, à mesure que sa partie inférieure, en se recourbant, oblige le reste du corps à suivre ce mouvement rétrograde.

—Ernest, s'écria soudain la jeune fille, Jean-Louis t'a dit que le fourmi-lion n'a que six yeux; est-ce que les six points noirs et brillants comme de petites... petites perles à broder, que je vois là, tout auprès de l'endroit d'où part chaque corne, ne sont pas tous des yeux ?

ERNEST. Si fait, vraiment; et des yeux excellents.

LAURE. Alors il en a douze.

ERNEST. Comme Jean-Louis n'a point de loupe à sa disposition, il a pu se tromper sur le nombre. S'il avait été *apprenti* naturaliste, il aurait fait probablement une tout autre méprise.

LAURE. Laquelle donc ?

ERNEST. Mais il aurait pu donner le nom d'*œil à réseau* à chacun de ces six points noirs, qui ne sont pas plus gros que la pointe d'une aiguille et qui sont placés tout près l'un de l'autre, en forme de triangle, sur cette petite protubérance, à la naissance de chaque corne.

LAURE. Des yeux à réseau ? Qu'est-ce que c'est que cela, mon frère ?

Ernest. Figure-toi la cornée, ou enveloppe extérieure de ce que tu connais sous le nom de prunelle, taillée à facettes, comme le diamant, par exemple. Chacune de ces facettes, en nombre prodigieux, est un œil complet, c'est-à-dire que chacune renferme tout ce qui est nécessaire pour produire les différentes opérations dont le résultat est la *vision* ou la *vue* de la lumière, des objets extérieurs grands ou petits. Les mouches, les scarabées, les papillons, les demoiselles et une foule d'autres insectes, dont l'œil est *immobile,* ont des yeux à réseau ou à facettes ; ces facettes dépassent, par leur nombre prodigieux, les *cent yeux* que la fable accorde à Argus ; ils réfléchissent ou font *voir* à l'animal, et au même instant, tout ce qui l'entoure. De savants anatomistes ont disséqué plusieurs fois ces cornées merveilleuses, et ils ont répété, au microscope, les expériences faites sur la cornée d'un œil de bœuf et dont je te parlerai plus tard. La cornée de l'œil d'un papillon, préparée avec le plus grand soin et mise à la place d'une des lentilles d'un microscope, a fait voir aux curieux non pas un petit ramoneur qui se trouvait là par hasard, mais une armée de 17,325 ramoneurs.

Laure. Tu ne railles pas, Ernest ?

Ernest. Nullement, et tu vas le comprendre. Des observations, bien souvent répétées par des hommes dignes de croyance et tout occupés de rechercher la vérité, ont établi que chaque œil de papillon porte sur la cornée 17,325 facettes ou réseaux ; ce qui en donne 34,650 pour la paire.

Laure. Mais, Ernest, ces pauvres animaux sont plus malheureux, avec leurs milliers d'yeux, que nous avec les nôtres.

Ernest. Comment cela?

Laure. Comment? Mais ce n'est pas un ennemi seulement qui les menace ; ce sont 34,650 ennemis à la fois!

Ernest. Et, de même, ce seraient 34,650 fleurs qui les tenteraient *à la fois,* si en effet les opérations de la *vision* s'exécutaient *à la fois* dans chacune des facettes de la cornée : ce qui n'est pas, on a tout lieu de le croire. Cependant la nature, non contente de leur avoir donné des yeux à tant de milliers de facettes, a fait aussi cadeau, à plusieurs d'entre eux, de deux ou trois yeux lisses, immobiles, sans facettes ; et nous qui savons que la nature ne donne rien d'inutile, nous sommes amenés par le raisonnement à conclure que les uns servent à l'animal à voir les objets qui sont près de lui, les autres à découvrir au loin l'ennemi ou le danger dont il peut être menacé. Ainsi les insectes sont doués d'une vue myope et d'une vue presbyte, ce qui les dispense de la nécessité de se servir jamais de lunettes ou de lorgnettes d'opéra. Mais nous reviendrons sur ce sujet une autre fois. Voici un petit myrméléon que j'ai fait bien propre sans qu'il en soit plus reconnaissant, et qui sera charmé que nous cessions le plus tôt possible de l'admirer. Regarde, Laurette, cette tête plate, et de quelle manière singulière elle se trouve attachée au cou! Ce cou s'allonge et se raccourcit au gré de l'animal qui, de même, à sa volonté et suivant le besoin, écarte et rapproche ses deux mandibules, dont la structure est admirable... Tu en conviendras, lorsque plus tard je pourrai te faire prendre intérêt à quelques détails anatomiques qui, maintenant, seraient pour toi incompréhensibles. Réaumur affirme que le myrméléon n'a point de bouche; des observations récentes prouvent qu'en ceci il s'est trompé; mais cette bouche ne ressemble en rien à la tienne, à la mienne, et ce n'est point par elle que le myrméléon respire.

Laure. Ah! tu m'y fais penser; je voulais justement te demander comment il n'étouffe pas, enfermé dans le sable, et comment aussi le sable ne l'aveugle pas?

Ernest. Quant à ceci, je ne saurais positivement te le dire; ce qu'il y a de certain, c'est que le myrméléon aime à avoir la tête toujours à l'air, et, s'il la cache un moment, il ne tarde guère à la débarrasser de ce sable qui le gêne. La manière dont se fait chez lui l'acte de la respiration est fort curieuse, et nous la retrouverons chez presque tous les insectes, mais avec les modifications exigées par le *milieu* dans lequel ils doivent vivre. Ici, sur les côtés, sont des ouvertures

appelées *stigmates ;* des houpes de poil les pro-
tégent contre le sable et empêchent celui-ci d'y
pénétrer avec l'air. De ces espèces de bouches
aspirantes, qui ont presque l'aspect d'un œil à
demi fermé, partent, vers l'intérieur, une multitude de petits canaux composés d'une fibre ar-
gentine roulée sur elle-même en forme de tire-
bourre ; ces petits canaux se ramifient à l'infini
et portent l'air dans toutes les parties du corps.
Ainsi s'opère l'acte de la *respiration ;* mais ce
n'est point par le même conduit que s'*expire*
l'air *aspiré ;* il s'échappe par les pores de la peau.
Je ne te parle des vaisseaux à air qu'en général
et en te répétant que, dans chaque espèce, il y a
des modifications, et que les ressources de la nature sont innombrables pour arriver à donner à
chaque être les organes nécessaires à sa conservation, soit dans l'air, soit dans l'eau, dans le
bois, dans la terre, dans le sable. La note que je
t'ai lue l'autre jour au sujet des animalcules qui
tourbillonnent, pour ainsi dire, sous le pavé de
Berlin, sous les eaux des fleuves et des ports, et
le peu que tu sais déjà des rayonnés, ont dû te
le prouver.

Laure. Que c'est étrange, et que j'étais loin de
me douter de tout cela!... Mais, mon frère, ce
n'est pas la petite bête que voici qui donne la
grande demoiselle que tu m'as dit hier être celle
du fourmi-lion?

Ernest. Je te demande bien pardon ; seulement le myrméléon a fort à faire avant que d'arriver à l'état parfait. Il faut d'abord qu'il se file un cocon...

Laure. Avec quoi?

Ernest. Avec la soie qui doit sortir de sa filière, placée ici à l'extrémité postérieure du ver. La loupe que tu tiens là n'est pas assez forte pour que tu puisses découvrir cette filière, beaucoup plus visible d'ailleurs chez l'araignée... Ah! regarde!... Tu as perdu, ma pauvre Laurette, le plaisir de voir notre myrméléon jeter hors de sa fosse la peau vide de la chenille verte.

Laure. Ah! que j'en suis fâchée! Il ne mange donc pas tout?

Ernest. Tiens, voici cette peau, ici, sur le sable.

Laure. Comme elle est sèche!... Mais, mon frère, ce n'est pas lui qui l'a jetée si loin?

Ernest. C'est lui-même! Aperçois-tu maintenant ses deux mandibules ouvertes?

Laure. Oui, oui! Ah!... il se cache!

Ernest. C'est qu'il nous a vus... Recule un peu...

Laure. Une pluie de sable, Ernest!

Ernest. Il dégage sa tête... Attends, nous allons lui donner de nouveau gibier...

—Mademoiselle, dit la femme de chambre sans oser passer le seuil de la porte, le professeur d'italien...

—C'est bon, c'est bon! s'écria Laure avec impatience... Vite, Ernest, donne-lui une fourmi, puisque tu en as ici!

Ernest. J'aime mieux rendre la liberté à mon prisonnier, qui brûle de se rouler dans le sable... Vois avec quelle joie il s'y enfonce!

Mais le myrméléon disparut si vite, que Laure n'eut qu'à peine le temps de l'entrevoir au moment où il se coulait dans le sable à reculons.

—Tu peux t'en aller maintenant, reprit Ernest; l'un a déjeuné, l'autre a eu grand'peur: nous n'avons guère lieu d'espérer qu'ils se mettront en frais pour nous amuser.

—Irons-nous ce soir à ton vieux noyer? demanda Laure en sortant à regret du *cabinet de la Barbe-Bleue.*

—Oui, je te le promets, répondit Ernest; et Laure se résigna de bonne grace à aller prendre sa leçon.

SIXIÈME LEÇON.

LE FOURMI-LION. (Suite.)

LAURE, en partant à six heures du soir, vers la fin du mois de juillet, pour aller au bois du Moulin, prouvait à son frère qu'elle commençait réellement à aimer l'histoire naturelle. Il faisait une chaleur accablante; de temps en temps la jeune fille s'en plaignait un peu, mais Ernest soutenait son courage en lui parlant de ce qu'ils allaient voir, des travaux du myrméléon qui commencent à la sortie de l'œuf; de l'instinct dont ces insectes sont doués et qui leur enseigne, dès leur naissance, tout ce qu'ils ont besoin de savoir pour assurer leur existence, ainsi que les ruses fort extraordinaires auxquelles ils devront d'échapper à bien des dangers.

— Mais, Laurette, dit Ernest en s'interrompant tout à coup, nous sommes convenus, tu le sais, de ne point négliger absolument la *science*. Tu as été bien aise, avant-hier, de posséder assez passablement les noms scientifiques de la troisième classe des zoophytes pour pouvoir suivre M. Blanville dans les différentes zones sous-marines où il nous a fait descendre. Veux-tu que je te donne un moyen bien simple et bien facile d'apprendre et de retenir, sans aucune peine, ces noms qui d'abord te paraissent tout-à-fait étranges et qui ne sont pour toi que des mots vides de sens?

LAURE. Quel moyen donc?

ERNEST. Ces mots-là sont tous composés de deux ou trois mots grecs.

LAURE. Mais, Ernest, je ne sais pas le grec!

ERNEST. Et tu meurs de peur que je ne te dise qu'il *faut* l'apprendre, n'est-ce pas? Ne crains rien. Cette étude ne me paraît pas *indispensable* pour toi; je te demande seulement de faire plus d'attention que tu n'en as fait jusqu'à présent aux étymologies que te donne ton dictionnaire. Ainsi, par exemple, si tu y cherches le mot *myrméléon,* prends la peine de remarquer qu'il est composé de deux mots grecs dont le premier, *murméx,* signifie *fourmi;* le second, *léón,* signifie *lion.* Si maintenant je te dis que le myrméléon appartient à l'ordre des *névroptères,* et, dans cet ordre, à la seconde famille, qui est celle des *planipennes,* je te *parle grec,* n'est-ce pas? Cherche ces mots-là dans ton dictionnaire. Tu trouveras que la premère syllabe *nevro* vient du mot *neuron,* lequel signifie *nerf;* la seconde, *ptère,* du mot *ptéron,* qui signifie *aile,* et te voilà sur la voie pour arriver à conclure, sans un grand effort d'intelligence, que *névroptère* peut bien vouloir dire *ailes nerveuses.* Ainsi ce mot, *étrange* d'abord, te présente maintenant une idée qui le grave dans ta mémoire; tu examines les ailes de l'insecte; tu vois qu'elles sont *réticulées,* c'est-à-dire qu'elles forment une sorte de réseau composé de filets nerveux, unis les uns aux autres par une espèce de gaze brillante, et tu comprends enfin pourquoi le nom de *névroptère* leur a été donné.

LAURE. Toutes les mouches ayant les ailes faites de la même manière sont donc *toutes* des névroptères, Ernest?

ERNEST. Non pas *toutes.* Tu n'es pas encore en état de comprendre les différences qui les ont fait diviser, sous ce rapport, en familles, et ces familles en sous-genres; d'ailleurs les mouches présentent d'autres caractères que la construction des ailes. Mais comme je ne veux point *t'obliger* à entrer dans des détails qui auraient pour toi peu d'intérêt, je n'appuierai pas sur ces différences, à moins qu'elles ne soient importantes. Pour le moment, et conformément à notre excellente habitude de ne suivre jamais un ordre constant dans nos études, nous nous en tiendrons à la seconde famille des névroptères à laquelle appartient le myrméléon, et nous nous occuperons de celui-ci exclusivement. Je te ferai cependant remarquer une fois pour toutes que, chez tous les animaux et chez l'insecte en particulier, l'*ordre n'est établi par la science* que lorsque l'individu est arrivé à son *état parfait;* l'état parfait chez les insectes n'a lieu qu'après les demi-métamorphoses ou les métamorphoses complètes que chacun d'eux doit subir, et ce sont ces métamorphoses qui rendent si attrayante l'histoire de ces petits animaux condamnés à végéter sous la forme de vers, puis de larves, jusqu'au moment où, revêtus de leur riche parure, ils s'élancent dans les airs pour revenir ensuite déposer leurs œufs sur ou bien sous les eaux, la terre, le sable, l'écorce, le feuillage, les plantes, et quelquefois dans le corps même d'autres animaux; cette tâche remplie, l'insecte, quel qu'il soit, meurt.

Laure. Comment! dans le corps d'autres animaux ?

Ernest. Oui, ma petite Laurette. Il y a tel insecte dont le ver ne peut se nourrir que de matière animale, soit vivante, soit morte, et comme tous ne sont pas destinés, ainsi que l'araignée, les larves du myrméléon, de l'hémérobe ou *lion des pucerons,* à faire la chasse à d'autres insectes, on voit l'œstre, par exemple, prendre pour *pâturage* de ses petits le bœuf, le cheval, le mouton, le lièvre, et leur choisir pour demeure, soit le cuir de l'animal, soit le cerveau, soit l'estomac.

LAURE. Je conçois qu'une mouche puisse déposer ses œufs sur la peau de ces pauvres bêtes; mais dans le cerveau, Ernest, et dans l'estomac!

ERNEST. C'est *dans* la peau et non *sur* la peau qu'est implantée la larve du *taon;* c'est dans l'intérieur des narines du mouton que vient pondre l'œstre, et sa larve, armée de deux forts crochets, s'insinue dans les sinus maxillaires et frontaux, et monte jusqu'au cerveau; une autre œstre place ses œufs sur les lèvres du cheval; les larves s'attachent à la langue et parviennent promptement dans l'estomac. L'ichneumon d'Europe *fait cadeau* de sa postérité aux chenilles, aux larves, aux œufs même des autres insectes; l'ichneumon des côtes d'Afrique, ou *chlorion,* met à mort le kakerlaque et le porte, le traîne dans son trou, quoique cet animal soit deux fois plus gros et plus fort; le corps du kakerlaque doit servir de nid, puis de nourriture à sa postérité.

LAURE. Ah! je ne me doutais guère de tout cela! Mais le myrméléon devenu *insecte parfait,* où pond-t-il ses œufs?

ERNEST. Un moment de réflexion t'aurait dispensée de faire cette question. Je t'ai montré ce matin que l'*élément*, pour ainsi dire, du myrmé- léon, c'est le sable; le sable, ou la terre réduite par la sécheresse en poussière presque impalpable. La mouche du myrméléon choisit donc, pour dé- poser ses œufs, le pied des vieux arbres qu'un feuillage abondant met à l'abri de la pluie; ou bien encore elle va faire sa ponte au pied des vieux murs. Certains endroits, le long de ces vieux murs, ne sont jamais mouillés, alors même qu'il tomberait des torrents de pluie. Il se forme en outre, au pied des vieux arbres et des vieux murs, des espèces de voûtes naturelles, soit par le tra- vail des vers qui rongent l'aubier sous l'écorce, soit par le temps qui ronge et creuse les pierres; ce sont autant d'abris pour le myrméléon comme pour les fourmis dont il se nourrit, sans s'inter- dire aucune autre espèce de gibier et sans même épargner ses semblables. Mais les fourmis surtout fréquentent beaucoup ces *parages;* car elles, aussi, elles n'aiment pas l'humidité, et elles re- cherchent aussi le soleil. Le petit myrméléon, en sortant de sa coquille, se trouve donc dans l'*élé- ment* qui lui est propre, puisque l'un des œufs qui le renfermait a été déposé avec d'autres au pied poudreux d'un vieil arbre ou d'un vieux mur. A peine la chaleur du soleil l'a-t-elle fait éclore, qu'il se met en besogne. Je ne sais si, dans ma caisse de sable, tu as remarqué ce matin un très petit entonnoir?

Laure. Oui, je m'en souviens.

Ernest. C'est l'ouvrage d'un myrméléon du premier âge; un autre entonnoir plus grand est tout à côté; il a été fait par un myrméléon du second âge; enfin, l'entonnoir dont l'ouverture est de plus de trois pouces, et au bord duquel j'ai placé une chenille, a été creusé devant moi, après une attente de quatre heures, par un de ces insectes parvenu à toute sa croissance et qui ne tardera pas beaucoup, je crois, à se transformer.

Laure. Ils ne vivent pas long-temps, n'est-ce pas, Ernest?

Ernest. Mais un an ou deux, et l'on s'est assuré qu'ils peuvent demeurer jusqu'à six mois entiers privés de toute nourriture.

Laure. Six mois sans manger!

Ernest. Cette faculté singulière a été donnée aux animaux qui doivent vivre du produit de leur chasse; mais tous ne la possèdent pas au même degré. L'homme lui-même, et l'homme surtout accoutumé aux privations, à la misère, peut supporter sans mourir un long jeûne; n'en a-t-on pas eu une preuve récente dans ce malheureux vieillard enseveli sous un éboulement dans une houillère, pendant vingt-trois jours, et qui est sorti de là vivant?

Laure. Oh! cet événement, quand maman nous l'a lu dans le journal, m'a fait un effet!.. Ce pauvre Joseph Brown! As-tu remarqué, Ernest, ce que dit le journal, qu'il pensait bien plus à son camarade qu'à lui-même, parce que son camarade, en mourant, laisserait sans ressources une femme et des enfants? C'est avoir un bien bon cœur! et c'est ce qui m'a le plus touchée dans cette histoire! Il est si naturel, en semblable position, de ne penser qu'à soi (1)!... Mais dis donc, Ernest, comment le myrméléon vient-il à bout de faire son entonnoir?

ERNEST. C'est là ce qu'il y a d'admirable et ce que j'ai voulu *voir*, ce que j'ai réussi à *voir*, à force de patience et de persévérance!

LAURE. Mon frère, je le *verrai* aussi, n'est-ce pas?

ERNEST. Je n'ose te le promettre, à moins que tu n'aies du temps à perdre et une patience inépuisable. Mais tu comprendras ce travail quand tu auras examiné, au pied de mon vieux noyer, des travaux commencés et achevés. Les myrméléons, comme tous les insectes, au reste, sont beaucoup plus nombreux dans les pays chauds que dans les pays septentrionaux ou dans les cli-

(1) Le 8 octobre 1855, dans une houillère, près du village de Dailly (Ayrshire), un ouvrier, John Brown, âgé de plus de 60 ans, a été enseveli sous un éboulement de terre. Il est resté dans le fond de la houillère jusqu'au 31; 23 jours par conséquent. Après avoir essayé vainement de boire l'huile de lampe contenue dans deux petits flacons qu'il portait sur lui, il a dû se contenter de quelques gorgées d'une eau imprégnée de matière minérale. Soutenu par sa confiance en Dieu, il n'a point perdu courage, et il n'a cessé de prier pour un camarade qu'il croyait enseveli vivant, comme lui. Lorsque, le 23e jour, on l'a retiré de ce sépulcre, il était réduit à la plus extrême maigreur : quelques gouttes de lait, puis un peu de vin l'ont ranimé. Il va bien, et l'on espère lui conserver la vie. (*The Ayr-Observer.*)

mats tempérés; aussi est-ce en Italie que le myrméléon a d'abord été remarqué et observé par
Vallisnieri, savant naturaliste tout aussi curieux
qu'Impérati des merveilles de la nature. Un
homme qui s'occupait de recherches sur les travaux et l'instinct des insectes ne pouvait manquer de remarquer ces fosses en entonnoir, de
forme si régulière, si semblables l'une à l'autre,
et qu'en certains endroits on trouve presque côte
à côte, en assez grand nombre, sans qu'elles se
touchent jamais. Vallisnieri fut donc le premier
historiographe du myrméléon, en 1697; et les
observations faites depuis ont confirmé ce qu'il
raconta alors dans le recueil qui porte pour titre:
Galerie de Minerve. Excepté chez les animaux
domestiques dont l'instinct se développe ou s'altère par l'*éducation* que l'homme leur donne,
tous les autres, doués d'une industrie particulière
nécessaire à leur conservation, ont exercé cette
industrie depuis que le monde est monde, et
l'exerceront jusqu'à la fin, sans qu'elle perde rien
et, de même, sans qu'elle gagne rien. L'esprit humain est le seul qui fasse des progrès amenés lentement par les siècles, et seul il peut en faire faire
aux animaux... Ma pauvre Laurette, tu as bien
chaud! Mais le temps se couvre, et j'ai compté
sur ces gros nuages. Ils nous amèneront un peu
de pluie sans orage, ce qui me donne l'espoir que
nous verrons travailler quelque myrméléon.

Laure. Mais ne m'as-tu pas dit que ces petites
bêtes n'aiment pas la pluie?

Ernest. Les myrméléons choisissent toujours les lieux secs pour s'établir, mais ils ne travaillent guère pendant que le soleil darde ses rayons sur l'emplacement où ils doivent creuser leur fosse. Si le temps se couvre, presque tous au contraire se mettent à l'ouvrage.

Laure, ranimée par l'espoir de *voir* travailler un ou deux myrméléons, gravit courageusement le ravin échauffé depuis le matin par l'ardeur du soleil de juillet, et elle s'assit bientôt au pied du vieux noyer à la place que son frère lui désigna. Quant à Ernest, il se coucha à plat ventre, selon sa coutume. Tenant à la main une petite branche d'arbre, il montrait à Laure le chemin tracé, le matin même peut-être, par un myrméléon en quête d'une place convenable pour creuser son entonnoir.

—Maintenant que tu as regardé avec attention un de ces insectes, disait-il, tu sais que les quatre pattes attachées au corselet s'écartent du corps à peu près comme les avirons s'écartent du bateau, puis s'en rapprochent pour le faire avancer; les autres pattes placées plus en arrière aident le corps à se soulever, et enfin l'extrémité postérieure se recourbe en s'enfonçant dans le sable, les anneaux du ver se resserrent, et ainsi le myrméléon, à la fois se soulevant, marchant et rampant, avance assez vite à reculons.

Laure. Mais pourquoi donc à reculons?

Ernest. C'est sa manière, que veux-tu que j'y

fasse! On a vainement essayé de le faire marcher droit devant lui; il recule toujours, non pas pour mieux sauter, mais pour *avancer*. Tu sais encore qu'il n'aime pas à avoir la tête couverte de sable; eh bien! cette tête s'en débarrasse elle-même. Tu as dû t'apercevoir qu'elle est presque carrée et plate; que le cou s'allonge à volonté; mais ce que tu n'as point *vu,* c'est que le myrméléon *en besogne* réunit, quand il lui plaît, ses deux mandibules, qui prolongent ainsi la tête, et, par un mouvement brusque du cou, il lance au loin une assez grande quantité de sable; sa tête se trouvant débarrassée, il s'enfonce de nouveau pour recommencer aussitôt le même manége. Tiens, vois-tu ce long fossé tracé tout auprès de cette grosse racine et *sillonné en travers* par de petits enfoncements qui marquent chaque pas fait par le myrméléon?

LAURE. Mais, Ernest, il n'y a point de fossé *sillonné* en travers dans les entonnoirs que voici!

ERNEST. Pourquoi le myrméléon aplanirait-il ce chemin qui ne peut lui servir à rien? Il est trop économe de son temps et de sa peine surtout pour faire plus de travail qu'il n'est nécessaire. Tu es loin de te douter de tout ce que lui coûte l'établissement de sa fosse!

LAURE. Ce que je ne conçois pas, Ernest, c'est pourquoi alors il fait ces creux et ces élévations en travers qui ne lui sont bons à rien.

Ernest. Tu vas le comprendre, si tu songes que le myrméléon enfonce l'extrémité de son corps dans le sable et se soulève en s'appuyant sur ses pattes de devant en même temps qu'il resserre ses anneaux; puis, lançant le sable dont sa tête est couverte, il creuse par conséquent un sillon; aussitôt il fait en arrière un autre pas en répétant les mêmes mouvements, et chaque pas laisse à découvert l'élévation de sable qui s'est formée sous le milieu du corps par l'effet de la courbure en demi-cercle de cette partie et de la pression des pattes.

Laure. Ah! je comprends maintenant.

Ernest. On trouve quelquefois des traces qui annoncent que le fourmi-lion a parcouru une distance assez grande avant que de découvrir une place qui lui convienne. Y est-il enfin arrivé, il se met en besogne. Tiens, voici une fosse commencée; notre apparition a probablement interrompu le travailleur, qui est, je le parie, caché dans le sable et qui continuera après notre départ. On peut, en mesurant le diamètre de l'enceinte, deviner quelle sera la profondeur de la fosse. Ainsi, un myrméléon naissant, qui trace un cercle d'une ligne de diamètre, fera une fosse de la profondeur de trois quarts de ligne. Cette fosse-ci, qui a un pouce de diamètre, aura trois quarts de pouce de profondeur.

Laure. Mais comment prennent-ils leurs mesures, mon frère?

Ernest. *Ils ont,* comme disent les bonnes gens, *le compas dans l'œil.* Je ne te dirai pas davantage *comment,* au sortir de l'œuf, ils font pour connaître et exécuter une manœuvre très *savante* et *comment,* sans le secours des mathématiques, ils parviennent à résoudre le problème qui consiste à creuser régulièrement un entonnoir dans le sable mouvant; mais ce que je te dirai, c'est de quelle manière ils s'y prennent. Le myrméléon, toujours à reculons, trace un cercle dans le sable; le cercle fait, il s'agit d'enlever le sable enfermé dans l'enceinte. Regarde cette fosse! le travailleur, que nous avons arrêté sans le vouloir dans ses opérations, n'a enlevé encore qu'une partie de la masse de sable; cette masse doit disparaître tout entière. Le travailleur partira de ce point par où il est arrivé, car voici sa route première encore tracée, et il s'en ira à reculons comme de coutume, en décrivant une spirale. Mais il s'agit de creuser un entonnoir et non pas un puits; il s'agit d'obtenir une pente rapide et non pas une sorte de muraille perpendiculaire; il faut donc, tu le conçois, ne pas enlever indifféremment le sable à droite et à gauche, mais d'un côté seulement, et ce côté ne peut être que l'intérieur de l'enceinte. Le myrméléon part donc; les deux premières de ses jambes de gauche, je suppose, font tour à tour l'office d'une main très adroite et très prompte qui doit charger la tête, à chaque pas, de deux ou trois *poignées* de sable; à l'instant, la tête lance cette charge assez loin hors de l'enceinte.

Le tour achevé, le myrméléon en commence un autre un peu plus bas. Les deux premières pattes du côté gauche se fatiguent cependant; il faut que le côté droit agisse et contribue à diminuer le tas de sable renfermé dans l'enceinte; mais, pour cela, il est nécessaire de se retourner bout pour bout, opération très difficile probablement pour le myrméléon, puisqu'il préfère traverser à reculons le cône de sable, et s'en aller ainsi en ligne diagonale, du nord au sud ou du sud au nord, reprendre ses spirales en sens inverse et de manière que le côté droit regarde, pour ainsi dire, le tas de sable intérieur, et y puise à son tour pour achever de le faire sauter hors de l'enceinte.

LAURE. Les pauvres petites bêtes! quelle besogne elles ont à faire!

ERNEST. Ce ne serait encore rien si le myrméléon n'avait à enlever que du sable! Mais le plus petit caillou est pour lui une grosse pierre, et cette *grosse* pierre ou cette *grosse* motte de terre, qui nous paraît à nous d'un volume moindre d'un petit pois, est pour le malheureux l'objet de bien des inquiétudes et le sujet de bien des fatigues. Il essaie d'abord de placer sur sa tête le caillou ou la motte de terre et de les lancer au dehors; mais s'il ne peut en venir à bout, il se résigne alors à sortir tout entier du sable où il est toujours enseveli, et, à reculons, il s'avance pour faire passer l'extrémité postérieure de son corps sous la petite pierre; reculant toujours peu à peu, il fait faire à ses anneaux des mouvements qui obligent la pierre d'arriver sur son dos, et il parvient, à force de persévérance, à l'y maintenir en équilibre.

LAURE. Que je voudrais donc voir cela!...

ERNEST. Je te promets de te le faire voir, si tu me promets, toi, d'avoir de la persévérance, une persévérance *myrméléonienne*. Nous emporterons, en nous en allant, une *provision* de myrméléons.

LAURE. Ah! quel bonheur!

ERNEST. Ne te donne pas tant de mouvement; reste immobile comme moi, et peut-être verrons-nous dès ce soir quelque chose. Voici l'heure à laquelle les fourmis vont rentrer... Écoute-moi sans bouger, afin que les myrméléons nous prennent pour... je ne sais quoi, mais enfin pour des *choses* tout-à-fait inoffensives. Voilà donc le myrméléon chargé : mais il ne lui est pas facile de maintenir l'équilibre dans lequel il est parvenu à placer son fardeau, surtout lorsqu'il lui faut monter à reculons le long d'une côte escarpée. A chaque pas, c'est tout un travail que de combiner le mouvement des anneaux de manière que ceux-ci s'élèvent ou s'abaissent toujours à propos pour retenir le fardeau toujours prêt à rouler, soit d'un côté, soit de l'autre... Soudain il s'échappe, et tout est à recommencer.

LAURE. Ah! mon Dieu! Et le myrméléon re-commence?

ERNEST. On en a vu recommencer jusqu'à cinq et six fois.

LAURE. Quelle persévérance! Mais pourquoi ne laissent-ils pas ces pierres au fond de leur entonnoir?

ERNEST. Il importe apparemment beaueoup que ce fond soit parfaitement net de tout ce qui pourrait effrayer ou inquiéter le gibier, puisque le myrméléon met tant de soins à l'entretenir en bon état et rejette au loin, avec sa tête, jusqu'aux grains de sable que la chute d'un insecte y a fait tomber. Quant aux dépouilles de ceux qu'il a sucés, il s'en débarrasse de suite et les lance le plus loin qu'il peut des entours de sa fosse. Si la pierre qui le gêne est décidément trop grosse pour qu'il puisse s'en débarrasser, il essaie en la poussant, soit avec la tête, soit avec le dos, de la faire entrer et tenir dans les parois de l'enton-noir, et il abandonne enfin sa fosse quand toutes ses tentatives ont été inutiles... Silence!... voici quelques fourmis qui reviennent de la maraude!... Silence et patience!

La jeune fille était si curieuse de *voir* que pendant une bonne demi-heure elle demeura dans une immobilité complète, les yeux fixés sur un endroit où il y avait des chemins de tracés et plusieurs fosses de creusées. Des fourmis, en assez grand nombre, allaient et venaient aux en-

virons; il était facile de deviner qu'elles se trouvaient bien empêchées pour rentrer *chez elles*,
parce que sans doute Laure, sans le vouloir, mas-
quait l'entrée de la fourmilière. Quelques-unes
rôdaient autour des *fosses aux lions,* et Laure
faisait les vœux les plus ardents pour les voir y
rouler ; mais elles paraissaient pressentir le danger...

Tout à coup des pluies de sable partent de
plusieurs fosses à la fois : quelques fourmis sont
entraînées dans l'abîme ; mais elles redoublent
d'efforts pour s'échapper, et les *ondées* de sable
recommencent comme de plus belle. Laure était
dans le ravissement ; elle s'écriait de surprise et
de joie, elle riait, et Ernest disait : Tu peux
même danser à présent pour peu que tu t'en
sentes l'envie. Quand il s'agit de s'emparer de sa
proie, le myrméléon est comme Gusman, *il ne
connaît plus d'obstacle,* ni peur, ni honte, ni
timidité... J'espère qu'on travaille pour étourdir
ces malheureuses fourmis! pas une n'échappera.

Pas une en effet n'échappa, et Laure reconnut,
en voyant les fourmis se débattre au fond d'une
foule de fosses qu'elle avait cru être vides, qu'il
y avait en ce lieu un bien plus grand nombre de
myrméléons qu'elle ne se l'était figuré.

Le frère et la sœur restèrent fort long-temps
au pied du vieux noyer. Laure espérait toujours
que les *propriétaires* des fosses commencées se
décideraient à travailler, surtout s'ils venaient à

s'apercevoir combien le gibier était abondant; mais cet espoir fut trompé, et comme, en dépit des prédictions d'Ernest, tout annonçait un prochain orage, Laure consentit enfin à revenir à la maison. Mais, du moins, elle emporta sept ou huit fourmis-lions, et son frère lui promit de les arranger le soir même dans une caisse à part, qui lui appartiendrait, à elle toute seule, et à laquelle personne n'aurait le droit de toucher.

— Je suis sûr, disait-il, que demain il y aura plusieurs entonnoirs de faits. Et Laure brûlait d'être au lendemain.

Quelques amies de la jeune fille attendaient son retour avec impatience. Laure les emmena dans sa chambre, et, pendant qu'Ernest préparait la caisse en la remplissant de sable tamisé, elle racontait à ses jeunes amies l'histoire du fourmi-lion. C'était la première fois que ces demoiselles entendaient parler d'histoire naturelle d'une manière *amusante;* elles promirent de revenir vers la fin de la semaine.

Laure dit le soir à son frère : Si mes myrméléons font les paresseux, tu me prêteras les tiens, Ernest!

—Nous verrons, répondit-il; et Laure alla plus d'une fois, avant que de se coucher, examiner la caisse qui renfermait *ses conquêtes.*

SEPTIÈME LEÇON.

LES FOURMILIERS.

Les fourmis-lions avaient travaillé pendant la nuit, et le lendemain Laure eut le plaisir de compter sept fosses, au fond desquelles elle apercevait distinctement les mandibules toutes grandes ouvertes, et toutes prêtes à saisir la proie qu'un heureux hasard amènerait.

Laure courut à sa fenêtre; elle cherchait des yeux une fourmi et même une araignée, quelque horreur qu'elle eût pour ces dernières; Ernest lui avait dit que le myrméléon en est très-friand, et elle voulait *régaler* ceux qu'elle possédait : mais sa chambre ne ressemblait en rien au *cabinet de la Barbe-Bleue;* tout y était d'une propreté exquise... Laure se décida à descendre au jardin. C'était merveille de la voir faire la chasse aux chenilles, elle qui la veille encore aurait jeté les hauts cris s'il lui en était tombé une sur la main! C'est qu'elle commençait à avoir moins de peur de toutes ces *petites bêtes,* et à sentir même naître l'envie de former une sorte de *ménagerie* qui lui procurerait le plaisir d'assister aux spectacles merveilleux dont jouissent journellement les observateurs de la nature.

A l'heure du déjeuner, elle raconta comment elle avait passé son temps depuis quatre heures du matin.

— Eh quoi! tu t'es levée à quatre heures! s'écria Madame de Cérant.

— Oui, maman. Il le fallait bien pour avoir le loisir de faire mes expériences avant l'heure où je me mets à l'étude.

— Quelles expériences as-tu donc faites? demanda Ernest.

Laure. D'abord j'ai comblé une fosse, comme tu m'avais dit que tu as fait toi-même pour obliger tes fourmis-lions à te montrer de quelle manière ils travaillent; ensuite j'ai fait rouler dans une autre deux grains de sable pas plus gros que la tête d'une grosse épingle, et j'ai placé des chenilles tout au bord des autres fosses. Alors je me suis éloignée un peu, et je suis restée bien tranquille, immobile comme une statue... Imagine mon bonheur, maman! Le fourmi-lion à qui j'avais donné des pierres les a jetées hors de sa fosse; je l'ai *vu* faire : les autres ont lancé du sable aux chenilles lorsque celles-ci commençaient à se dérouler au bord de l'entonnoir, et j'ai *vu*, oui, j'ai *vu* le myrméléon que j'avais enterré, sortir du sable et tracer un fossé tout en cherchant une place pour s'établir.... Malheureusement Suzette est arrivée; elle a fait du bruit, et mon myrméléon est rentré dans le sable d'où il n'a plus voulu sortir.

— Tu es plus heureuse que moi, reprit Ernest en riant. J'ai passé bien des jours avant que de parvenir à en *voir* autant.

— Et moi qui n'ai rien *vu* de tout cela, dit Madame de Cérant; je serais bien aise de *voir* à mon tour.

Laure. Vraiment! Oh! que je suis contente! maman qui veut étudier aussi l'histoire naturelle!

Madame de Cérant. Oh! seulement en *amateur*.

Laure. C'est comme moi! Viens, maman, que je te montre mes myrméléons et mes hydres.

On monta à la chambre de Laure, et Laure prouva à son frère, par ses réponses aux questions de leur mère, qu'elle avait profité des leçons

1 Myrméléon. — 2 Piége du Myrméléon — 3 Myrméléon en quête
4 Cocon — 5 Nymphe renfermée dans le cocon. — 6 id. filant son
cocon — 7 Nymphe sortant du cocon— 8 Demoiselle du Myrméléon.
9 Tête de la Demoiselle, très grossie — 10 Tamanoir. — 11 Fourmilier.

précédentes. Elle alla même jusqu'à expliquer d'une manière satisfaisante les noms à racines grecques des zoophytes, des acalèphes, et Ernest devina que déjà elle avait suivi le conseil donné par lui, de recourir au dictionnaire et de prendre garde aux étymologies.

— Ce que je ne conçois pas, dit Madame de Cérant, c'est que ce petit animal se transforme en une mouche si grande relativement à la taille dont il est maintenant, et j'avoue qu'il me faut des *preuves* pour le croire.

ERNEST. Nous en aurons incessamment de *palpables ;* en attendant, ma bonne mère, si tu veux venir chez moi, je peux te faire voir, au moyen d'un dessin bien fait, les travaux auxquels le myrméléon est soumis, et les transformations par lesquelles il passe avant que d'arriver à l'état parfait.

Madame de Cérant et Laure suivirent Ernest dans son cabinet. Il ouvrit un portefeuille, en tira un dessin et le présenta à sa mère.

—Ah! s'écria Laure, le singulier animal que voici! il a la queue d'un écureuil! Mais quel... museau! Et là, tout en haut!.. laisse-moi donc lire ce qu'il y a d'écrit au bas du dessin! *Tête de la demoiselle très grossie !..* de quelle demoiselle?.. Quelle qu'elle soit, elle est jolie, la demoiselle!

MADAME DE CÉRANT. Si tu parles toujours, comment veux-tu, ma fille, que ton frère puisse nous donner les explications que tu demandes?

ERNEST. Procédons par ordre. Voici d'abord, figure 1, le myrméléon de grandeur naturelle. La figure 2 n'a pas besoin d'explication pour Laurette, je pense?

LAURE. Non, non ; ceci, c'est la fosse... ou bien le piége du myrméléon... et ici, maman, figure 3, c'est le chemin qu'il trace dans le sable, quand il est en quête pour trouver l'endroit où il creusera son entonnoir.

ERNEST. Lorsque le temps de la métamorphose est arrivé, le myrméléon file le cocon que voici, figure 4, et dans lequel il s'enferme.

MADAME DE CÉRANT. Comme le ver à soie.

ERNEST. Oui, ma bonne mère. La figure 5 nous présente le myrméléon dans son cocon et déjà parvenu à l'état de nymphe ; le voici même en partie transformé, figure 6. Il s'occupe de filer son cocon.

LAURE. On dirait presque un enfant au maillot.

ERNEST. La figure 7 offre le myrméléon arrivé à l'état parfait, travaillant à sortir de son enveloppe ; enfin, la figure 8 nous le montre complètement transformé en demoiselle.

LAURE. Et la figure 9, mon frère?

ERNEST. C'est la tête de la demoiselle du myrméléon grossie au microscope, et présentée de face.

LAURE. Il me semble avoir vu d'anciennes coiffures qui présentent cette charge-là.

MADAME DE CÉRANT. Maintenant que nous

avons regardé le myrméléon dans ses trois états, dis-moi, je te prie, mon fils, comment il file son cocon. J'avoue que je n'aurais pas deviné que cet insecte appartient aux fileurs.

ERNEST. La filière est ici à l'extrémité postérieure. Ce n'est point un ou plusieurs mamelons percés de milliers de trous comme chez les araignées ; c'est une espèce de tuyau que je ne peux comparer, pour en donner quelque idée, qu'à une longue vue composée de plusieurs tubes s'emboîtant les uns dans les autres. Le myrméléon ne fait sortir sa filière que lorsque le moment de la métamorphose est arrivé ; et ce moment, on peut le hâter en le nourrissant avec abondance ; car ceux qui passent deux années à l'état de *larve,* ce sont les pauvres diables.

LAURE. Comment ! les pauvres diables ?

ERNEST. Mais oui ; les malheureux, les misérables qui sont sortis de l'œuf dans la mauvaise saison et qui ont été réduits, par la disette d'autres insectes, à un jeûne prolongé.

MADAME DE CÉRANT. Il me semble cependant avoir entendu dire que la ponte des œufs, pour les oiseaux, les poissons, les reptiles, les insectes, a toujours lieu dans la saison qui leur est le plus favorable ?

ERNEST. Oui, certainement ; mais il y a des paresseux, des lambins dans toutes les espèces ; et, en outre, pour eux comme pour nous, il se rencontre des hasards malheureux, des circonstances contraires. Les saisons plus ou moins régulières suffisent pour faire naître ces circonstances, et le myrméléon qui serait parvenu dans l'année même de sa naissance à l'état parfait, s'il avait été bien nourri, demeure, par suite de sa misère, deux années entières dans l'état imparfait.

LAURE. Je te promets que mes fourmis-lions arriveront promptement à tout l'état de perfection possible, car ils ne manqueront pas de gibier!

ERNEST. Les travaux du myrméléon pour creuser son entonnoir, pour lui conserver une pente également rapide tout autour et pour enlever les pierres qui ont roulé au fond, sont extrêmement faciles si on les compare à ceux que doit lui coûter la construction de son cocon. Pour filer, il s'enfonce entièrement dans le sable, si l'endroit où il se trouve lui convient; sinon, il se met en quête et ne s'arrête que lorsqu'il a découvert un lieu qui lui plaît. Te figures-tu, ma bonne mère, qu'enveloppé de sable mouvant, qui pèse sur lui de toutes parts, il faut qu'il arrive à établir une sorte de vide autour de lui?

MADAME DE CÉRANT. Et comment fait-il pour y parvenir?

ERNEST. Réaumur, et après lui Rœsel, nous aident à le deviner à peu près. Tous deux ont observé le myrméléon avec l'attention et la patience dont manquent parfois de simples amateurs, et tous deux ont imaginé de retirer de son cocon, à peine commencé, l'insecte arrivé à l'âge de la métamorphose. C'est la figure 6 que je t'ai fait remarquer. Le myrméléon, qui n'est déjà plus à l'état de larve et qui n'est pas encore à l'état de nymphe, se recourbe ainsi en cercle, de telle sorte que ses mandibules touchent presque à sa filière, placée à l'extrémité postérieure du corps. Il ne peut plus se redresser une fois que cette posture est prise; mais si on le met sur le dos, dans un peu de sable, on voit sa filière s'allonger, se porter à droite, à gauche, en dessus, en dessous, et chercher, pour ainsi dire, le sable; chaque grain qu'elle touche est lié au grain qu'elle a précédemment touché; le fil s'allonge à mesure, se double, et des espèces de rubans étroits se forment rapidement de la réunion de ces fils, auxquels les grains de sable se trouvent comme enfilés. Mais le pauvre petit animal perd son temps et sa peine si, après s'être procuré le plaisir de le voir travailler, on n'a pas la charité de le couvrir entièrement de sable. C'est alors seulement qu'il peut tisser son cocon. Tout en filant, il saisit au passage le sable dont il a besoin pour construire et la voûte supérieure, et la voûte inférieure, et les parois de sa demeure. Ce travail est exécuté avec une grande vitesse, ainsi qu'on en a pu juger en l'obligeant à travailler hors du sable, et, tout aussi promptement, il tapisse l'intérieur de son cocon d'un tissu qui a le brillant et l'éclat du satin blanc.

LAURE. Oh! la gentille petite bête! Je vais me

mettre à aimer mes myrméléons à la folie! Et toi, maman?

MADAME DE CÉRANT. Je ne sais, en vérité, lequel admirer le plus, ou de l'industrie de l'insecte, ou de la patience de ses observateurs et de leurs recherches fort curieuses.

ERNEST. Ma bonne mère, si je te les racontais toutes, tu concevrais peut-être difficilement qu'on puisse pousser si loin la patience et l'adresse. Par le secours de l'une et de l'autre, on est parvenu à s'assurer que, peu de temps après la sorte d'ensevelissement du myrméléon dans son cocon, le dos de la larve ou de l'insecte, si tu l'aimes mieux, se fend, et alors la nymphe se dégage.

MADAME DE CÉRANT. Dis-moi, je te prie, ce que tu entends par ce mot de *larve?* Je croyais que le myrméléon était un ver à six pieds, d'après ce que j'en ai entendu dire à M. Blanville.

LAURE. A propos de larve, je me suis souvenue tout à coup, et tout à l'heure, qu'il y avait autrefois à Rome, à Rome l'*antique,* la fête des *Larves,* ou *Remuria...* Par exemple, je ne comprends pas bien comment cette fête, instituée d'abord pour apaiser les mânes de Rémus, que son frère Romulus avait tué, est devenue plus tard celle des ames des méchants condamnées à errer sous la figure de fantômes hideux ou de larves...

ERNEST. Tout cela est beaucoup trop poétique pour nous autres naturalistes, gens positifs s'il en fut; cependant remarque que cette autre rêverie grecque ou romaine est fondée en partie sur un fait de l'histoire des insectes, sur l'existence fort pénible de ceux-ci à l'état de *larve,* jusqu'au jour de la métamorphose. Nous en pourrions tirer quelques inductions très morales, quelques rapprochements ingénieux, si nous étions saisis du *démon de l'inspiration;* et, à ce propos, nous pourrions de même parler, dans quelque note de notre *poème en prose,* des *loups-garoux* et des *revenants* qui ont pris, chez les modernes, la place des *larves* de Rome l'antique. Pour aujourd'hui, il faut nous en tenir cependant à ce qui *n'est que vrai,* et ce qui n'est que vrai, le voici : de l'œuf déposé par la demoiselle du fourmi-lion, sort en effet un ver à six pieds; mais ce ver subit une demi-métamorphose pour passer à l'état de larve dans lequel il est fourmi-lion, myrméléon, renard de fourmi et d'autres insectes. C'est à l'état de larve, et non à celui primitif de ver, qu'il travaille d'abord pour vivre, puis pour se filer un cocon dans lequel il ne demeure pas oisif, selon toute probabilité; ainsi le myrméléon, en particulier, et plusieurs autres insectes, existent sous quatre formes : celles de ver, de larve, de nymphe et de mouche ou de scarabée.

Madame de Cérant. A la bonne heure; voilà pour moi le chaos *débrouillé.* Continue, mon fils; nous en étions à la nymphe qui se dégage de la peau de cette larve appelée myrméléon; la voici libre enfin.

Ernest. Non, pas du tout, ma bonne mère. La nymphe est entourée, comme un mort de son *suaire,* d'une enveloppe blanchâtre composée d'un amas de petits corps oblongs, appliqués et entés les uns sur les autres. A l'abri et aux dépens de cette enveloppe moelleuse, les parties qui doivent constituer la mouche se développent, se fortifient; j'ai dit *aux dépens,* parce qu'au moment où la mouche déchire le cocon avec ses dents pour se faire une sortie, elle n'abandonne, en le quittant, qu'une pellicule blanche et dont une partie seulement sort avec elle du cocon; c'est bien ce même suaire qui la couvrait tout entière; mais il se trouve tellement aminci et transparent, au prix de ce qu'il était précédemment, qu'il en est devenu presque méconnaissable. Il est probable que la partie *graisseuse* ou grasse est absorbée pendant le travail de la nymphe pour devenir mouche; peut-être même cette partie sert-elle à sa nourriture.

Laure. Le travail! Comment veux-tu que la pauvre bête, emmaillottée de la sorte, puisse *travailler ?*

Ernest. Je te *prouverais,* si je voulais, Laurette, par une foule d'exemples fort curieux, que la nymphe *emmaillottée* ne reste pourtant pas les *bras croisés;* mais ces exemples viendront dans leur temps; tu n'es pas encore assez habile pour les comprendre au premier mot. Je te *prouverai* aussi plus tard que la métamorphose est complète à l'intérieur comme à l'extérieur; et ceci est de toute nécessité. L'animal qui, à l'état de larve, vivait dans le sable ou dans l'eau, devant vivre dans l'air après sa métamorphose, a besoin d'autres organes pour respirer, d'une bouche autrement conformée pour *manger* et *croquer,* après n'avoir fait que sucer, comme le myrméléon entre autres, et sucer non par la bouche, mais par ses mandibules.

MADAME DE CÉRANT. Et chaque animal apporte, je pense, les goûts, l'instinct, l'industrie qui sont propres à ce nouvel état?

ERNEST. Tu le devines bien, ma bonne mère. Le changement est complet et doit l'être.

MADAME DE CÉRANT. Que les phénomènes de la nature sont admirables, et combien s'humilie notre orgueil devant cette toute-puissance divine qui fonda des lois immuables que l'homme ne parvient à intervertir que par la destruction de l'individu et de l'espèce!

LAURE. Mon Dieu, oui, maman ; car ces myrméléons se feraient tuer plutôt que de ne point marcher à reculons ; n'est-ce pas, Ernest? C'est bien singulier pourtant!... Mais une chose me fâche, c'est que, métamorphosés en demoiselles, ils ne soient pas la moitié aussi beaux que les autres demoiselles... Ah! je devine pourquoi!

ERNEST. Pourquoi donc ?

LAURE. C'est qu'à l'état de larve le myrméléon a beaucoup plus d'esprit que les demoiselles, et cet esprit lui a été donné en dédommagement du manque de beauté...

Ernest. Voilà une phrase toute faite que tu as lue dans je ne sais quel chapitre des compensations offertes en ce monde aux laiderons et aux imbéciles; mais tu n'en crois pas un mot.

Laure. Je t'assure, Ernest...

Ernest. D'ailleurs cette phrase superbe ne trouve point ici son application. Mes petits lions des pucerons, si habiles à se faire un manteau avec les dépouilles des vaincus, ne sont point des sots, et ils donnent la plus charmante petite demoiselle qu'il soit possible de voir; mes libellules, qui vivent dans l'eau, qui respirent par la partie postérieure du corps, qui portent des masques en casque, des masques plats, des masques effilés, ne sont point des imbéciles, bien qu'elles se métamorphosent en ces belles demoiselles aux riches couleurs bleues, vertes et or qui charment les yeux; et mes petits barbets blancs, si prompts à refaire leur casaque de duvet, ne sont pas plus spirituels que les autres, quoiqu'ils ne se métamorphosent plus tard qu'en un scarabée peu brillant et bien connu des enfants sous le nom de *petite bête du bon Dieu.*

Laure. Ah! ces jolies petites bêtes du bon Dieu que j'aime tant ont été d'abord des barbets blancs?... Tu nous fais des contes, Ernest!

Madame de Cérant. Il y a probablement barbet blanc et barbet blanc. De quelle taille sont ceux dont tu nous parles, mon fils?

ERNEST. Mais... de la longueur... d'une ligne, à peu près.

LAURE. Je savais bien que c'était un conte, et je parie que les petits lions des pucerons ne mangent pas plus de pucerons que le petit lion des fourmis ne mange de fourmis.

ERNEST. Si tu veux absolument *voir* des *myrmécophages* ou mangeurs de fourmis, embarquons-nous pour le Nouveau-Monde. Nous irons d'abord au Brésil chercher le *tamanoir*, petit animal de sept pieds de long, y compris la queue...

LAURE. Ah! quel joli *petit* animal!.. Mais si je ne me trompe, le voici, figure 10... Oui, vraiment, c'est mon animal de tout à l'heure, à queue d'écureuil!

ERNEST. Après avoir admiré ses tout petits yeux noirs défendus par d'épaisses paupières, ses poils rudes longs d'un pied, sa superbe queue en panache et dont il se fait un manteau à la façon de l'écureuil quand il veut dormir, nous lui dirons poliment et doucement, comme le docteur à son malade : *Voyons la petite langue, s'il vous plaît!* Et il en déroulera une de... trois pieds de long.

LAURE. Ah! l'horrible bête!

ERNEST. Sans *perdre le temps* à examiner le mécanisme fort extraordinaire de cette langue qui ne ressemble à aucune autre, si ce n'est un peu à celle du pic, nous nous amuserons à la lui voir allonger sur le sentier fréquenté par les fourmis; l'effet de cette barrière, placée si promptement en travers, est *prodigieux!* Une ou deux fourmis, soudain arrêtées par cet obstacle inattendu, retournent à la fourmilière et reviennent accompagnées de plusieurs autres; le nombre des arrivantes augmente de moment en moment; on tient conseil, les mauvaises têtes l'emportent; il est décidé qu'on montera à l'assaut. Le tamanoir laisse faire; mais s'il est facile de monter, il n'est pas possible de redescendre. Les pattes des fourmis s'engluent sur cette langue qui, bien garnie, est retirée par le *myrmécophage ;* il a bientôt fait d'épuiser une fourmilière.

Madame de Cérant. Je le crois!

Ernest. Et tout aussitôt fait de jeter à terre, d'un coup de poing *aiguisé* de griffes tranchantes, le jaguar qu'en un instant il a mis hors de combat.

Laure. Et ce monstre-là ne vit que de fourmis !

Ernest. De fourmis noires, blanches et rouges, qu'il avale sans mâcher, attendu qu'il n'a point de dents, sans quoi il croquerait...

Laure. Ah ! Ernest, je t'en prie !

Ernest. Allons maintenant à Sinnamary, et nous verrons le *tamandua,* désigné en ce pays sous le nom de *taïri....*

Laure. On ne l'a pas représenté ici. Il n'y a que le tamanoir.

Ernest. Le tamandua est moitié plus petit de taille que le tamanoir ; avec sa queue prenante à poils ras, il se suspend aux branches des arbres, et, tout en se balançant, il darde sa langue dans les fentes de ces arbres dont la plupart recèlent des fourmilières innombrables de fourmis blanches ou *termès*, ou *poux de bois*, et la retire bien chargée de gibier. Préfères-tu venir avec moi chercher à la Guyane le *tamandua minor*, ou tamandua *miri* du Brésil, ou *myrmecophaga didactyla* des savants? Pour celui-ci, qui n'est pas plus gros qu'un *rat*, c'est un véritable *amour*, à pelage doré, luisant et doux comme du velours ; seulement ne lui confie pas tes doigts, car s'il s'en empare avec sa queue également prenante ou avec ses pattes armées de griffes, tu seras obligée de le garder, bon gré mal gré, aussi long-temps qu'il ne lui plaira pas de lâcher prise. Le *tamandua minor* est, du reste, d'un naturel pacifique, facile à apprivoiser, et rien n'est joli comme de le voir voyager sur les branches avec son petit sur son dos.

Laure. Oh! pour celui-là, je serais bien aise de le voir et de l'avoir.

Ernest. Nous partirons quand tu voudras, et nous en saisirons un au moment où il sera occupé à déterrer et à culbuter, avec ses pattes de devant, quelqu'une de ces ruches de termès parfois aussi grosses qu'une barrique, et qui n'offrent point d'ouverture par laquelle il soit possible, même au plus petit tamandua, de darder sa langue. Si tu veux, nous pourrons profiter de l'occasion pour rapporter le *myothera*, ou mieux *myrmothera*, ou encore le fourmilier, bel oiseau à jambes hautes, à queue écourtée, à tête empanachée, qui ne vole guère mieux que nos poules, et dont les chants singuliers font retentir les forêts de sons tout-à-fait extraordinaires, souvent effrayants pour le voyageur européen.

Madame de Cérant. C'est, en effet, un joli oiseau.

Laure. Tu le connais, maman?

Madame de Cérant. Mais toi aussi. Regarde ce dessin, figure 11.

Laure. Ah! c'est vrai! Ainsi, c'est encore un mangeur de fourmis?

Ernest. C'est le roi des mangeurs de fourmis, entre tous les oiseaux insectivores.

Madame de Cérant. Heureusement que, dans le Nouveau-Monde, les fourmilières de toutes les espèces abondent.

Ernest. Oui, certainement; et comme leurs habitantes font beaucoup de dégât, le remède a été placé auprès du mal. Un ou deux de ces animaux-là mourraient de faim dès le second jour dans nos forêts d'Europe.

Madame de Cérant. D'où je conclus qu'il faut nous en tenir à nos myrméléons, aux bergeronnettes, aux roitelets et à plusieurs autres gentils oiseaux qui s'accommodent non seulement de fourmis, mais aussi de toute autre espèce d'insectes.

Laure. Maman a raison ; nos petits lions sont beaucoup plus gentils et bien plus industrieux, plus intéressants surtout que ces grandes vilaines bêtes qui ne savent faire autre chose qu'allonger une langue sans fin. Le beau talent !... Et les petits lions des pucerons, et les barbets blancs, Ernest ! tu dis qu'ils ont aussi beaucoup d'esprit... Raconte-nous-en quelque chose, veux-tu, en attendant que tu m'en fasses voir ?

Madame de Cérant. L'heure de la récréation, ma fille, est passée. Tu as à travailler, et ton frère aussi.

Laure. Mais, maman, je n'ai pas pris aujourd'hui ma leçon d'histoire naturelle.

Ernest. Comment ! est-ce que je ne viens pas de te la donner ?

Laure. Point du tout : nous avons passé le temps à causer, mais tu ne m'as rien enseigné !

Madame de Cérant. Eh bien ! moi, ma fille, je trouve que je sais maintenant beaucoup de choses que j'ignorais il y a une heure ; c'est *enseigner*, cela, pour celui qui parle ou professe, et c'est *apprendre*, si je ne me trompe, pour celui qui écoute.

Laure n'était pas satisfaite cependant. Le peu que son frère venait de dire des lions des pucerons qui se font un manteau des dépouilles des vaincus; des libellules qui portent des masques; des barbets blancs qui se transforment en petites *bétes du bon Dieu,* avait piqué vivement sa curiosité. Et il fallait attendre jusqu'au lendemain pour avoir quelques détails! car, ce soir-là, elle allait en visite avec sa mère à un château voisin...

Elle se résigna cependant d'assez bonne grace, et se mit au piano, tout en rêvant à ses myrméléons.

———

HUITIÈME LEÇON.

———

LES DEMOISELLES.

Le jour suivant, Laure vint un peu plus tôt que de coutume heurter à la porte du cabinet de la *Barbe-Bleue*, dans lequel Ernest passait une grande partie de ses matinées, et elle entra sans attendre qu'on l'y invitât.

— Tu arrives à propos, dit Ernest en souriant. J'aurai aujourd'hui plusieurs métamorphoses, et tu vas voir s'opérer sous tes yeux des merveilles bien *merveilleuses*.

LAURE. Est-ce que tes fourmis-lions ont filé?

ERNEST. Non, pas encore; mais vois combien de nymphes de libellules sont venues se cramponner à ces branches que j'ai placées hier autour de mes baquets!... Tiens, en voici qui sortent de l'eau... elles vont rester un moment sur le bord pour se sécher, et ensuite elles se mettront en quête d'un emplacement convenable pour que la métamorphose puisse s'accomplir sans obstacle.

LAURE. Ernest, elles ne marchent pas à reculons, tes libellules? Est-ce par suite de l'*éducation* que tu leur as donnée?

ERNEST. Il n'est pas dans leur nature d'aller à reculons, voilà tout.

LAURE. Qu'est-ce qu'elles portent donc sur le dos?

ERNEST. Ce sont les fourreaux dans lesquels se trouvent enfermées leurs ailes.

LAURE. Comment! ces grandes ailes à réseau?

ERNEST. Oui, ces grandes ailes pliées en long, repliées en large, tiennent tout entières dans ces étroits fourreaux que tu chercherais en vain sur la nymphe libellule avant son dernier changement de peau, de même que tu chercherais alors inutilement cette nymphe dans l'eau transparente où la voici maintenant. Elle se tient dans la vase; elle s'en couvre, comme le myrméléon se couvre de sable pour surprendre sa proie. Regarde au fond de ce baquet; tu peux apercevoir

des nymphes dont les fourreaux des ailes *à venir*
ont l'air de faire partie du corps.

LAURE. Ah! elles nagent comme de vrais
poissons!

ERNEST. Et pourtant elles n'ont point de nageoires, mais seulement des pattes.

LAURE. On ne s'en douterait pas à voir la vivacité avec laquelle elles courent dans l'eau.

ERNEST. Tu ne devinerais jamais de quelle manière elles se donnent l'impulsion qui les fait
avancer si vite. En voici une que je tiendrai entre les doigts assez long-temps pour que tu puisses
l'examiner à ton aise. Prends ma loupe et dis-
moi ce que tu vois à l'extrémité postérieure.

LAURE. Ah! comme elle se démène!

ERNEST. C'est qu'elle a besoin d'eau pour respirer aussi long-temps que le moment de la métamorphose n'est point venu. Eh bien! que
vois-tu?

LAURE. Je vois que sa queue, qui était d'abord
toute pointue, s'est divisée en... trois... quatre...
cinq pointes... On dirait qu'elle veut te piquer
avec ces cinq pointes... Elle en viendra à bout...
Prends garde, Ernest!

ERNEST. Ne crains rien; lors même qu'elle y
réussirait, elle ne me ferait aucun mal.

LAURE. C'est égal, laisse-la aller, cette pauvre
bête!

ERNEST. Je veux qu'auparavant elle te montre
comment elle *aspire* l'eau. Avance-moi cette sou-

coupe, je te prie ; nous allons y mettre un peu d'eau , seulement la quantité nécessaire pour qu'elle puisse la pomper... Regarde bien, Laurette.

Laure. Ah! la voilà qui épanouit sa queue... Ah! elle renvoie de l'eau comme en fusées!... On dirait qu'elle s'amuse de ce jeu.

Ernest. Comprends-tu maintenant ce qui l'aide à avancer ou à nager dans l'eau sans nageoires ?

Laure. Mais... pas trop.

Ernest. En épanouissant sa queue, elle ouvre une entrée à l'eau ; mais aussitôt cette eau est chassée par le même piston qui, en remontant vers le corselet, l'a fait arriver dans l'intérieur du corps ; cette espèce de pompe aspirante et foulante est sans cesse en jeu ; le jet d'eau, mêlé de globules d'air, qu'elle chasse, rencontre de la résistance dans la masse d'eau dont la libellule est entourée de toutes parts, et cette résistance pousse l'animal en avant.

Laure. Quelle invention !

Ernest. Invention bien admirable, lorsque l'on découvre, par le secours de la dissection, que ce piston, auquel Réaumur a donné le nom de *tampon*, est composé d'une multitude de ces vaisseaux aussi brillants, aussi blancs que le plus beau tissu de soie blanche, et dont je t'ai parlé, je crois, à propos des stigmates ou trachées qui remplacent les poumons chez les insectes ; chacun de ces vaisseaux ou canaux est un fil tourné en spirale comme nos élastiques de bretelles; déroulé, il peut donner une longueur de trois pouces; longueur *énorme,* quand on la compare à l'espace où une multitude de vaisseaux de ce genre se trouvent renfermés. Mais ce n'est pas tout. Dans le corps de l'insecte est un grand vide, qui sert de réservoir à l'air et à l'eau que la libellule aspire par l'extrémité de son abdomen en retirant le tampon. C'est dans ce vide qu'au moyen d'un appareil que je n'essaierai pas maintenant de te décrire, l'insecte absorbe l'air contenu dans l'eau, puis, repoussant le tampon en arrière, il la lance au dehors.

LAURE. Ainsi il avance toujours chaque fois qu'il respire?

ERNEST. Non, ma sœur. L'eau qui remplit le réservoir intérieur contient plus d'air que la libellule n'en peut consommer en un instant, et c'est seulement à sa volonté qu'elle s'en débarrasse et qu'elle la renouvelle. Elle est donc libre de se servir uniquement de ses pattes pour courir dans la vase; mais veut-elle *nager* dans l'eau, elle fait jouer la pompe aspirante et foulante, et, à chaque coup de pompe, elle se lance en avant, comme tu le vois toi-même.

LAURE. Que c'est extraordinaire! Ernest, il me semble que cette libellule a ici, sur les côtés, des... ouvertures, comme le myrméléon. On dirait des boutonnières.

ERNEST. Ce sont des stigmates à l'état rudimentaire. C'est-à-dire que la nymphe, vivant dans l'eau, ne respire point par des stigmates; mais la demoiselle, vivant dans l'air, en aura sur le corselet de véritables, à la place même où tu vois ces *apparences* de stigmates. J'ai ici plusieurs espèces de libellules. En voici qui sont courtes et grosses; en voici de plus effilées; tu vois que la forme de la tête n'est pas du tout la même.

LAURE. Tu m'as parlé de celles qui ont des masques?

ERNEST. Elles en ont toutes.

LAURE. Oui, mais des masques en casque.

ERNEST. Les masques en casque appartiennent aux nymphes du premier genre, dont le corps est gros et court.

LAURE. En voici alors; mais cela n'a pas trop l'air d'un casque.

ERNEST. Cette dénomination est peut-être arbitraire comme tant d'autres; cependant, regarde par dessous; ne dirait-on pas en effet un casque dont la visière est baissée?

LAURE. Oui, c'est vrai.

ERNEST. Prête-moi une épingle.

LAURE. Oh! qu'est-ce que tu vas faire à cette pauvre petite bête?

ERNEST. Je ne lui ferai pas de mal, je te le promets. Sans la blesser, je pourrais lui ôter son masque tout entier, car il ne tient par aucun lien à la tête; mais ce serait la priver du seul moyen qu'elle possède de saisir sa proie. Regarde, Laurette. Ici, au milieu, est une ouverture ; j'y introduis la pointe de l'épingle, et je soulève l'un des deux volets dont le masque se compose. Eh bien, la nymphe, quand elle veut saisir sa proie, ouvre elle-même les volets de son masque qui sont dentelés au bord, et les referme sur l'animal, souvent plus gros qu'elle, qu'elle a saisi au passage ; sous le masque sont les dents qui aussitôt *besognent* pour croquer ce que ces espèces de serres maintiennent à leur portée ; et je te réponds que ces serres, de singulière structure, tiennent bien ce qu'elles tiennent ! Au dessous, voici une pièce appelée *mentonnière* et qui enveloppe ce qu'on peut à volonté nommer le menton ou la lèvre inférieure et unique d'une bouche qui ne ressemble pas du tout à la nôtre.

Laure. C'est bien un masque en effet, rien n'y manque ; seulement il sert à tout autre chose qu'à *masquer* la figure de la nymphe... Dis donc, Ernest, elle a des yeux à réseaux, n'est-ce pas ?

Ernest. Oui ; mais remarque comme ils sont ternes ! Au moment de la transformation, ils deviendront brillants, et l'éclat qu'ils prendront peu à peu nous avertira des progrès de la métamorphose.

Laure. Ce qu'il y a d'admirable, ce sont les moyens si divers que Dieu a donnés à chaque animal, même au plus petit, pour se procurer, dans l'élément qui lui est propre, la nourriture qui lui convient.

ERNEST. Aussi l'un des observateurs immortels des mœurs et de l'instinct des insectes, Réaumur, a-t-il dit avec raison : « Dès que l'Auteur de tous les êtres a pris tant de soin pour faire croître tant de petites mouches; dès qu'elles semblent lui avoir paru si précieuses; dès qu'il s'est plu à les multiplier si fort et à en varier les espèces, nous est-il permis d'avoir une parfaite indifférence pour ces mouches? Ne devons-nous pas avoir quelque désir de les connaître? et ne nous rendons-nous pas indignes d'être les habitants d'une terre où tant de merveilles ont été rassemblées, quand nous ne daignons pas même ouvrir les yeux pour les considérer? »

LAURE. Oh! que c'est bien vrai, Ernest!

ERNEST. Si déjà tu reconnais que c'est *bien vrai*, toi qui n'as encore fait qu'*entrevoir* ce que Réaumur et Bonnet ont *vu* avec tant de justesse que de nos jours ils sont encore les guides les plus sûrs dans l'étude de l'entomologie, que diras-tu donc lorsque nous aurons commencé à nous lier d'*amitié* avec les teignes des laines, des murailles, des feuilles, des fourrures?...

LAURE. Oh! par exemple, si tu t'imagines que j'aurai jamais de l'*amitié* pour ces vilaines mites qui ont mangé mon boa l'année dernière, tu te trompes fort!

ERNEST. Tu regretteras du moins d'avoir jeté ce boa, quand il s'agira de suivre leurs travaux...

LAURE. Je regretterai mon boa, voilà tout.....

Remets donc cette pauvre petite nymphe dans l'eau... Est-elle vieille, mon frère?

ERNEST. Comment! vieille?

LAURE. Mais oui. Combien d'années vivent les libellules?... Oh! est-elle contente de se retrouver dans son baquet!

ERNEST. Les libellules ne vivent guère que dix à onze mois dans l'eau et *quelques jours* dans l'air, quand elles se sont transformées en mouches. J'ai oublié de te faire remarquer le crochet bien acéré dont chaque patte est garnie. Ces crochets pénètrent si promptement et si facilement dans les tiges des plantes et dans le bois des menues branches sur lesquelles se fixe la nymphe qui va accomplir l'œuvre de la métamorphose, qu'on peut accrocher soi-même à volonté la dépouille vide *et morte*, par conséquent, que la mouche vient de quitter... Maintenant que tu sais, à peu de chose près, l'histoire de la nymphe, il faut porter toute ton attention sur celles que voici cramponnées à ces branches d'arbres. Je t'ai dit, tu t'en souviens, que plus approche le *grand moment*, plus les yeux deviennent brillants; cet effet est produit par les yeux à réseaux de la mouche, dont les cornées se trouvent alors appliquées immédiatement sous les cornées des yeux de la nymphe. Ceci seul suffirait pour prouver un développement et un changement intérieurs aussi grands que le changement et le développement extérieurs, alors même qu'on manquerait d'autres preuves parfaitement *visibles*....

LAURE. En voici deux... en voici trois... quatre dont les yeux sont bien brillants... Ernest, Ernest, un corselet qui se fend !...

ERNEST. Regarde bien attentivement l'opération de la métamorphose qui va s'opérer sous tes yeux.

LAURE. Oh! quel bonheur! je vais voir éclore une de ces belles demoiselles bleues...

ERNEST. Tu ne verras rien qu'à moitié, et ton attente sera trompée, si tu mets les rêves de ton imagination à la place de la réalité, et si tu t'en laisses préoccuper au point de dédaigner ce qui mérite seul ton admiration, parce que ceci seul est *vrai*. Voici le corselet de la nymphe tout-à-fait fendu; celui de la demoiselle commence à paraître; elle se soulève, ou, si tu l'aimes mieux, son dos s'arrondit pour prolonger la fente vers la tête...

LAURE. Ah! voilà la tête qui se fend aussi, mais en travers, d'un œil à l'autre !

ERNEST. La tête qui va sortir de cette enveloppe est d'un bon tiers plus grosse que celle de la nymphe.

LAURE. Mais comment peut-elle y tenir ?

ERNEST. Parce que les parties dont elle est composée sont encore molles et membraneuses; elles ne se durciront qu'à l'air et après avoir acquis le degré d'extension auquel chacune doit arriver.

LAURE. Voilà la tête... Qu'elle est grosse!... Ah! comme la demoiselle se tire en se renversant en arrière... Ernest! les ailes qui sortent des fourreaux... et les pattes... La pauvre bête! elle se renverse de plus en plus... Ah! qu'est-ce que c'est donc que ces deux cordons blancs qui sortent de chaque côté du corselet de la demoiselle?

ERNEST. Tu n'as pas oublié que la nymphe respirait l'eau; mais la mouche doit respirer l'air; tout l'appareil respiratoire qui servait à la nymphe est donc inutile à la demoiselle, et celle-ci s'en débarrasse. Ces cordons blancs que tu vois sortir par les stigmates du corselet ne sont autre chose que les gros troncs des trachées dont la réunion formait le tampon ou l'espèce de piston de l'espèce de pompe aspirante et foulante dont tu as admiré le jeu si facile et si prompt.

LAURE. Mais, Ernest, tous ces changements doivent faire souffrir ces pauvres animaux?

ERNEST. Il est probable qu'aucun ne s'opère sans fatigue au moins. Tu peux voir que la sortie des trachées, par les stigmates du corselet, coûte à la mouche autant d'efforts que la sortie de ses ailes et de ses pattes hors des fourreaux qui les enfermaient.

LAURE. Ah! elle va tomber...

ERNEST. Non, non, ne crains rien... attends un moment, et tu vas la voir allonger ses pattes, les plier en différents sens, et les essayer comme si elle voulait marcher.

LAURE. Oui, oui, elle fait ce que tu dis!... Elle paraît toute contente de se trouver hors de sa prison... Ernest, elle ne bouge plus!

ERNEST. Elle ne bougera pas d'ici un quart-d'heure ou une demi-heure peut-être.

LAURE. Ah! et pourquoi donc?

ERNEST. Parce qu'il faut donner le temps aux parties molles de prendre de la consistance. Pendant ce repos, les forces de la mouche, épuisées par le travail que lui a coûté sa sortie du fourreau, se renouvellent, pour ainsi dire.

LAURE. Je voudrais bien voir grandir les ailes que voici collées en partie contre le corselet!

ERNEST. Cette avant-dernière opération est la plus importante comme aussi la plus difficile à exécuter sans encombre; ce n'est qu'après qu'elle a eu lieu que le corps prend toute sa longueur. Au sortir du fourreau, les anneaux qui le composent sont comme emboîtés inégalement les uns dans les autres; aussi paraît-il être contrefait. Je te dirai encore que la demoiselle, nouvellement éclose, est douée d'un instinct qui lui fait comprendre qu'elle doit chercher un lieu plus commode que celui où se trouve attachée sa dépouille, pour que rien ne gêne le développement des ailes et du corps. Faisant usage de ses pattes, elle passe sur une branche voisine, et là elle se courbe en demi-cercle, de façon que le côté du dos forme un creux assez profond pour que les ailes, en s'allongeant et en s'élargissant, ne puissent le toucher par aucune partie. Tu peux voir toi-même que les ailes de celle qui vient d'éclore n'ont pas plus de consistance que du papier serpente mouillé; eh bien! ce *papier mouillé*, s'il prenait un faux pli par l'effet du contact avec quelque objet environnant, le conserverait en séchant, et la mouche serait estropiée *par les ailes*.

LAURE. Et elle *sait* tout cela en sortant de son fourreau?

ERNEST. Elle le *savait* peut-être d'*avance*, de même que le myrméléon *sait*, en sortant de l'œuf, creuser un entonnoir dans le sable et le danger d'y laisser de grosses pierres; de même que la chenille mineuse *sait*, en sortant de l'œuf, qu'elle ne doit pas percer de part en part le parenchyme de la feuille, mais seulement s'introduire entre le dessus et le dessous pour y pratiquer ses longues et tortueuses galeries. L'homme seul, peut-être, entre tous les êtres créés, et particulièrement l'homme civilisé, *doit* tout apprendre, lorsque surtout il se persuade ne pouvoir rien savoir que ce qu'il a appris, tandis que l'homme de génie trouve, d'*instinct* aussi, lui, les combinaisons si savantes, au dire des savants, qui font de tant d'insectes des géomètres, des architectes, des pionniers, des mineurs, des fileurs, quoiqu'il n'y ait parmi eux ni école des mines...

LAURE. Ah! te voilà lancé sur ton *dada*, comme dit M. Dervigny. Je t'en prie, fais en sorte que cette demoiselle, qui semble dormir, se réveille et allonge ses ailes! Je meurs d'envie de la voir voler.

Ernest. Oh! tu n'y es pas, ma petite Laurette! Un quart d'heure lui suffit sans doute pour déployer dans toute leur grandeur ces belles ailes réticulées, qui brilleront aux rayons du soleil des couleurs de l'iris; mais quatre ou cinq heures ne seront pas de trop pour leur donner la consistance nécessaire; au bout de ce temps seulement, la mouche essaie de s'en servir.

Laure. Ah! quel ennui! comme si j'avais quatre ou cinq heures de loisir!

Ernest. C'est bien malheureux, et je ne doute pas que si cette demoiselle savait combien tu es occupée, elle ne se hâtât de déployer ses ailes et de prendre son vol, dût-elle avoir le sort du fils d'Icare.

Laure. Allons, moqueur!... Dis donc, Ernest, je pourrai revenir tantôt vers une heure ou deux; tu ne la laisseras pas s'envoler auparavant?

Ernest. Je te promets que tu la retrouveras à la même place. Ses ailes une fois élargies et allongées, il lui faudra *désemboîter* ses anneaux et faire prendre à son corps toute la longueur qu'il doit avoir. Alors elle le remplira d'air; elle le gonflera comme un ballon, et, dans cet état, elle fera voir ou plutôt elle laissera voir à l'amateur, à travers sa peau devenue transparente par l'effet de cette tension extraordinaire, les ramifications et les renflements des vaisseaux aériens qui répondent aux stigmates.

Laure. Oh! je veux absolument voir cela!

Ernest. Et tu le verras comme à travers une glace parfaitement diaphane et beaucoup mieux que si un anatomiste habile prenait la peine de disséquer devant toi un corps de libellule-mouche. Ce que tu ne pourras voir avec la même facilité, et ce qui pourtant n'est pas moins curieux, c'est que les dents de la nymphe, quoique très solides, très dures et très en état de faire en conscience leur office, n'étaient pourtant que comme les *étuis* des dents de la demoiselle.

Laure. Est-il possible?

Ernest. Beaucoup plus que possible, puisque cela est; et c'est là encore, j'espère, une autre preuve sans réplique que la métamorphose est complète.

Laure. Oh! oui, bien complète et bien étonnante! Mais, Ernest, il n'y a, pour ainsi dire, pas de couleur sur le corselet de cette demoiselle? Est-ce qu'il se colorera aussi plus tard?

Ernest. Sans aucun doute. Ce blanc jaunâtre sur lequel se dessinent à peine des taches jaunes, des taches noires et comme des ondes d'un brun clair, deviendra d'une belle couleur citron; les taches jaunes deviendront bleues, les ondes brunes bruniront encore, et les taches noires pourront bien disparaître, à moins que cette mouche n'appartienne à celles qui n'offrent, sur tout le corps, que du bleu et du noir plus ou moins heureusement combinés, mais toujours avivés par le brillant d'un beau vernis également étendu partout.

Laure. Que de peine il leur en coûte pour se *faire belles !* Et aussitôt il faut mourir!

Ernest. Les hémérobes, ou demoiselles des lions des pucerons, vivent moins longtemps encore, et les éphémères encore moins : une demi-heure, une heure, trois heures au plus.

Laure. Mais, dans ce temps si court, n'est pas compris celui qu'il leur faut pour opérer leur métamorphose?

Ernest. Je te demande pardon, tout est compris. On vit très vite dans *le monde des éphémères.*

Laure. En as-tu ici?

Ernest. Pas pour le moment ; mais nous en aurons des milliers un de ces soirs. Il est temps de t'en aller, Laurette. Tu reviendras tantôt, et alors je te ferai voir que c'est la forme des antennes qui a fait ranger les libellules dans la famille des *subulicornes,* première famille de l'ordre des névroptères, à laquelle appartiennent aussi les éphémères. Ce mot de *subulicorne* a pour racine *subula,* qui en latin signifie *aléne;* et, en effet, leurs antennes ont la forme d'une aléne pointue par le bout et légèrement recourbée, comme le sont toutes les alênes de tous les cordonniers de l'univers. N'est-ce pas à cette famille qu'appartient aussi la mouche du myrméléon?

Laure. Non, pas du tout; c'est à la seconde famille, celle des planipennes.

Ernest. Cette seconde famille est plus nombreuse que la première; à elle appartient aussi la mouche si jolie, si brillante, du petit lion des pucerons; cette mouche qui forme, avec ses œufs, une espèce de fleur si singulière que les naturalistes n'ont su, jusqu'à Réaumur, qu'en penser et dans quelle classe *de la botanique* placer cette production tout-à-fait originale.

Laure. Que c'est ennuyeux d'être obligée de s'en aller quand tu as encore tant de choses amusantes à me dire!

Ernest. Si tu ne me quittais que lorsque je n'aurais plus rien *d'amusant* à te dire, tu ne ferais rien autre chose toute la journée que d'écouter. Allons, Laurette, sois raisonnable; va étudier; tu reviendras plus tard.

Laure, avant de partir, regarda plus d'une fois la mouche nouvellement éclose, et peu s'en fallut qu'elle ne restât encore quelques instants en contemplation devant deux autres nymphes dont les fourreaux venaient de s'ouvrir.

NEUVIÈME LEÇON.

———

Laure s'était tant amusée, la veille, de la métamorphose des libellules, qu'elle éprouva, le lendemain, une vive impatience en apprenant qu'il fallait attendre jusqu'au 24 juin pour *voir* les nymphes des éphémères se transformer en mouches, et que, vers le mois de septembre seulement, les lions des pucerons se métamorphosent en demoiselles au corps vert et doré, et les barbets blancs en scarabées.

— Mais tu sais bien, Ernest, disait-elle, qu'au mois de juin il faut aller passer plusieurs jours à Paris, à cause de la fête de notre grand-oncle.

Ernest. Si tu es courageuse, nous ne perdrons pas tout-à-fait un spectacle fort curieux.

Laure. Comment donc! courageuse? Et de quel spectacle veux-tu parler?

Ernest. Pour peu que tu aies le *courage* de te lever à trois ou quatre heures du matin et de venir avec moi parcourir les quais, tu auras le plaisir de *voir* les bords de la rivière, les parapets et le pavé des trottoirs couverts, à deux ou trois pouces d'épaisseur, de mouches éphémères écloses la veille au soir. La neige, au mois de janvier, n'est ni plus épaisse ni plus abondante.

Laure. Oui, mais elles seront mortes alors!

Ernest. Pour en voir de vivantes, il nous suffira d'aller passer la soirée du 25 ou du 26 juin chez Mme de Melac, qui demeure sur le quai Voltaire, et de nous mettre à la fenêtre entre huit et neuf heures du soir. Nous pourrons même, en étendant un mouchoir sur le balcon, faire provision d'œufs; ce sera de la *graine* pour l'année prochaine.

Laure. Comment! les éphémères viendront pondre sur le mouchoir?

Ernest. Non pas positivement sur le mouchoir, mais tout simplement parce que celles qui seront par hasard au-dessus feront comme elles font toutes, c'est-à-dire qu'elles déposent leurs œufs partout où elles se trouvent.

LAURE. Mais alors il doit y en avoir une quantité de perdus?

ERNEST. Tu peux en juger par le nombre de ceux qu'elles pondent en deux grappes qui contiennent chacune à peu près quatre cents œufs.

LAURE. Cela fait huit cents par chaque mouche. Et tu dis qu'elles couvrent les quais à deux ou trois pouces d'épaisseur! mais c'est effrayant!

ERNEST. C'est *incroyable* et non pas effrayant, car rien de plus inoffensif que cette petite mouche dont les poissons sont extrêmement friands. Les pêcheurs appellent les éphémères de la *manne*, et ils ont coutume de dire que la *manne* tombe à la Saint-Jean, que la *manne* a été plus abondante telle année que telle autre. Ce qu'il y a de bien remarquable, c'est que l'époque de la métamorphose, pour celles qui s'y trouvent arrivées, a toujours lieu au jour dit, que ce jour ait été beau ou mauvais, sec ou pluvieux, qu'il ait fait chaud ou qu'il ait fait froid, avec cette différence que la *manne* des poissons d'eau douce ne *tombe* pas aux mêmes époques en France, en Allemagne, en Suède; et ce qui n'est pas moins remarquable, c'est qu'à l'heure dite les éphémères commencent à sortir de leurs fourreaux; une heure plus tard, l'air en est tellement obscurci, au bord des rivières, qu'on est entouré comme d'un nuage épais; peu à peu les métamorphoses deviennent moins nombreuses, et avant la fin de la troisième heure il ne s'en fait plus, jusqu'au lendemain à la même heure que la veille. Ceci se renouvelle pendant trois jours de suite; ce temps écoulé, il n'y a plus d'éphémères jusqu'à l'année d'ensuite.

LAURE. Elles vivent donc dans l'eau, puisqu'on en trouve tant auprès des rivières?

ERNEST. Les éphémères vivent sous l'eau environ trois ans à l'état de larves et à l'état de nymphes, avant de subir la dernière métamorphose. Chaque larve a sa demeure qu'elle perce dans la terre argileuse et marneuse, juste de la largeur de son corps effilé. Cette demeure est une espèce de conduit coudé ou recourbé sur lui-même, dans la forme d'un ⊐ ainsi couché; il y a donc deux ouvertures très près l'une de l'autre, porte d'entrée et porte de sortie.

LAURE. Mais que font ces larves de la terre qu'elles enlèvent pour creuser leur conduit?

ERNEST. On a cru longtemps qu'elles s'en nourrissaient; il est plus probable que l'eau entraîne au dehors cette terre ainsi détachée.

LAURE. Elles peuvent alors entrer et sortir sans retourner sur leurs pas? Il me semble que ces deux portes sont du *luxe*, et que, si leurs conduits étaient plus grands, la même porte pourrait suffire?

ERNEST. Tu oublies, Laurette, qu'il n'y aurait pas alors de *courant* d'eau, et qu'il faut, à la larve de l'éphémère, abondance d'eau pour exister, et d'eau vive.

Laure. Mais, Ernest, encore une question: avec quels outils les larves percent-elles la terre, et pourquoi sont-elles obligées de creuser dans cette terre, puisqu'elles vivent dans l'eau?

Ernest. Une question! et tu m'en fais deux à la fois! *Primo,* elles sont munies non de mandibules, mais d'espèces de palpes armées de crochets, et avec ces instruments, que nous pouvons juger à la première vue fort imparfaits, quoiqu'ils soient d'une structure bien admirable, elles ouvrent cette espèce de boyau de mineur. *Secundo,* il y a des larves errantes; celles-là se promènent sans cesse, se moquent de l'agitation de l'eau et couchent où le hasard les conduit; les autres, qui sont des larves sages et sédentaires, ennemies du désordre et du bruit, piochent pour se créer un gentil bassin en ligne horizontale où l'eau puisse se renouveler sans cesse, mais en même temps où cette eau ne partage point les ondulations de la rivière. Quand la rivière baisse, c'est à recommencer, et les larves recommencent; elles ne deviennent paresseuses que vers le temps de la métamorphose; comme alors elles *savent* ne point devoir passer beaucoup de temps dans leur demeure, elles se contentent de la creuser obliquement cette fois, afin d'atteindre le niveau de cette eau sans laquelle elles ne pourraient vivre.

Laure. Sais-tu ce que je pense, Ernest? C'est

qu'il ne nous sied guère de nous plaindre, quand le plus petit animal a tant de peine à prendre pour conserver sa *pauvre vie,* comme dit M. Dervigny !

ERNEST. Et pourtant nous nous plaignons ! et même toi et moi, tandis que, non loin de nous, sont endurées avec résignation des privations bien grandes et bien de la misère !

LAURE. Je pense une chose, mon frère : c'est que, puisque la vie des éphémères est si courte, il faut qu'elles emploient moins de temps que les libellules à quitter leur enveloppe de nymphe.

ERNEST. Ta pensée est juste. Les secondes valent des heures pour quiconque doit vivre toute une existence en quelques soixantaines de minutes. Les éphémères, en effet, dépouillent leur enveloppe de nymphe bien plus vite encore que nous ne nous dépouillons d'un vieil habit. Tu as pu juger, par ce que les libellules t'ont fait voir, que cette dépouille se compose non pas seulement d'un fourreau, mais de plusieurs fourreaux dans lesquels sont logés fort à l'étroit les pattes, les ailes, et en outre, chez les éphémères, de longs filets très déliés et plus longs du double que le corps entier. Ces filets ne sont pas pour elles un simple ornement, comme les queues en panache pour quelques animaux ; c'est, au contraire, un *instrument* utile et à l'aide duquel elles prennent leur vol, à l'aide duquel elles se soutiennent sur l'eau, sur l'eau devenue pour la mouche comme un poison mortel.

Laure. Ah! par exemple, voilà qui est fort!

Ernest. Je vois à regret que tu es du nombre de ces personnes qui se récrient faute d'avoir accordé une demi-seconde à la réflexion.

Laure. Mais, Ernest, comment veux-tu que je ne me récrie pas quand tu me dis de ces choses-là?

Ernest. Quelles *choses* si extraordinaires t'ai-je donc dites?

Laure. Eh quoi! il n'est pas extraordinaire que l'eau soit *un poison mortel* pour de petits animaux qui ont vécu dans l'eau comme des poissons?

Ernest. Les libellules nymphes respiraient l'eau; les libellules demoiselles respirent l'air; les éphémères nymphes ont des branchies pour respirer dans l'eau à la manière des poissons; les éphémères mouches ont des stigmates pour respirer l'air à la manière des autres insectes: les nymphes des unes et des autres portaient sous l'eau leurs ailes enfermées soigneusement dans des étuis; les mouches des unes et des autres n'ont pu voler que lorsque ces ailes déployées ont été desséchées par l'effet de l'air: est-il donc étonnant que, si l'eau mouille ces ailes qui ont besoin d'être sèches pour agir, l'insecte ne puisse plus voler? que les stigmates qui se sont formés ou développés lors de la métamorphose ne puissent plus faire leur office dès que l'eau pour laquelle ils ne sont point faits les remplit? que l'insecte se trouve par conséquent asphyxié, noyé, et que l'eau, son premier élément, lui devienne ainsi mortelle?

Laure embrassa son frère et murmura à mi-voix : Je ne suis qu'une étourdie.... Mais, mon petit Ernest, ajouta-t-elle aussitôt, une autre chose encore me chagrine. Jusqu'à présent, dans tout ce que tu m'as raconté de l'histoire naturelle, j'ai toujours vu que les animaux ont soin de placer leurs œufs convenablement pour qu'ils puissent éclore et pour que le ver, en sortant de sa coquille, trouve la nourriture qui lui est propre. Il n'y a donc que les éphémères qui n'y *pensent* point?

ERNEST. Les œufs des éphémères se trouvent *convenablement placés*, puisque la ponte a toujours lieu au bord des rivières ou bien au-dessus de l'eau.

LAURE. Mais les éphémères qui viendront pondre sur le balcon de Mme de Melac?

ERNEST. Celles-là se seront un peu trop écartées, et celles-là ne sont pas cause si l'homme a élevé des quais, des maisons, et s'il a pavé les bords de la rivière d'où elles sortent sans aucune expérience du monde, ni des us et coutumes de l'espèce humaine. Des milliers de ces œufs tombés sur le sable abandonné par les eaux ne pourront éclore; d'autres milliers tombés plus bas écloront, et le ver aura fort à faire pour se loger dans une terre graveleuse et peu humide. Beaucoup mourront à la peine; mais des milliards de ces œufs, qui sont collés l'un à l'autre en forme de grappe, descendront au fond de l'eau, se sépareront, écloront sans encombre, et deux ou trois ans après les métamorphoses auront lieu en nombre incalculable. Tout a été prévu, tout a été combiné de manière que les œufs, que les petits des animaux, que les graines des plantes et des arbres fussent toujours en si grande abondance qu'en dépit de toutes les circonstances qui peuvent nuire à leur développement, en anéantir même la plus grande partie, il en restât toujours assez pour que l'espèce ne pût périr tout entière.

LAURE. Il y a pourtant, Ernest, des animaux *perdus*, à ce que disait l'autre jour M. Blanville.

ERNEST. Mais n'a-t-il pas ajouté aussitôt qu'il est très possible qu'on *retrouve* quelque jour *en vie* ces animaux prétendus *perdus* et dont les savants n'ont encore eu connaissance que par des ossements fossiles? N'a-t-il pas aussi parlé de ce poisson de la taille d'une baleine, tacheté comme un léopard, la tête taillée comme celle d'un lézard, si beau dans sa structure colossale, et qu'un vaisseau, faisant route pour Madras, a rencontré? D'après ce que les journaux en ont rapporté, M. Blanville a jugé que cet animal pouvait bien appartenir à l'une de ces espèces *perdues?* Chaque jour, ma Laurette, l'homme, si orgueilleux de son savoir, se trouve amené à en reconnaître le néant!

Laure. Il y a des espèces qui devraient bien se perdre et que certainement personne ne regretterait.

Ernest. Lesquelles?

Laure. Mais... celle des cousins, par exemple, pour ne parler que des petites bêtes. Ces petits monstres ailés....

Ernest. Ces petits monstres ailés, ainsi que tu les appelles, ne sont pas cruels...

Laure. Ah! Ernest, as-tu donc oublié dans quel état ils mettent maman et moi!...

Ernest. Et ils ne sont pas inutiles, quoi que tu en puisses penser.

Laure. A quoi peuvent-ils être *utiles*, je te prie, ces vampires dont on ne saurait se garantir pendant tout l'été?

Ernest. Des expériences curieuses ont été faites et ont amené à découvrir de quel genre d'utilité les cousins sont aux lieux où abondent les eaux stagnantes; mais je dois te dire d'abord que le cousin ou la *cousine,* si tu l'aimes mieux, dépose ses œufs sur une eau stagnante et corrompue... Allons, ne prends pas tes airs de dégoût; tu sais que nous causons d'histoire naturelle, et qu'en histoire naturelle il faut savoir parler de tout et tout entendre; j'aurai bien autre chose à te dire, vraiment, quand nous nous occuperons des teignes hottentotes!

Laure. Il y a des teignes hottentotes!

Ernest. Elles peuvent passer pour telles par le choix qu'elles font des objets qui servent à leur habillement et à leur parure. On a donc tenté, au sujet des cousins, des expériences qui prouvent, comme je te le disais, que leur abondance, vraiment effrayante, est chose utile et nécessaire même. De deux vases qui contiennent de l'eau corrompue, que l'un soit débarrassé entièrement de tout ce qu'il peut renfermer d'œufs, de vers et de larves de cousins; que dans l'autre, au contraire, on réunisse le plus possible de ces insectes, et il arrivera que l'eau du premier vase sera, au bout de quelques jours, plus corrompue encore et plus infecte, tandis que celle remplie d'insectes se trouvera purifiée et sans odeur.

Laure. C'est possible, Ernest; mais je préfèrerais employer le chlore.

Ernest. *Tous* les fabricants de chlorure de la terre entière ne viendraient jamais à bout de désinfecter *toutes* les mares où naissent, vivent et se développent les cousins.

Laure. Tu as beau faire, je n'aimerai jamais ces petits monstres ailés.

Ernest. Je ne te demande pas de les aimer, mais je crois que personne, et même toi, ne saurait s'empêcher d'admirer encore ici les ressources sans nombre de ce qu'on appelle vaguement *la nature*, et l'instinct et les travaux de ces diptères.

1 Nymphe de libellule — 2 Libellule sortant de son enveloppe.
3 id. allongeant ses ailes — 4 Larve du Cousin. — 5 Nymphe du Cousin
6 Cousin sortant de son enveloppe — 7 Cousin — 8 Petit Lion des Pucerons,
grossi — 9 Hémérobe perle — 10 Mouche hémérobe — 11 Barbet blanc.
12 Coccinelle — 13 Œufs d'Hémérobe — 14 Galles diverses du chêne
15 Galle chevelue du Rosier.

LAURE. Les cousins sont des diptères en histoire naturelle?

ERNEST. Ils appartiennent à l'ordre fort nombreux des diptères, ou insectes à deux ailes, et, dans cet ordre, à la famille des némocères.

LAURE. Et tu dis qu'ils ont de l'industrie?

ERNEST. Un peu plus que les éphémères, du moins en ce qui touche *les destinées à venir* de leur postérité. Ainsi la femelle du cousin ne fait point sa ponte *à la volée*. Elle transforme la feuille tombée à la surface de l'eau en une espèce de petit bateau ayant sa proue et sa poupe, et sur lequel elle arrange symétriquement ses œufs. Comme tous les bateaux du monde, celui-ci, avec des milliers d'autres du même genre, est souvent submergé par *l'orage;* mais, sur les trois cent cinquante œufs qui composent sa cargaison, un grand nombre éclosent cependant au bout de deux ou trois jours, et presque aussitôt a lieu la première transformation en larve. Comme jusqu'à présent tu n'as point été observatrice du tout, il est probable que tu n'as jamais vu de ta vie cette larve. Voici sa *pourtraicture.*

LAURE. Ah! une demoiselle qui achève de quitter sa robe de nymphe!... C'est la même sans doute qui allonge ici ses ailes.... Voilà la nymphe au-dessous.

ERNEST. Ainsi donc tu trouves ces figures ressemblantes?

LAURE. Oh! *très*, comme dit Sarah Bowling.

Ernest. Eh bien! cette larve, cette nymphe, ce maillot de cousin et le cousin lui-même, ne sont pas moins ressemblants.

Laure. Je ne dis pas non, mais le cousin en *nature* ne m'a jamais paru si beau. Quant à la larve et à la nymphe, elles sont laides à qui mieux mieux. Quelles grosses têtes! La larve a deux queues; pourquoi donc cela, mon frère?... Ah! un petit lion des pucerons, un barbet blanc.... Et qu'est-ce que ces plantes, ici, au-dessous?

Ernest. Chaque chose aura son tour. Occupons-nous d'abord de cette larve et de cette nymphe du cousin. Ce que j'ai à t'en dire est curieux. Tu as vu que, chez le fourmi-lion, chez les libellules et chez les éphémères, les organes de la respiration se modifient une fois, et que même ils changent de place; mais cette modification et ce changement n'ont lieu qu'au moment où l'insecte devient parfait. Il n'en est pas ainsi pour le cousin; ces organes changent deux fois de place. Ce tuyau que tu vois ici, à gauche, s'évasant comme un entonnoir à côté de cette autre partie ou seconde queue munie de quatre petites nageoires, est l'organe de la respiration de la larve; mais cet organe n'est pas, comme les ouïes des poissons, propre à extraire de l'eau l'air que celle-ci contient; aussi la larve qu'on a fait descendre en agitant l'eau remonte-t-elle promptement à la surface, parce que là seulement elle peut respirer; mais elle remonte à reculons, afin que sa partie postérieure, où se trouve l'appareil respiratoire, puisse s'élever plus promptement au-dessus de la surface de l'eau.

Laure. Ainsi il faut, pour qu'elle puisse respirer, que toujours elle ait la tête en bas.

Ernest. Oui, ma sœur. Regarde attentivement cette grosse tête. Elle est armée de crochets qui sont dans un mouvement perpétuel; avec ces crochets, la larve saisit au passage les insectes microscopiques et les petits brins de plantes dont elle se nourrit.

Au bout de quinze jours, cette larve se métamorphose en nymphe, figure 5. Cette nymphe, c'est le cousin tout entier, mais enveloppé d'une membrane très fine qui l'enserre, comme un maillot, depuis la tête jusqu'à l'extrémité du corps. C'est sous cet abri délicat que les membres de l'insecte se forment et se fortifient. La larve respirait par la partie inférieure du corps; chez la nymphe, les organes de la respiration se trouvent placés près de la tête et présentent la forme d'un petit cornet.

Laure. Que tout cela est étrange!

Ernest. Lorsque ton *horreur* pour les cousins sera un peu passée, je te donnerai le spectacle fort amusant d'agiter l'eau de quelque mare bien remplie de larves et de nymphes; tu auras alors le plaisir de voir les larves se dérouler rapidement, en faisant mouvoir les petites rames que je viens de te faire remarquer, et gagner le fond, la tête en bas, pour remonter aussitôt, tandis que les nymphes s'enfonceront la tête en l'air.

LAURE. Mon frère, tu parlais tout à l'heure de l'enveloppe qui serre comme un *maillot* la nymphe du cousin; est-ce que ses pattes ne sont pas aussi dans des espèces d'étuis armés de crochets qui lui servent à s'attacher aux plantes, comme les libellules, quand vient l'heure de la métamorphose?

ERNEST. Non, ma sœur, il n'en est pas besoin. Au moment de la métamorphose, la nymphe du cousin, habituellement roulée sur elle-même, se déroule, élève hors de l'eau la partie supérieure du corps, se gonfle, et le *maillot* crève. Aussitôt apparaît la tête du cousin, puis le corselet où sont les stigmates, et une partie des ailes; tiens, ici, figure 6. Le cousin vogue alors comme en nacelle, au gré des vents, et il forme lui-même, pour ainsi dire, la proue de cette embarcation extraordinaire. Pour peu qu'il y entre un peu d'eau, l'insecte se noie; car ses ailes, à peine dégagées, ne sont pas en état de le supporter dans les airs.

LAURE. C'est fort curieux, ces métamorphoses!

ERNEST. Et ce qui est non moins curieux, c'est l'effet d'un vent violent sur une mare toute couverte par des flottes innombrables de cousins à peine échappés au maillot; on a là, en miniature, l'image de ces tempêtes qui divisent, dispersent des flottilles, des convois de vaisseaux de toutes

les grandeurs, et qui les font chavirer presque à
la vue du port.

Laure. Je préfère encore mes nymphes libellules aux éphémères et aux cousins. A propos,
Ernest, les éphémères sont-elles belles? quant
aux cousins, ils ne sont pas beaux du tout.

Ernest. Les éphémères ne sont ni belles ni
jolies. Leurs ailes transparentes n'ont point de
couleur; leur corps diaphane est d'un blanc roussâtre; mais le cousin, le cousin mâle surtout, porte
sur la tête de magnifiques panaches.

Laure. Magnifiques n'est qu'une manière de
parler!

Ernest. Pas du tout; vus au microscope, les
panaches du cousin d'Europe sont très beaux;
mais c'est le cousin de Barbarie qui est richement
paré. Tout le corps est couvert d'écailles arrondies et argentées, et les pattes sont ornées alter-
nativement de bandes d'argent et de bandes
brunes.

Laure. Je suis sûre qu'il n'en pique pas moins
bien...

Ernest. Il pique encore mieux que celui de
nos climats.

Laure. Eh bien! c'est un beau petit monstre,
voilà tout.

Ernest. Je m'étonne que tu ne t'inquiètes pas
de l'arme avec laquelle il pique. Elle mérite cependant de fixer l'attention.

Laure. Et d'exciter aussi l'*admiration,* n'est-
ce pas?

Ernest. Pourquoi non?

Laure. Il a deux armes, si je ne me trompe pas, deux aiguillons de chaque côté du corps; c'est pour cela qu'il pique si bien!

Ernest. Ce que tu prends pour des dards, ce sont deux balanciers; ils semblent destinés, chez les diptères, à suppléer à la seconde paire d'ailes qui leur manque. Quant à la trompe, elle est attachée à la tête. Elle se compose d'un tuyau ouvert dans toute sa longueur et qui renferme le dard; ce tuyau est à la fois ferme et pourtant si flexible qu'il peut se replier en arrière à mesure que le dard s'enfonce davantage dans la blessure; mais c'est le dard lui-même qui présente une structure bien *admirable,* quoi que tu en puisses dire. Figure-toi cinq à six petites lames en forme de lancettes, appliquées les unes sur les autres et dont quelques unes sont dentelées à leur extrémité. Ce faisceau introduit dans la veine, le sang s'élance aussitôt, et d'autant plus que les intervalles qui séparent les lancettes les unes des autres sont plus petits. Mais ce n'est pas tout. A l'instant où le cousin lance son dard, il sort de la trompe quelques gouttes d'une liqueur destinée à rendre le sang plus fluide et, par conséquent, plus facile à pomper...

Laure. Ah! les vilaines bêtes! J'étais sûre que les cousins empoisonnent les piqûres qu'ils font!...

Ernest. Un peu d'huile étendue sur la piqûre,

au moment où elle vient d'être faite, suffit pour arrêter les progrès de ce *terrible* poison.

Laure. Comme si l'on avait toujours de l'huile sous la main et comme si l'on s'apercevait à la minute qu'on vient d'être piqué par un cousin!... Tu as beau faire, Ernest; leurs œufs en bateaux et leur nymphe voguant sur l'eau à la manière d'une nacelle ne peuvent me réconcilier avec ces vilains cousins... Mais vois un peu quels tours tu me joues! ·J'étais venue pour rendre visite à de petits lions et à des barbets blancs, et tu ne m'as parlé que des éphémères et des cousins!

Ernest. Comme *on ne paie qu'en sortant,* si tu n'es pas contente, on te rendra ton argent à la porte.

Laure. Mauvais plaisant!

Ernest. Je te promets de te faire *voir* demain un petit lion et un barbet blanc à *leur toilette.*

DIXIÈME LEÇON.

LES PETITS LIONS.— LES BARBETS BLANCS.— LES GALLES DES ARBRES ET DES PLANTES.

Oʜ! cette fois, dit Laure qui arrivait avant l'heure de la leçon, les mains pleines de branches de genêt, de rosier, de baguenaudier, bien garnies de pucerons, nous parlerons des petits lions et des barbets blancs, et nous en verrons; car voici des provisions, j'espère!

—Quel beau zèle! s'écria Ernest en riant. Réellement, ma sœur, je ne te reconnais pas!

LAURE. C'est que, vois-tu, Ernest, ce que tu me racontes m'amuse beaucoup. Depuis quelque temps je prends bien plus d'intérêt aux objets qui m'entourent et surtout aux petites bêtes.... Voyons, montre-moi un petit lion et un barbet blanc. Il doit s'en trouver parmi tous ces pucerons.

ERNEST. Est-ce de toi-même que tu as songé à aller cueillir ces branches?

LAURE. Non, je l'avoue. Maman m'a dit que bien certainement je trouverais des mangeurs de pucerons parmi les pucerons, et je suis allée à *la chasse*. Mais j'ai eu beau regarder avec ma loupe, je n'ai pas eu le bonheur d'en trouver un seul.

ERNEST. Regardons ensemble.

LAURE. Si seulement je savais quelle est la forme et quelle est la couleur de ce petit lion!

ERNEST. Il ressemble un peu par la forme à deux *personnes* de ta connaissance; c'est-à-dire que c'est un ver à six pieds et allongé, dans le genre de cette nymphe libellule, représentée ici, figure 1... (1).

LAURE. Ah! c'est le dessin d'avant-hier!

ERNEST. Et il a les anneaux mobiles, les mandibules du myrméléon, ou à peu près.

LAURE. Mais en voici un représenté, figure 8, qui est tout *bossu* et pas du tout allongé.

ERNEST. C'est une autre espèce de petit lion

______

(1) *Voy*. planche IV.

que Réaumur a surnommé *vainqueur,* parce qu'il se pare des dépouilles des vaincus.

LAURE. De quelle couleur est le petit lion ordinaire, mon frère, je te prie?

ERNEST. Étourdie, qui regardes sans voir!.. le voilà. C'est le ver de l'hémérobe perle, figure 9. Il y en a d'autres qui sont empanachés de pompons, d'aigrettes et ornés de longues bandes de couleur citron sur leur robe brune.

LAURE. Et ce petit lion *vainqueur,* couvert de la dépouille des vaincus?

ERNEST. Il est brun, tu le vois bien. Quant à sa housse ou chabraque, comme elle se compose de la dépouille sèche des pucerons, elle n'a point de couleur déterminée, et elle est entremêlée de duvet lorsque les *vaincus* portaient, de *leur vivant,* une moelleuse fourrure...

LAURE. Et le barbet blanc que voici, figure 11?

ERNEST. Il est vert. Je t'ai promis de te faire voir un petit lion à sa toilette, je tiendrai ma promesse; et, pour peu que tu aies de la patience, tu seras maîtresse d'assister, pour ainsi dire, à la reproduction de la fourrure blanche dont nous dépouillerons un petit barbet. Outre ces trois espèces, il y a encore un ver, mangeur de pucerons, qui donne aux amateurs le plaisir de voir de quelle manière agit la *pompe aspirante et foulante* à l'aide de laquelle il fait passer *chez lui* tout ce que renferme la peau verte ou roussâtre des pucerons. Cherche maintenant des petits lions et des barbets... Prends donc ma loupe!

Après quelques instants de silence et d'attention, Laure s'écria : Ernest! Ernest! en voici un au milieu d'une quantité de pucerons... c'est un petit lion *vainqueur*... Oh! la belle chabraque! est-elle haute!

Ernest. Nous allons lui donner de quoi s'en faire une magnifique.

Avec le bout d'un cure-dent, Ernest enleva délicatement le petit lion et le plaça seul dans une petite coupe de verre; puis il râpa légèrement, avec un canif, du papier blanc, et après avoir dépouillé le petit lion de sa chabraque, il l'entoura de cette matière légère et cotonneuse absolument nouvelle pour lui.

Un peu déconcerté, le petit lion demeura quelques instants immobile. La jeune fille le croyait mort; mais bientôt, honteux apparemment de sa nudité, il se mit en devoir de se vêtir, et Laure jeta un cri de joie en le voyant prendre avec ses mandibules une masse de papier râpé, et la jeter fort loin en arrière.

—Ah! il se sert de sa tête comme le fourmilion! s'écria Laure enchantée.

Ernest. Oui, mais il a, sur le myrméléon, l'avantage de la porter en arrière aussi loin qu'il lui plaît.

Laure. Comme il travaille pour refaire sa casaque!

Ernest. Si tu regardais avec bien de l'attention, tu verrais le mouvement qu'il donne à ses anneaux pour faire parvenir les premières masses cotonneuses jusqu'à l'extrémité postérieure de son corps...

LAURE. C'est qu'il y va d'une vitesse!... Le voilà presque habillé... Il ne prend pas un instant de repos... Le drôle de petit animal!... Ernest, il est superbe, en vérité!... Maintenant il faut trouver un barbet blanc, n'est-ce pas?

ERNEST. Cherche. Tu le reconnaîtras aisément à sa toison blanche et fine divisée par flocons.

LAURE. Est-ce qu'on pourra la lui ôter comme on ôte au petit lion sa chabraque?

ERNEST. Tout aussi aisément, car elle ne tient pas davantage à l'animal.

LAURE. Et alors il la refera aussi avec du duvet de papier râpé?

ERNEST. Non, du tout; sa toison se reproduira d'elle-même. Un autre jour, car aujourd'hui, tu le sais, je suis un peu pressé, je te ferai reconnaître au microscope les filières destinées à fournir ce duvet si fin dont les barbets sont tout couverts, mais qui n'atteint pas chez eux la même longueur que chez les pucerons du peuplier et du hêtre. C'est à ces longs fils, plus fins que les cheveux les plus fins, que sont dues les *chevelures* soyeuses dont se trouvent ornées quelques feuilles de ces deux espèces d'arbres. On pourrait presque dire, des pucerons du peuplier et du chêne, de même que du mangeur de pucerons appelé barbet blanc, ce que je t'ai dit des coraux, des madrépores, des mollusques testacés, qu'ils *suent* leur fourrure, comme ceux-ci *suent* leurs polypiers et leurs coquilles. Tiens, voici un barbet blanc que j'ai aperçu sur cette branche de prunier; je vais le dépouiller de sa fourrure et le mettre dans un verre à part, que tu emporteras, afin de l'examiner à loisir. Avant une demi-heure d'ici, son petit corps tout vert, à présent que je lui ai ôté sa toison, sera comme poudré de blanc, à l'exception de sa tête brune; dans deux heures, les touffes commenceront à se dessiner, et ce soir, vers dix heures, il sera aussi beau en fourrure qu'il l'était tout à l'heure.

Laure. Pauvre petite bête! Oh! je le regarderai plus de vingt fois dans la journée!

Ernest. Si tu y mets toute ton attention et si tu te sers de ma loupe qui est très bonne, tu découvriras, sur le corps de l'insecte, de petits points blancs placés symétriquement; ce sont les filières. Le puceron du hêtre les montre plus visibles; il porte des plaques blanchâtres qui peuvent passer d'abord pour un ornement, tant elles sont régulières; cette prétendue parure n'est composée que des organes sécréteurs d'où sort la matière soyeuse.

Laure. Comment font-ils pour leur métamorphose? Puisqu'ils *suent* leur fourrure, ils n'ont pas besoin de se mettre en grand travail, comme le myrméléon, pour *filer* leur cocon? Mais peut-être ne font-ils point de cocon, ainsi que les libellules et les éphémères?

ERNEST. Ils font un cocon avant de se transformer en nymphes, et la *fabrication* de ce cocon leur coûte de grands travaux. Lorsque l'on considère son extrême petitesse, on ne conçoit pas plus que pour le myrméléon comment la nymphe y peut tenir et y subir, si à l'étroit, le travail de la métamorphose.

LAURE. Mon frère, dis-moi, je te prie, qu'est-ce que cet hémérobe, ici, figure 10?

ERNEST. C'est la mouche qui sort du cocon où le ver de l'hémérobe perle, figure 9, s'est transformé d'abord en une nymphe. Tu as pu remarquer souvent cette mouche si jolie, d'un vert pomme, aux ailes diaphanes et brillantes, qui abonde pendant presque toute la belle saison sur le sureau particulièrement. Rien de plus délicat et de plus charmant que cette mouche représentée ici de grandeur naturelle, figure 10, tandis que le ver représenté à côté est grossi.

LAURE. Ah! je n'avais pas fait attention à cette petite poule du bon Dieu qui est placée là, au dessus du barbet blanc.

ERNEST. Laisse de côté, si tu m'en crois, la dénomination vulgaire, et donne à ce joli insecte son véritable nom, celui de coccinelle.

LAURE. Pendant longtemps j'ai cru qu'il n'y en avait que de rouges, mais depuis quelques jours j'en ai remarqué de différentes couleurs. Il y en a qui sont si petites qu'à peine on les aperçoit sur le feuillage.

Ernest. Les élytres des coccinelles sont en effet diversement colorés, mais tu les trouveras presque toujours piquetés de noir.

Laure. Où sont donc les œufs de l'hémérobe, mon frère, sur cette figure 13?

Ernest. Les voilà attachés à la branche même par des pédoncules et formant bouquet; en voici d'autres suspendus aux feuilles en forme de franges.

Laure. Est-ce que ces œufs sont réellement ainsi dans la nature?

Ernest. Oui, et tu peux t'en assurer par tes propres yeux. Nous ne manquons pas de sureaux dans le jardin; cherche, et tu trouveras. Tu pourras même découvrir quelque bouquet de ces œufs réunis en touffe comme les étamines d'une fleur *apétale*, c'est-à-dire sans pétale. Ce sont des touffes de ce genre qui ont causé l'erreur de quelques botanistes.

Laure. Ah! je me souviens que tu m'en as parlé hier. Mais, mon frère, les hémérobes filent donc cette... tige à laquelle les œufs sont suspendus?

Ernest. Tu dois le deviner.

Laure. Pourquoi donc les suspendent-elles ainsi, au lieu de les déposer simplement sur une feuille?

Ernest. Chaque animal, obéissant à son instinct particulier, place ses œufs ou ses petits de manière à les dérober aux dangers journaliers

qui peuvent les menacer. Il est probable que les
œufs des hémérobes en courraient de très grands,
que nous ne connaissons pas, si la femelle ne les
isolait pas de ces feuilles sur lesquelles ils arrivent plus tard par l'espèce de pont qui leur
a été ainsi préparé.

Laure. Ah! que je voudrais voir un ver d'hémérobe perle courir sur ce fil pour gagner les
feuilles où il est certain, n'est-ce pas, de trouver
des pucerons?

Ernest. Très certain, et de ceux qui peuvent
le mieux lui convenir. Pour contenter ta curiosité, cherche, je le répète, sur les sureaux; tu
découvriras assurément des œufs d'hémérobe ;
alors fais bonne garde, et tu pourras avoir le
bonheur de *voir* par tes yeux une gouttelette de
couleur roussâtre paraître au-dessous de cette
partie renflée qui est un œuf; ce sera pour toi
l'annonce que très incessamment le ver va
sortir.

Laure. Oh! oui, ce sera un vrai bonheur!
Mon frère, il me semble avoir entendu dire à
M. Blanville que ce sont aussi des insectes qui
fabriquent les galles du chêne, et apparemment
celle du rosier que voilà représentée figure 15.
Peut-on voir travailler ces insectes?

Ernest. Pour ceci, c'est impossible, attendu
que leur *procédé de fabrication* est des plus
prompts et des plus simples. Les femelles des
hyménoptères, des coléoptères, des hémiptères et

des diptères *fabricants* de galles possèdent, pour tout instrument, une tarière avec laquelle elles percent soit les chatons du chêne, soit une de ses feuilles, soit un de ses bourgeons, soit un des boutons de l'églantier ou rosier sauvage ; puis elles lancent dans l'ouverture faite par la tarière une liqueur âcre, qui a pour effet d'augmenter, en cette partie, l'activité de la sève et de l'y attirer en plus grande abondance qu'ailleurs ; mais, d'un autre côté, la liqueur âcre corrode tout ce qu'elle a touché, de sorte qu'en même temps que la sève arrive plus abondamment à cette place, les feuilles contenues dans le bourgeon, la fleur, les étamines et les petites feuilles qui composent et entourent le bouton, se trouvent comprimées dans leur développement, et, de l'action de ces deux forces contraires, résultent les productions que nous appelons des galles.

Laure. Que c'est curieux !

Ernest. Il y en a qui ne consistent que dans l'extension de l'épiderme des feuilles ; celles-là donnent les galles en vessies ; elles abondent sur les feuilles du tilleul, du saule, et sur une multitude de plantes ; les autres arrêtent le développement du bourgeon qui devait produire une branche entière, et ce bourgeon se transforme en une espèce d'artichaut, dont les pétales ne sont autre chose que les feuilles rabougries et racornies de la branche entière, avortée dès sa naissance. Tu

en vois ici, figure 14, un échantillon, à l'aisselle
de cette branche de chêne, entre ces deux feuilles
bien venues.

LAURE. Il y a même deux galles de ce genre.

ERNEST. Lorsque ce prétendu artichaut *s'é-
panouit*, c'est que les feuilles ont acquis tout le
développement auquel l'activité de la sève, à la
fois excitée et combattue par l'effet de la liqueur
âcre, leur permet de parvenir.

LAURE. Mais ces pommes d'apis qui pendent
sur les côtés, comme des cerises?

ERNEST. Ces prétendues pommes d'apis sont
un autre genre de galles produites par le même
procédé, mais par une autre espèce d'insecte,
sur les chatons du chêne.

LAURE. Alors il en est de même de cette grosse
galle chevelue sur cette branche d'églantier,
n'est-ce pas, mon frère?

ERNEST. Réaumur suppose que le *chevelu* de
cette sorte de galle doit être attribué à la subdivision infinie des fibres des jeunes feuilles arrêtées dans leur développement et qui poussent en
filets minces, absolument dépouillés de tout parenchyme. Les galles chevelues du rosier sauvage
ne consistent pas, comme la plupart des autres,
en une seule cellule, où vivent et croissent un ou
plusieurs vers, mais en une multitude de noyaux
chevelus collés les uns contre les autres, et qui
renferment chacun un ver.

LAURE. Comment peuvent-ils vivre là-dedan
privés d'air?

ERNEST. Ils ne sont point privés d'air. Il y a de l'air jusque dans la pierre, jusque dans le marbre. L'air circule avec la sève, et la sève, en nourrissant les parois de leur demeure qui croissent et s'étendent, leur apporte à eux-mêmes de la nourriture. Quelque jour, dans nos promenades, je te ferai voir l'intérieur des galles des différents arbres et des différentes plantes; dans toutes tu trouveras tantôt la larve ou le ver d'un seul insecte, tantôt des familles entières. Plus elles rongent les murs de leur demeure, plus la galle s'étend et grossit : et ainsi est expliquée la combinaison merveilleuse qui fait que la sève, attirée dans cette partie plus abondamment, n'y est amenée que pour fournir des aliments propres à la conservation des vers, tandis qu'ailleurs elle sert au développement d'une nouvelle partie de l'arbre ou de la plante.

LAURE. Mais l'arbre et la plante doivent souffrir de la présence de ces parasites qui vivent aux dépens de leur substance?

ERNEST. Sans nul doute; cependant ce n'est pas au point d'en mourir.

LAURE. Tu me parlais tout à l'heure des précautions que prennent les animaux pour mettre leur postérité à l'abri de tous les dangers; j'espère que les œufs pondus dans les galles n'en ont aucun à courir!

ERNEST. C'est ce qui te trompe : d'autres insectes percent à leur tour ces galles qui ne sont pas toutes molles et spongieuses comme ce que nous appelons *pommes de chêne,* par exemple; car il en est même de plus dures que le bois le plus dur, et ils y déposent un œuf. Le ver qui en sort, c'est le loup dans la bergerie. Il ne vit pas, lui, en disciple de Pythagore, mais en véritable lion, et il suce ou croque bel et bien les *innocents* qui se contentent de grignoter leurs murailles... Mais je n'en finirais pas sur ce sujet si une fois nous nous en occupions bien sérieusement ; ainsi, Laurette, va-t'en. Je ne veux pas faire attendre M. Blanville. Nous allons aujourd'hui ensemble à la chasse aux chenilles.

Laure. Je croyais qu'on n'allait qu'à la chasse aux papillons.

Ernest. Les papillons pris au réseau ne sont jamais aussi beaux que ceux dont on surveille avec soin la sortie de leurs chrysalides. Le meilleur moyen de se procurer de beaux papillons est donc d'avoir ou de belles chenilles, ou de belles chrysalides.

Laure. Te voilà disant tout juste comme la cuisinière bourgeoise : *Voulez-vous faire un civet, prenez un lièvre !* Et où trouve-t-on de belles chenilles, mon frère?

Ernest. A peu près partout. Ma collection est presque complète ; seulement, comme il arrive souvent, ce qui me manque est, pour ainsi dire, sous ma main; ce sont quelques crépusculaires de la vigne, et quelques diurnes du chou et de l'ortie.

Laure. Comment! ils sont beaux, les papillons du chou et de l'ortie?

Ernest. Le *vanessa atalanta* ou le Vulcain de l'ortie est fort beau, et la *piéride aurora* du chou mérite quelque attention.

Laure. Tu m'en feras voir, n'est-ce pas, mon frère?

Ernest. Je te ferai voir, à mon retour, leurs chenilles et leurs chrysalides; quant à leurs papillons, tu attendras qu'ils soient sortis de leur *maillot*. Maintenant il faut t'en aller, Laurette. J'ai quelques notes à mettre en ordre.

—Eh bien, *monsieur*, je m'en vais, répondit la jeune fille; mais souvenez-vous que cette leçon a été fort courte, et qu'il faudra me parler la prochaine fois de ces jolies *fleurs animées* qu'on appelle papillons, et qui, en s'élançant dans les airs, semblent se détacher de leur tige!

—On vous en parlera, *mademoiselle*, répondit Ernest en riant; et il fit un signe d'adieu à sa sœur.

ONZIÈME LEÇON.

LES GALLINSECTES.—LES NÉCROPHORES.—CHENILLES ET PAPILLONS, GÉNÉRALITÉS.

LAURE ne revit son frère que le jour suivant, à l'heure du déjeuner ; il était rentré fort tard la veille, ce qui lui valut quelques plaisanteries de la part de la jeune fille sur la chasse que, sans doute, il avait faite aux *flambeaux*.

— Toujours des railleries ! dit madame de Cérant (Laure rougit). Si, jusqu'à cette année, tu n'avais pas dédaigné et même repoussé tout ce qui, aujourd'hui, t'inspire tant d'attraits, tu saurais déjà qu'il y a parmi les chenilles des espèces qu'on ne peut trouver que la nuit, parce qu'elles passent toute la journée dans la terre. Notre jardinier le sait, lui, et il leur fait la chasse aux *flambeaux.*

—Il en est de même des nocturnes ou papillons de nuit, ajouta Ernest. Veut-on s'en procurer à choisir, on n'a qu'à se promener le soir dans le jardin avec une lanterne, ou mieux encore avec un fallot, ils arriveront par centaines, gros et petits. Tu vois donc bien qu'il est possible de faire, absolument parlant, aux chenilles et aux papillons, la *chasse aux flambeaux.*

LAURE. As-tu rapporté de belles chenilles et de beaux papillons?

ERNEST. Ce que j'ai rapporté ne te paraîtra point digne de tes regards; mais, moi, je connais la valeur de mes prises, et je sais que je ne perdrai pas pour attendre.

—Si j'osais, reprit Laure après un moment de silence et en hésitant un peu, je dirais bien quelque chose, et quelque chose de raisonnable, je crois, de réfléchi du moins...

ERNEST *en riant.* Ah! dis-le, ma sœur, ne fût-ce que pour la rareté du fait!

MADAME DE CÉRANT. Voilà Ernest qui raille à son tour!

LAURE. Oh! maman, cela lui arrive assez souvent. J'ai donc bien réfléchi hier, presque toute la journée, à ce qu'Ernest m'a appris depuis que nous nous occupons d'histoire naturelle, aux polypes d'eau douce et de mer, aux fourmis-lions, aux demoiselles, aux cousins, aux petits lions des pucerons, surtout aux insectes qui font les galles des arbres, et à ceux qui s'introduisent dans leurs demeures pour les manger, et j'ai trouvé que tous ces petits animaux ne servent absolument à rien. Pourquoi donc Dieu en a-t-il créé tant, lui qui ne fait rien d'inutile? Ils n'ont au monde d'autre occupation que de s'entre-dévorer.

ERNEST. Je te répondrai avec Réaumur que : « Nous devons être extrêmement retenus sur l'explication des fins que s'est proposées Celui dont les secrets sont impénétrables; nous jugeons mal une sagesse qui est si fort au dessus de nos éloges. Décrivons le plus exactement possible ses productions, c'est la manière de la louer qui nous convient le mieux. »

MADAME DE CÉRANT. Et j'ajouterai que, pour décrire, il faut d'abord observer. C'est en observant que l'industrie de l'homme découvre le parti utile qu'il peut tirer de l'industrie de ces animaux qui, au premier coup d'œil, peuvent paraître, en effet, n'être bons à rien.

ERNEST. Rien n'est plus vrai, ma bonne mère. Sans les observations faites sur l'industrie des abeilles, l'homme n'eût pas songé à avoir des ruches; sans les observations faites sur l'industrie des fourmis qui font la gomme laque, l'homme n'eût point songé, dans le royaume de Pégu où elles abondent, à planter en terre de petits bâtons, qui sont pour elles comme un échafaudage dont elles rempliront les vides avec cette gomme, si précieuse et si recherchée pour les vernis surtout, et qui devient ainsi plus abondante et plus facile à recueillir; enfin, sans les observations faites sur la maturité précoce des fruits piqués par les moucherons, les gallinsectes en particulier, les habitants de l'Archipel n'auraient point eu l'idée de se servir de ces petits animaux pour faire mûrir les fruits des figuiers de leurs îles.

LAURE. Ah! par exemple, voilà quelque chose dont je ne me serais jamais doutée.

MADAME DE CÉRANT. Ni moi non plus, je l'avoue, quoique cependant j'aie fait plusieurs fois la remarque que les fruits verreux mûrissent, en effet, plus promptement que les autres.

ERNEST. Cette remarque, ma bonne mère, ne pouvait passer inaperçue, pour ainsi dire, dans une contrée où la culture du figuier est une des principales industries. D'ailleurs elle ne date pas de nos jours, et l'emploi des gallinsectes remonte à une époque fort ancienne. Du temps de Théophraste, disciple chéri d'Aristote, et du temps de Pline l'Ancien, qui nous a laissé, sur l'histoire naturelle, des écrits encore consultés aujourd'hui, bien qu'ils ne soient pas exempts d'erreurs, on connaissait déjà le moyen de faire mûrir les fruits par le secours des gallinsectes.

Laure. Ce que je ne comprends pas, c'est comment on s'y prend pour cela.

Ernest. Rien de plus simple. Ces insectes montrent une préférence prononcée pour le fruit des figuiers sauvages; c'est là qu'ils fondent leurs colonies. Aux mois de juin et de juillet, les paysans de l'Archipel récoltent en grand nombre ces figues sauvages, les enfilent à des brins d'herbe ou de jonc, et les attachent aux branches des figuiers cultivés. C'est justement l'époque où les insectes, ayant subi leur métamorphose, s'élancent, pourvus d'ailes, hors de leurs nids, pour aller déposer leurs œufs sur d'autres fruits non encore mûrs. Leur présence ayant hâté la maturité des figues sauvages, les figues cultivées sont, pour la plupart, vertes encore au moment où la mouche les pique; mais, à peine piquées, elles se dorent...

Laure *vivement*. Par l'effet de l'activité que reçoit la sève de la liqueur âcre versée dans le fruit à l'instant même où la piqûre est faite. Tu te rappelles, maman, que je t'ai expliqué cela hier soir?

Madame de Cérant. Oui, je m'en souviens, et cette fois encore j'admire et l'industrie de l'insecte et celle de l'homme.

Ernest. Celle-ci surpasse la première, il faut en convenir. L'insecte obéit à son instinct; l'homme se sert en cette circonstance, comme toujours, des facultés supérieures qui lui ont été données en partage par *celui qui n'a rien fait d'inutile*. Il y a des années *malheureuses* cependant pour les habitants de l'Archipel; des années où les moucherons semblent abandonner les figues sauvages; alors on a recours à une plante, nommée dans le pays *ascolombros;* elle y est fort commune, et ses fruits renferment parfois les insectes propres à piquer les figues; mais cette ressource est incertaine, et on ne l'emploie que faute de pouvoir mieux faire.

Laure. Ainsi, mon frère, tu crois qu'en cherchant bien, on peut trouver à employer utilement jusqu'au plus petit insecte?

Ernest. Je crois que les recherches minutieuses des naturalistes, dont quelques-unes peuvent paraître risibles à une foule de gens qui ne savent saisir que le côté ridicule de ce qu'ils ignorent ou qui ne veulent pas se donner la peine de comprendre, amènent tôt ou tard des résultats heureux pour satisfaire aux besoins si multipliés de l'homme civilisé. Toi-même, Laurette, *tu as peur* de la science; tu es toute prête à te moquer de ce qui constitue les *caractères* principaux des espèces, des ordres, des familles, des genres; si on les avait toujours dédaignés, distinguerait-on aussi certainement aujourd'hui la chenille qui donne la soie des autres chenilles, et la véritable cochenille de la *fausse* cochenille? Saurait-on que rien ne naît de la *corruption,* quoi qu'on en ait pu dire pendant des siècles? Et si l'on n'avait pas observé les mœurs des nécrophores fossoyeurs, serait-on arrivé à comprendre comment le germe de quelques insectes peut être déposé dans la dépouille d'un autre animal après que cette dépouille a été ensevelie dans la terre?

Laure. Ah! qu'est-ce que cela, les nécrophores fossoyeurs? Leur nom me rappelle la *nécropole* ou ville des morts qu'un Anglais a offert, il y a quelque temps, de construire à bien peu de frais, et où l'on pourrait, comme dit M. Dervigny, s'assurer une *place à vie*.

Ernest. Ouvre ton dictionnaire, comme tu l'as déjà fait, et tu verras que ce nom est composé de deux mots grecs, *nékros*, mort, et *phérô*, je porte. Les nécrophores sont, en effet, et bien plus réellement des *porte-morts* ou *croque-morts* que ne le sont les gens ainsi baptisés par le peuple à Paris. Non seulement ils les *portent*, mais ils les enterrent; car ils cumulent encore les fonctions de fossoyeurs.

Laure. Oh! conte-nous cela, mon petit Ernest!

Ernest. Je croyais que tu voulais voir mes chenilles.

Laure. Ce sera bientôt fait de nous raconter l'histoire des nécrophores, nous irons voir tes chenilles après; je t'en prie!

Ernest. Tu pourras te donner, quand tu voudras, le plaisir d'assister aux *funérailles* faites par l'entreprise des pompes funèbres *nécrophoriennes*.

Laure. Ah! je ne demande pas mieux!

Madame de Cérant. Mais il faut leur donner quelque chose ou *quelqu'un* à enterrer, n'est-il pas vrai, mon fils?

Ernest. Oui, maman. Une souris, une taupe, un crapaud.... Ah! voilà Laurette qui déjà ne se soucie plus du spectacle!

Laure. Dis-nous seulement comment ils s'y prennent, et puis nous irons à tes papillons.

Ernest. Les amateurs d'histoire naturelle, mais les vrais amateurs, ceux que rien n'effraie et à qui rien ne répugne, prennent plaisir à préparer de la besogne aux nécrophores fossoyeurs en attachant une taupe morte, par exemple, par les quatre pattes à de petits pieux enfoncés en terre. Les nécrophores, doués au plus haut degré du sens appelé odorat, accourent bientôt en grand nombre. Ils prennent, pour ainsi dire, la mesure du corps qu'ils ont à enfouir, en tournant tout autour, puis ils disparaissent.

Laure. Comment? où vont-ils donc?

Ernest. Ils passent par dessous afin de creuser la terre, tandis qu'avec leurs têtes ils soulèvent le mort. Bientôt il en reparaît un, puis un autre, et tous enfin; cette fois, leur allure, leurs allées et venues montrent assez l'étonnement qu'ils éprouvent de ce que le corps soit resté en l'air et comme suspendu au-dessus de la fosse qu'ils viennent d'ouvrir. Il y a certainement un obstacle qui l'empêche d'y descendre: cet obstacle, il faut le trouver, le découvrir, le vaincre. Rien de plus curieux que la peine qu'ils se donnent afin d'y parvenir ; les petits pieux attirent plus d'une fois leur attention ; enfin ils ont compris d'où vient l'obstacle : ils se divisent, s'enfoncent par escouade sous chaque pieu, creusent de nouveau avec ardeur, et la taupe descend dans la fosse.

Laure. Oh! les gentilles bêtes!

Ernest. Gentilles ! rien de moins gentil au contraire que le nécrophore fossoyeur, et rien de moins agréable que les parfums qu'il exhale.

Madame de Cérant. C'est facile à deviner.

Laure. Je disais *gentils* parce qu'ils montrent beaucoup d'esprit.

Ernest. Et moi je t'en ai parlé pour satisfaire *la passion d'utilité* dont tu es dévorée. Les nécrophores fossoyeurs font disparaître du sol les animaux morts ; mais, s'ils les enterrent, ce n'est pas pour *cause de salubrité publique*, c'est afin de préparer le nid où leurs œufs doivent éclore et où leurs larves trouveront *à besogner*, sans épargner ni la peau, ni même les os dont il ne restera rien à l'époque de leur métamorphose en insecte parfait.

Laure. Ah! quelle horreur que ces bêtes-là!

Ernest. Comment! mais elles sont *utiles*, cent fois plus utiles que les plus belles chenilles qui dévorent le feuillage des arbres, que les papillons qui pompent le miel des fleurs, et d'observations en observations on a été conduit, graces aux nécrophores, à reconnaître quelle était l'erreur des anciens de supposer que de la corruption...

LAURE. Assez, assez, mon frère ! Ces sujets-là ne sont point agréables !....

MADAME DE CÉRANT. Je ne peux, ma fille, approuver ta répugnance pour des choses qui doivent te conduire à une instruction solide et réelle. Te voici déjà en état de comprendre la singulière méprise faite par Virgile dans ses *Géorgiques*, lorsqu'il donne une recette non moins singulière pour *produire* un essaim d'abeilles.

ERNEST. Et il me semble que Laure ne doit pas être fâchée non plus de savoir que cette enveloppe mortelle à laquelle elle tient beaucoup, si l'on en juge par le soin qu'elle prend de la vêtir des colifichets les plus à la mode, ne produira pas des milliers de larves ; que les œufs qui les contiennent doivent être apportés du dehors. Lorsque notre dépouille se trouve placée hors de la portée des insectes, elle se transforme en adipocire, c'est-à-dire en une matière blanche, presque cristalline, très semblable au blanc de baleine et tout aussi convenable pour fournir, en cas de besoin, de la bougie diaphane et parfumée...

LAURE. Ah ! Ernest, peux-tu faire des plaisanteries de ce genre !

ERNEST. Je ne plaisante pas ; ce que je dis là est la vérité. Puisque tu veux trouver partout et dans tout le *produit net,* je te montre qu'il n'est rien dont l'industrie humaine ne puisse tirer parti; et cela est si vrai que désormais on va s'occuper avec bien plus de zèle de la propagation des hannetons qu'on ne s'occupait jadis de leur destruction, depuis qu'il est reconnu que l'huile qu'on en tire vaut l'huile d'olives.

Laure. Ah! fi! ah! fi!

Madame de Cérant. Tu as mérité, ma chère amie, la leçon qui t'est donnée par ton frère.

Laure. Et comment cela, maman?

Madame de Cérant. *La maladie* du *produit net* est, en effet, celle de notre époque; il faut tâcher de s'en garantir, surtout dans le jeune âge, car elle rétrécit l'esprit et dessèche le cœur. N'estimer les productions de la nature qu'autant qu'elles sont *bonnes à quelque chose*, c'est tarir à leur source les plus pures jouissances de l'ame, et c'est arriver à ce degré de *civilisation* qui fait que les ossements d'un champ de bataille sont considérés simplement comme matière première d'un engrais, ou que les restes de nos pères n'ont *de valeur* qu'autant qu'ils se trouvent transformés en adipocire.

Laure. Oh! maman, qui peut avoir des pensées aussi indignes!

Madame de Cérant. Je te le répète, ma fille, la maladie ou la manie du *produit net* est dangereuse; tâchons de ne point la contracter et voyons dans l'étude des phénomènes qui nous entourent, une occasion nouvelle d'admirer le

Créateur de tant de merveilles, et non pas seulement *des moyens* de satisfaire nos besoins et nos fantaisies. Mon fils, quand tu voudras, nous irons rendre visite à tes chenilles et à tes papillons, quoique jusqu'à présent ils n'aient été reconnus bons qu'à dévorer le feuillage de nos jardins et qu'à pomper le miel de nos fleurs

Le cabinet d'Ernest était encombré ce jour-là de branches d'arbres de bien des espèces, qu'il avait fait cueillir le matin même, et qu'un domestique s'occupait à placer dans un grand vase plein d'eau, pour entretenir plus longtemps la fraîcheur de leur feuillage.

— Ah! que de provisions! s'écria Laure. Tu as donc apporté des milliers de chenilles!

Ernest. Pour en nourrir des milliers il faudrait bien d'autres provisions que celles-ci.... Prends garde, Laurette; ne défais pas mes cornets sans précaution ; il pourrait en coûter la vie à mes chenilles, et, à toi, quelques démangeaisons aux doigts.

La jeune fille recula vite, et cacha ses mains dans les poches de son tablier, laissant à son frère le soin de mettre en lumière les *trésors* renfermés dans les cornets de papier.

— Tout ce monde-là est de ma connaissance, dit madame de Cérant. Je ne pourrais désigner ces chenilles par leur nom, mais en voici qu'on trouve sur le pommier.

Ernest. Ce sont des chenilles à aigrettes et à brosses. Celle à brosses est bien belle...

Laure. Bien belle! mais je ne lui trouve rien d'extraordinaire!

Ernest. Elle sera superbe dans quelques jours. En voici une recueillie sur un châtaignier...

Laure. Maman parlait d'un pommier...

Ernest. Et maman et moi nous avons raison. Quelques chenilles préfèrent particulièrement un arbre, une plante, et l'on peut être certain d'en trouver de leur espèce sur cet arbre, sur cette plante plutôt que partout ailleurs; cependant elles sont, pour la plupart, *polyphages*, c'est-à-dire qu'elles peuvent manger de toutes les plantes. Ainsi il en est qui s'accommodent également des plantes aromatiques et des plantes sans saveur. Tiens, voici un papillon appelé *Aurore*, en tout semblable à celui dont j'ai recueilli l'année dernière la chenille dans le petit bois au bout du parc. Je l'avais prise sur les feuilles d'une espèce de navet sauvage; elle s'est accommodée des feuilles du chou, et elle a fait sa chrysalide.

Laure. Oh! les jolis dessins! Maman, regarde donc!... Ah! Ernest en a une quantité dans ce portefeuille!...

Ernest. Doucement! Je ne veux pas que tu les voies tous à la fois. Prends celui-ci, et tâche de m'apporter demain une chenille semblable à celle que voici. Elle est reconnaissable par la manière dont elle est suspendue, la tête en bas, à cette branche d'ortie.

Laure. Est-ce que c'est là le papillon qu'elle produit ?

Ernest. Oui, c'est le *Vulcain* ou *vanessa atalanta*, papillon diurne de la première famille, ne marchant que sur quatre pattes et ayant les deux premières croisées sur la poitrine en forme de palatine.

Madame de Cérant. Il me semble, mon fils, qu'un peu de science sera nécessaire ici pour se reconnaître.

Laure. Oh! maman, tu n'as pas besoin de l'engager à faire de la science! Il ne demande pas mieux!

Ernest. Voilà de l'injustice, Laurette. Assurément les leçons que je te donne sont bien *innocentes* de toute science. Mais il est des circonstances où pourtant il en faut un peu; et c'est le cas ou jamais, comme maman l'a senti. Puisque tu veux t'occuper à présent de papillons, en abandonnant tout à coup l'histoire des autres insectes que nous nous sommes bornés à effleurer, il est nécessaire au moins de savoir que, chez eux, de même que chez les demoiselles, c'est particulièrement la forme des antennes et le port des ailes qui ont servi à subdiviser en familles, en genres et sous-genres, les deux grandes divisions des papillons de jour ou diurnes et des papillons de nuit ou nocturnes.

Laure. Est-ce qu'il y a *des quantités* de formes différentes pour les antennes ?

Ernest. Trois seulement pour les papillons de jour, et quatre pour les papillons de nuit.

Madame de Cérant. Je me serais imaginé que les divisions auraient dû partir des caractères principaux des chenilles?

Laure. Mais oui, Ernest. C'eût été plus raisonnable, ou plus *rationnel*, comme tu dis toujours.

Ernest. On pourrait le penser ainsi au premier moment, mais non pas Laurette. Elle doit savoir maintenant que le classement des insectes ne peut avoir lieu que lorsqu'ils sont arrivés à l'état *parfait*. Jusque là, ils échappent, comme le Protée de la fable, à l'observateur, et ils peuvent passer pour des animaux différents dans les différents états de vers, de larves et de nymphes.

Madame de Cérant. Mais les chenilles ne subissent qu'une métamorphose? Elles se transforment en chrysalides, d'où sort le papillon, et c'est tout?

Ernest. Ceci est vrai, ma bonne mère, pour les papillons de jour; quant aux phalènes, on chercherait vainement une chrysalide *nue;* toutes sont renfermées dans des cocons. Mais là ne se bornent point *les différences:* telle chenille qui est rase aujourd'hui, dans quelques jours sera velue; telle autre est velue qui sera rase au moment de sa métamorphose en chrysalide. Voici de petites chenilles noires qui n'appartiennent peut-être pas au prunier, quoique ce soit sur un prunier que je les ai prises. Elles sont velues et assez laides. Dans peu de jours, une raie jaune se dessinera de chaque côté ; puis, sur tout ce fond noir, paraîtront des taches vert-émeraude. Ces chenilles changeront de peau ; les taches vertes n'en deviendront que plus belles et plus grandes, et les poils tomberont en partie. A chaque changement de peau les taches vertes s'agrandiront, les poils disparaîtront, la chenille enfin deviendra presque entièrement verte et rase, à l'exception de quelques petites touffes et d'une tache noire au bord postérieur de chaque anneau. Ceux qui la trouveront alors pourraient bien s'y méprendre et la classer dans les chenilles vertes et rases.

MADAME DE CÉRANT. Oui, je comprends la nécessité de s'attacher de préférence à l'insecte parvenu à l'état parfait. Eh bien, voyons, tu as aujourd'hui deux écolières au lieu d'une. Montre-nous des papillons, et enseigne-nous à les distinguer entre eux, mais en général et sans s'arrêter aux détails. Il me semble que tu as ici l'ouvrage de M. Lucas sur les papillons d'Europe et sur les papillons étrangers ?

ERNEST. J'ai mieux que cela. L'ouvrage de M. Lucas est incomplet ; il ne donne que les papillons et pas une seule chenille, pas une seule chrysalide. Voici les ouvrages de MM. Duponchel et Bois-Duval ; nous y trouverons, en même temps que le papillon, la larve ou chenille, et la nymphe ou chrysalide.

Madame de Cérant prit place auprès de la

table sur laquelle Ernest venait d'ouvrir deux beaux volumes; Laure s'assit à côté d'elle; mais la leçon ne commença que lorsque la jeune fille eut satisfait l'avide curiosité de *voir*, dont elle était toujours possédée.

—

DOUZIÈME LEÇON.

———

LES PAPILLONS DIURNES. — LES CRÉPUSCULAIRES. — LES NOCTURNES. — UNE AILE DE PAPILLON.

Près d'une heure s'était passée à regarder et à admirer les superbes papillons, les belles chenilles que renferment les ouvrages de messieurs Duponchel, Bois-Duval et Lucas, sans que Laure, quoique excitée cependant par son frère, eût songé à autre chose qu'à regarder, qu'à se récrier. Vainement Ernest voulait qu'elle s'arrêtât à comparer entre eux les diurnes, les cré-

14

pusculaires et les nocturnes, et à reconnaître elle-même des différences bien prononcées : « Laisse-moi voir ! » était l'unique réponse de l'étourdie, et l'on avait achevé de parcourir ces beaux volumes, qu'elle n'était pas plus avancée qu'une heure auparavant.

Ernest, prenant une planche, la montra à sa sœur, en lui demandant si elle pourrait dire à quelle famille, des diurnes ou des nocturnes, appartenaient les papillons qui s'y trouvaient figurés.

— C'est à la famille des diurnes, répondit Laure, puisque famille il y a.

ERNEST. A quels caractères les reconnais-tu pour être des diurnes ?

MADAME DE CÉRANT. Aux *caractères* placés en tête de cette planche. La *science* de Laure en ce moment consiste à savoir lire très couramment,

ERNEST. Ah ! j'avais oublié qu'en effet le mot de *diurne* se trouve inscrit en haut de la feuille, et j'ai fait absolument comme ma sœur vient de faire, c'est à dire que j'ai regardé sans y voir.

LAURE. J'ai vu, et bien vu, voilà la différence.

ERNEST. Qu'as-tu vu, ma sœur ?

LAURE. Des papillons.

MADAME DE CÉRANT. Ne plaisante pas plus longtemps, ma fille, et réponds sérieusement à ton frère, si tu ne veux pas qu'il croie que les soins qu'il se donne pour diminuer ton ignorance sont tout-à-fait inutiles.

LAURE. Mais, maman, je ne peux pas dire autre chose, sinon que j'ai vu des milliers de papillons plus beaux, plus magnifiques les uns que les autres, et aussi des milliers de chenilles belles, laides, superbes, bizarres, rases et velues, avec des cornes et sans cornes....

MADAME DE CÉRANT. Eh bien, moi, j'ai porté mon attention sur les antennes et sur la manière dont les ailes sont placées chez les papillons au repos; aussi, je crois que maintenant je suis en état de dire leurs caractères principaux, mais sans me servir des mots propres peut-être ou des mots scientifiques que j'ignore.

LAURE. Oh! voyons, maman, je t'en prie, ce que tu as remarqué! Moi, je n'ai fait attention qu'à la variété et qu'à l'éclat des couleurs.

MADAME DE CÉRANT. D'abord, j'oserai affirmer que tous les papillons qui portent au bout des antennes une espèce de petit renflement sont des diurnes, et que ceux qui n'en ont pas sont des nocturnes.

ERNEST. L'observation est juste en général, ma bonne mère. Cependant il y a quelques papillons de jour dont les antennes se terminent en pointes; mais ces pointes sont crochues: de là le nom de *cornes de bélier* qui leur a été donné. Ensuite les boutons qui terminent les antennes chez les diurnes ne sont pas positivement de même forme; il y en a de tout ronds, d'oblongs et d'autres plus allongés, qui donnent aux antennes la forme d'une petite massue...

MADAME DE CÉRANT. Je ne me suis pas arrêtée aux détails, mon fils; c'est à toi de m'en dire quelques uns.

ERNEST. Ce ne sera pas long, car trois sortes d'antennes seulement caractérisent les diurnes, les antennes *à boutons*, les antennes en masses ou *petites massues*, les antennes en forme de *cornes de bélier*. Mais je dois ajouter que la conformation des pattes est le caractère principal sur lequel a été fondée la subdivision des familles en genres.

LAURE. Et les chenilles des papillons diurnes, comment sont-elles, et sur quelles plantes les trouve-t-on?

ERNEST. Les chenilles des papillons diurnes sont toujours pourvues de seize pieds; on les trouve sur tous les arbres, sur toutes les plantes; les unes sont velues, les autres rases.

LAURE. Me voilà bien avancée!

ERNEST. Ce n'est point ma faute. Tu veux savoir en *une minute* ce qui a coûté des années de travaux à reconnaître et à établir! Le seul *renseignement certain* que je puisse te donner pour te procurer des papillons sur lesquels tu feras toi-même des observations, c'est de faire la chasse, dans tes promenades, aux chrysalides nues, angulaires et suspendues par le milieu du corps ou par la partie inférieure. Ainsi tu te procureras des *vulcains*, des *paons de jour*, des *belles-dames*, des *amaryllis*, et bien d'autres dont les antennes sont à boutons plus ou moins allongés, qui ne marchent que sur quatre pattes, et portent les deux de devant croisées sur la poitrine en guise de palatine; ou bien des *éclairs*, des *mars*, des *yeux bleus*, des *argus*, des *porte-queues*, des *aurores*, qui marchent sur leurs six pattes, quand ils marchent.

LAURE. Et les chrysalides des crépusculaires et des nocturnes, où les trouve-t-on, mon frère ?

MADAME DE CÉRANT. Je tiens à terminer *l'affaire des antennes* avant de passer outre. Quelle différence, mon fils, y a-t-il entre les antennes de tous ces nocturnes? Elles me paraissent presque semblables.

ERNEST. Les unes sont *prismatiques*, telles que celles du genre sphinx, c'est-à-dire qu'elles offrent la forme d'un prisme se terminant en pointe par le bout; d'autres sont en *fuseau*, c'est-à-dire également en pointe, mais rondes tout du long; d'autres ne présentent qu'un fil *sétacé*, ce qui signifie que, comme les cheveux, ce fil est plus gros à sa racine qu'à son extrémité.

MADAME DE CÉRANT. Une loupe est nécessaire pour reconnaître ces différences imperceptibles.

ERNEST. Ma bonne mère, elles ne le sont pas pour ceux qui ont l'habitude de *regarder* ce qu'ils *voient*, ou de *voir* ce qu'ils *regardent*.

MADAME DE CÉRANT. Entends-tu, ma fille? Mais, par exemple, il suffit de voir ou de regarder pour reconnaître, à la manière dont un papillon au repos tient ses ailes, s'il est diurne ou nocturne.

LAURE. Je n'y ai pas fait attention. Il faut que je cherche...

ERNEST. Ne cherche rien; voici une planche qui peut suffire à l'instruction fort bornée que tu veux acquérir.

— Ah! qu'elle est jolie! s'écria Laure enchantée. Vois donc, maman!

MADAME DE CÉRANT. Oui, elle est charmante. J'espère que cette fois tu vas nous dire quels sont ici les diurnes, les nocturnes et les crépusculaires.

LAURE. Je ne regarderai pas au bas de la page, je te le promets, maman!.. Voici, d'abord, figures 1 et 2, des diurnes.. en voici encore, figures 4 et 3..

ERNEST. A quels caractères les reconnais-tu?

LAURE. A la forme des antennes d'abord... et puis, je me souviens très bien d'avoir remarqué que les papillons qui voltigent le jour sur les fleurs, collent ainsi leurs ailes l'une contre l'autre quand ils se posent un moment.

ERNEST. Tu veux dire que le diurne, au repos, porte ses ailes droites.

LAURE. Oui, mon frère. Voyons les noms à présent... Oh! je reconnais ces papillons-là, le bleu surtout... *Polyommate dispar, dessus et dessous*... Encore un polyommate!

ERNEST. Ou argus, si tu l'aimes mieux.

1 et 2 Polyommate Dispar, dessus et dessous. _ 3 et 4 Polyommate
Escheri, dessus et dessous. _ 5 Deiléphile de Dahl. _ 6 Saturnie
Cecigène. _ 7 Noctuelle fiancée. _ 8 Ornéode.

LAURE. Argus! est-ce à cause de leurs yeux à réseau qu'on les appelle ainsi? Mais tu m'as dit que *tous* les papillons ont des yeux à réseau!

ERNEST. Remarque ces points nombreux qui embellissent l'aile vue en dessous? On les a comparés aux yeux d'argus, et de là est venu le nom donné à ce genre qui renferme une multitude de petits papillons brillants de vives couleurs, et parmi lesquels se trouve, entre autres, le *petit porte-queue*, ainsi nommé à cause de l'appendice qui termine ses ailes.

LAURE. Voici maintenant, figure 5, un crépusculaire. Ah! j'ai bien remarqué tout à l'heure leur corps en pointe et leurs ailes effilées. Il n'a pas de bouton à ses antennes. A propos, Ernest, pourquoi tous ceux que tu m'as montrés dans ces beaux volumes sont-ils désignés surtout par le nom de sphinx?

ERNEST. Les premiers naturalistes n'ont point imposé des noms *savants* aux animaux; ils ont recouru d'abord aux ressemblances, que ces animaux présentaient, soit par leur structure, soit par leurs habitudes, soit enfin par leur nature même, avec les sujets et les objets mythologiques fort à la mode autrefois. Ainsi Linnée a donné le nom de *hydres* aux polypes, par souvenir de l'hydre de la fable, dont les sept têtes renaissaient aussitôt qu'elles avaient été coupées; un autre naturaliste a désigné par le nom de *sphinx* la chenille du crépusculaire que voici, et de beaucoup d'autres, car ce genre est très nombreux, parce que la chenille prend fort souvent sur les branches, sur les feuilles, l'attitude du sphinx antique.

LAURE. Ah! j'en ai vu, Ernest. Ce sont de grosses chenilles vertes, bien belles!

MADAME DE CÉRANT. Oui, elles sont fort belles. On en trouve sur le laurier rose, sur la vigne, sur le tithymale.

LAURE. A présent, voici bien certainement un nocturne... Ah! quelles antennes!

ERNEST. Celui-ci appartient au genre bombice dans lequel a été rangé le ver à soie. Le bombice représenté ici est rare.

MADAME DE CÉRANT. Il est bien beau!

ERNEST. Je prie Laure de regarder maintenant cette *noctuelle fiancée*, au repos, et de remarquer que ses ailes forment une sorte de toit.

LAURE. Oui, oui, et tous les papillons de nuit que je trouve quelquefois derrière mes rideaux sont ainsi quand ils dorment.

ERNEST. Si cette noctuelle fiancée déployait ses ailes, elle te montrerait que les inférieures sont d'une superbe couleur pourpre.

LAURE. Nous en avons vu tout à l'heure dans tes beaux volumes. Et ce petit papillon, mon frère, ici, figure 8 ?

ERNEST. C'est encore un nocturne. Il est représenté grossi au microscope, afin de montrer ses ailes à nervures, séparées et garnies chacune, aux deux bords, d'une frange de poils, ce qui les rapproche beaucoup des plumes d'oiseaux.

MADAME DE CÉRANT. J'ai trouvé assez souvent de ces petits papillons aux vitres de ma chambre.

LAURE. Si j'avais su, j'aurais regardé les papillons de nuit auxquels je fais une chasse impitoyable, car ils dévorent tout.

ERNEST. Non pas eux, ma sœur, mais leurs larves ou chenilles.

LAURE. Ah! c'est vrai. Mais, mon frère, ce crépusculaire, comment tient-il ses ailes quand il est au repos?

ERNEST. Il les tient *forcément* abaissées horizontalement sur le dos.

LAURE. Forcément? Et pourquoi cela?... Mais, avant que tu me le dises, il faut que je te dise, moi, que l'autre jour, vers le soir, j'ai vu un crépusculaire, j'en suis sûre maintenant, qui butinait sur les fleurs. Ses ailes... tourbillonnaient, pour ainsi dire, et sans relâche; il allait d'une fleur à l'autre avec une vivacité... à nulle autre pareille. Je l'ai suivi longtemps et j'aurais bien voulu pouvoir m'en saisir, car il m'a paru très joli. Il avait des points blancs sur la partie inférieure du corps.

ERNEST. C'est ce déiléphile que tu auras vu.

LAURE. Tu crois?... En effet, cela se peut bien. Ah! quel citoyen actif!... Maintenant je t'écoute, mon frère.

MADAME DE CÉRANT. C'est bien heureux! En

vérité, j'admire ta patience, mon fils! Laure est aussi *tourbillonnante* que les crépusculaires.

Ernest. Près du bord extérieur des ailes inférieures, se trouve une soie ou crin de matière écailleuse fort raide, qui passe dans un crochet appartenant aux ailes supérieures et qui les retient lorsque le papillon veut prendre du repos; chez les nocturnes proprement dits, cette espèce de *frein* forme un faisceau de soie que le papillon fait entrer, lorsqu'il lui plaît, dans un anneau ou dans une coulisse qui tient aux ailes supérieures; il en est même qui, par ce moyen, serrent et roulent leurs ailes tout le long du corps.

Madame de Cérant. Cette manière de *boutonner*, pour ainsi dire, leur manteau, est fort bien inventée pour des *gens* qui ne marchent que de nuit. Et c'est un véritable manteau que ces ailes amples, étoffées, si différentes de celles plus légères du papillon diurne!

Laure. Le *manteau* du crépusculaire est un peu court, maman!

Ernest. Il n'est pas trop court, si tu y prends garde, puisque les ailes sont plus longues que le corps de l'animal; seulement, ce *manteau* n'est pas aussi ample que celui du nocturne; raison de plus pour l'agrafer solidement; et le crépusculaire a ce qu'il faut pour cela.

Laure. Ah! mon frère, à propos, les sphinx ont trois antennes.

Ernest. Trois antennes?

Laure. Mais oui, ceux que tu m'as montrés tout à l'heure; à moins que ce ne soit un panache comme celui du cousin.

Ernest. Ah! j'y suis, tu veux parler de la trompe avec laquelle le papillon suce le miel des fleurs.

Laure. Ah! c'est une trompe? Mais alors on aurait dû la faire voir toujours.

Ernest. *Tous* n'en ont pas.

Laure. Est-il possible? Comment font-ils alors?

Ernest. Comme font les éphémères et les demoiselles du fourmi-lion, à ce qu'on présume du moins, c'est-à-dire qu'ils passent, sans manger, le peu de temps qu'ils doivent vivre sous leur nouvelle forme. D'autres, au contraire, possèdent des trompes fort longues; d'autres en ont de courtes, à peine visibles; aussi ne s'arrête-t-on pas à ce *caractère,* toujours incertain, pour les classer. Mais, si tu le souhaites, je pourrai te faire voir quelque chose de bien curieux!

Laure. Oh! quoi donc? Montre-nous-le tout de suite!

Ernest. Pour te montrer *tout de suite la pièce curieuse,* il faudrait avoir sous la main un papillon nouvellement éclos. Nous le mettrions sur une pelotte de sucre qu'il saisirait entre ses pattes, et nous le verrions dérouler sa trompe, l'appliquer sur le sucre, et pomper doucement.

Laure. Mais que pourrait-il *pomper* sur du sucre qui ne serait pas fondu?

ERNEST. La même puissance qui a donné au cousin et au gallinsecte la faculté de dégorger dans la piqûre que l'un et l'autre viennent de faire une liqueur qui a pour effet de rendre, pour l'un, le sang plus fluide, pour l'autre, d'exciter l'activité de la sève, a donné au papillon le moyen d'éclaircir le miel des fleurs lorsqu'il est trop épais. Si l'on examine le morceau de sucre offert au papillon à sa sortie de la chrysalide, il est facile de reconnaître que partout où la trompe s'est portée, le sucre est ramolli.

MADAME DE CÉRANT. En vérité l'étude de l'histoire des insectes est si merveilleuse, jusque dans ses moindres détails, que l'esprit demeure confondu ! La vue du ciel étoilé, la pensée des lois immuables d'après lesquelles se meuvent et la terre et les astres, tout cela a un *grandiose* qui étonne et subjugue, mais peut-être pas au même degré que l'observation minutieuse des ressources sans nombre et si variées données par le Créateur à ces milliards d'atomes organisés qui aiment, qui haïssent, qui veulent, qui pensent même... Ah ! mes enfants, que Dieu est grand !

ERNEST. Combien je voudrais que Laure eût la moitié des *dispositions* que tu montres, ma bonne mère, pour l'étude de l'histoire naturelle ! Nous ne serions pas sans cesse passant d'un sujet à l'autre, ne nous arrêtant qu'à la superficie et dédaignant de recourir à ces recherches anatomiques dans lesquelles l'immortel Cuvier a puisé les bases de son admirable méthode, pour le classement de tout le règne animal!

LAURE. Ah! j'ai horreur de l'anatomie!

ERNEST. Je comprendrais, ou du moins j'excuserais cette *horreur,* s'il s'agissait de *disséquer* soi-même; mais quand on n'a d'autre peine à prendre que de profiter des travaux faits par les autres, et lorsque surtout on possède un *professeur* qui a soin d'épargner à la sensibilité *féminine* tout ce qui pourrait la faire souffrir...

— C'est vrai, s'écria Laure en embrassant son frère. Tu es bien complaisant, bien bon! Je te promets que, l'année prochaine, je serai plus raisonnable. Mais, pour ne point faire à présent ce que tu me reproches sans cesse, c'est-à-dire passer d'un sujet à un autre, dis-moi où l'on trouve les chrysalides des nocturnes et quelle forme elles ont, afin que je puisse les reconnaître et en chercher moi-même? Je serais si contente d'avoir à moi quelques uns de ces beaux crépusculaires et de ces beaux nocturnes que nous venons de voir!

ERNEST. Les sphinx se filent un cocon de même que les nocturnes; cocon dans lequel est enfermée la chrysalide. Les papillons de jour sortent d'une chrysalide *nue,* toujours suspendue soit par le milieu, soit par la partie inférieure du corps à quelque branche. Quant aux lieux où l'on trouve les unes et les autres, on peut dire que c'est *partout.* L'écorce rugueuse du chêne en recèle en grand nombre; on en trouve beaucoup aussi à ce qu'on appelle l'*aisselle* des menues branches d'arbres, dans les crevasses des murs, dans la terre, au pied des tilleuls.

Laure. Mais, mon frère, on ne peut guère distinguer entre eux les papillons de jour qu'on voit voler?

Ernest. Je ne comprends pas. Qu'entends-tu par les distinguer entre eux?

Laure. Mais oui; reconnaître leur genre, par exemple, puisque ce genre est déterminé par la forme des antennes, par la forme des pattes, etc. Ils voltigent si vite de fleurs en fleurs qu'on n'a pas le temps de rien voir de tout cela. Ce serait agréable pourtant de pouvoir dire : Ce papillon qui passe appartient à tel genre!

Madame de Cérant. Pour qui serait-ce agréable?

Laure. Mais... pour tout le monde, maman. Ceux qui savent pourraient ainsi faire profiter ceux qui ne savent pas.

Ernest. Et ceux qui savent à peine auraient occasion, n'est-ce pas, de paraître savants, à très bon marché, aux yeux des ignorants?

Laure rougit et murmura tout bas quelques mots que personne n'entendit.

— Le vol des papillons, reprit Ernest, n'est pas le même pour tous. Aucun ne suit la ligne droite, et ils doivent à cette allure en zigzag d'échapper plus facilement aux oiseaux; mais les

uns s'élèvent en ligne presque verticale ou perpendiculaire, les autres voltigent en ligne presque horizontale; d'autres s'arrêtent sur les fleurs
et passent quelques secondes à y pomper le miel;
d'autres se jouent au dessus en paraissant n'y
toucher jamais, et les connaisseurs, sans être positivement savants, peuvent dire : *Ce papillon
appartient à tel genre,* avec beaucoup plus de
certitude que les augures des Romains et des
Gaulois ne lisaient, dans le vol des oiseaux, les
destinées de l'empire.

Madame de Cérant. Il me semble que dans
notre préoccupation des caractères scientifiques
des papillons, nous en oublions un bien important, celui auquel ils doivent, selon ce que j'ai
entendu dire, de former une classe tout-à-fait
distincte de toutes les classes des autres insectes
ailés; c'est la prétendue poussière qui rend leurs
ailes à la fois brillantes des plus riches couleurs
et opaques.

Laure. La prétendue poussière! Mais, maman,
c'est bien de la poussière, je t'assure!

Ernest sourit, se leva et alla prendre dans un
carton qui renfermait beaucoup d'insectes non
encore en ordre, une aile de papillon; il enleva
avec le doigt un peu de la poussière dont elle
était couverte, puis il la fit tomber sur l'objectif
du microscope, et il dit à sa sœur : Regarde, et
dis-nous ce que tu vois.

—Ah! s'écria Laure, on dirait des centaines
de petits cœurs de toutes les couleurs!

Ernest plaça l'aile de papillon, en partie dépouillée, sur l'objectif et demanda encore à sa sœur ce qu'elle voyait.

— Maman, dit Laure avec une exclamation de surprise, c'est une aile à réseau maintenant!... Maman, regarde à ton tour, je t'en prie! c'est bien curieux!

— Que dis-tu, Laurette, de cette *prétendue* poussière? demanda Ernest pendant que leur mère regardait au microscope l'aile du papillon en partie dépouillée.

Laure. Je dis que c'est à n'en pas finir de s'extasier et d'admirer, et qu'il faudrait avoir toujours avec soi un microscope pour *voir* réellement tant de choses merveilleuses. Est-ce que ce sont des plumes que tous ces petits cœurs?

Ernest. Quand tu les auras examinés une seconde fois, tu reconnaîtras toi-même que ce sont des écailles du plus beau poli. Je t'en montrerai d'autres qui sont dentelées comme les pétales des muguets que tu brodes sur ta pélerine. Les unes sont arrondies par le bas, les autres s'allongent en une tige mince; mais, quelle que soit leur forme, toutes sont munies d'un *pédoncule*, de même que les pétales des fleurs, et c'est par ce pédoncule qu'elles sont attachées à l'aile qui te présente maintenant plus de nervures encore que les feuilles des plantes n'ont de fibres. Entre ces nervures, tu peux remarquer une substance mince, transparente, qui sert à soutenir en dessus et en dessous les écailles. Cette substance, elle-même écailleuse, forme une cloison entre la partie supérieure et la partie inférieure de l'aile.

LAURE. Oh! maman, laisse-moi voir à mon tour, veux-tu?... Ernest, il y a de grosses, grosses nervures!

ERNEST. C'est comme la *charpente* de l'aile; cette charpente remplit ici les fonctions auxquelles sont destinés les os, c'est-à-dire qu'elle sert à donner de la solidité aux ailes, sans les rendre pesantes. Regarde maintenant les dentelures qui bordent cette aile merveilleuse; enlève toi-même une partie de cette bordure, et dis-nous si les écailles sont de même forme que les autres?

LAURE. Non, certainement!..... Ah! maman, viens voir... Il n'est plus question de *cœurs*, ce sont de petites lames en forme de triangles et découpées de mille manières!... Que c'est joli! Quel poli!... Quelles couleurs brillantes!... Oui, je le vois à présent, ce sont bien des écailles.

ERNEST. De là le nom de *lépidoptères, ailes écailleuses*, donné à l'insecte parfait que nous connaissons à l'état de larve sous le nom de *chenille*. Tiens, voici une *plume* du ptérophore au genre duquel appartient l'ornéode que tu as remarqué tout à l'heure, figure 8. Le nom est significatif, comme toujours; *ptérophore*, c'est-à-dire porte-plumes.

LAURE. Oh! qu'il est bien nommé! en effet on

dirait une plume... mais dont les barbes seraient absolument pareilles des deux côtés.

Ernest. Ce petit papillon, fort délicat et presque blanc, vient de la chenille du framboisier; il fréquente de préférence le bord des ruisseaux. Mais si tu veux une véritable miniature, un bijou précieux et plus brillant à lui seul que les papillons les plus magnifiques, nous tâcherons de nous procurer le lépidoptère des chenilles mineuses. On les nomme ainsi parce qu'elles ouvrent des *galeries souterraines* dans *l'épaisseur* d'une feuille d'arbre.

Madame de Cérant. Je suis plus curieuse encore des travaux de la chenille que de l'éclat du papillon.

Ernest. Cet éclat a besoin d'être cherché au microscope, ou bien à la loupe au moins; et c'est alors qu'on découvre les pierres précieuses, les saphirs, les émeraudes, les rubis, les améthystes, enchâssées dans de l'or bruni, qui couvrent le manteau vraiment royal du papillon de la chenille mineuse.

Laure. Maman, maman, regarde encore, je t'en prie !.... voilà de nouvelles formes d'écailles.

— Ah ! madame, je vous y prends ! dit une voix bien connue. Et vous aussi vous étudiez l'histoire naturelle ! Et mademoiselle Laure continue, malgré tout ce que j'ai pu lui dire, de fatiguer ses beaux yeux et de se rougir les paupières par l'usage répété de la loupe et du microscope!

— Monsieur Dervigny, s'écria Laure, nous venons de voir des choses plus curieuses et plus belles que n'en peut renfermer le trésor du grand Mogol dont, l'autre jour, vous auriez voulu, disiez-vous, me faire hommage.

M. Dervigny. Qu'est-ce donc? quelque pied de mouche, je parie! les savants s'extasient pour si peu de chose!

Madame de Cérant. Ma fille et moi, nous n'avons ni le droit, ni la crainte d'être mises au nombre des savants.

M. Dervigny. Voyons donc ces merveilles! D'un air moqueur il s'approcha du microscope, et soudain il s'écria : Ah! ah! qu'est-ce que cela?... c'est fort joli.... on dirait des émaux.... en voici sur de la gaze... mais elle est inégale cette gaze... voilà de gros fils qui la déparent.... Que diable est cela?.... je n'ai jamais vu rien de semblable. A quoi cela ressemble-t-il?.... cela ne ressemble à rien!

Laure riait de tout son cœur, moins des exclamations de M. Dervigny que des mines bouffonnes dont il les accompagnait.

— Devinez! disait la jeune fille... je vous le donne en cent... je vous le donne en mille!... *Jetez-vous votre langue aux chiens?*

M. Dervigny. Ce que c'est que d'avoir lu Madame de Sévigné!... Oui, je jette ma langue aux chiens, et plutôt mille fois qu'une.

LAURE. Eh bien, c'est.... c'est.... c'est une aile de papillon.

M. DERVIGNY. Cela, une aile de papillon?

LAURE. Et les *émaux*, ce sont les *écailles* qui les couvraient.

M. DERVIGNY. Oh! merveilles sans pareilles! si c'était un effet de votre part de me faire voir tout cela au naturel?

Laure retira l'objectif, et alors commencèrent les mauvaises plaisanteries dont M. Dervigny n'était que trop prodigue.

Ernest avait peine à cacher son impatience; madame de Cérant la partageait; enfin, elle parvint à emmener le mauvais plaisant qui prétendait que c'était *perdre son temps* que de le passer à regarder au microscope ce qui a été fait pour être vu sans lunettes.

—Les papillons peuvent y gagner, je n'en disconviens pas, disait-il; mais, nous autres, nous ne saurions qu'y perdre; je le sais par expérience. J'ai vu, au microscope, un petit morceau de peau humaine.... c'est à se désespérer d'en avoir une.

—Ce serait encore bien pire si nous n'en avions pas, repartit Ernest d'un air grave.

—Heureusement, reprit M. Dervigny, elle n'a pas été faite pour être vue au microscope; et je vous le répète, mademoiselle Laure, vous vous ferez tourner la taille si vous continuez à vous servir de cet instrument. Vos jolis yeux de-

viendront tout rouges à regarder ainsi ces bestioles...

La porte, en se refermant, dispensa Ernest de
la suite du discours du *ci-devant* jeune homme.

TREIZIÈME LEÇON.

———

CHENILLES. — CHRYSALIDES, GÉNÉRALITÉS.

Quoi qu'en eût pu dire M. Dervigny sur la folie d'employer son temps à examiner toutes *ces bestioles*, Laure fit venir, dans la soirée, Jean Louis, le fils du jardinier, et le chargea de lui chercher, pour le lendemain, les plus belles chenilles et les plus belles chrysalides qu'il pourrait trouver. Jean Louis répondit qu'il ne savait ce que c'était que des chrysalides, mais qu'il connaissait bien *les fèves d'ousque* sortent les papillons.

— Je vous en apporterai de toutes les façons, dit-il, des pointues et des rondes...

— C'est cela même! s'écria Laure enchantée.

— Et aussi des petits œufs tout de soie, ou's-qu'il y a des fèves tout de même.

— Apporte, apporte tout ce que tu trouveras !

— Et des papillons aussi, si vous voulez, de ceux qui courent la nuit.

— Oui, oui !

— Les voulez-vous en vie ou morts, mam' selle ?

— Je ne sais pas lequel vaut le mieux, répondit la jeune fille avec hésitation.

— Dam! si c'est pour les regarder à votre aise, vaut mieux les avoir morts, parce que les papillons, vous savez, on ne peut pas les regarder comme on veut; ça vole toujours.

— Non pas les nocturnes.... mais c'est que tu leur feras du mal pour les tuer?

— C'est sûr que ça ne leur fera pas du bien. Mais c'est fait tout de suite, en leur serrant dans les doigts le haut du corps.

— Fais comme tu voudras, dit Laure, qui croyait, en ne se prononçant pas, se mettre, en conscience, à l'abri du reproche d'avoir *ordonné* la mort d'un papillon.

Le lendemain de bon matin, la femme de

chambre vint annoncer que Jean Louis était là, et qu'il demandait à parler à mademoiselle.

— Qu'il vienne! s'écria Laure, en courant au-devant de son petit commissionnaire.

Jean Louis portait au bras un panier de vendangeur tout rempli de feuillage, et, à la main, deux grands cornets de papier blanc bien soigneusement fermés.

— J'ai fait bonne chasse, mam'selle, dit-il en posant sur la table, avec précaution, quelques-unes des branches contenues dans son panier. C'est pas la première fois que je travaille pour ceux qu'aimont les chenilles et les papillons. Sans compter M. Blanville, il y a, dans le pays, des *monsieurs* qui me payont ben mes trouvailles, et v'là une chenille qu'à elle seule vaut toutes les autres.

Laure. Oh! qu'elle est belle en effet! on dirait le plus bel émail!... Où l'as-tu trouvée, Jean Louis?

Jean Louis. Sur le tithymale à feuilles de cyprès, qu'est dans le petit bosquet, à l'entrée du bois, vous savez?... Examinez-moi c'te grosseur, ce beau noir piqueté de jaune, et ces bandes qu'on dirait du velours noir enroulé tout autour du corps, et dessus la bande de velours ces trois taches dont deux blanches et une rouge; et c'te raie rouge tout du long de son dos!... C'est que ses jambes, et son ventre et sa tête aussi, et presque toutes les cornes qu'elle a à son derrière, tout ça c'est rouge et luisant, voyez plutôt!

Laure. Oui, on la dirait enduite d'un beau vernis de la Chine. Est-ce que son papillon est aussi beau qu'elle?

Jean Louis. Je crois ben qu'il est beau et grand, et c'est qu'il vole comme un oiseau, droit et raide! C'est pour ça qu'ils l'ont appelé *éper-vier*, avec un autre nom ousqu'il y a de l'*inx*; attendez... sph... sphinx, c'est ça. C'est rare à c't'heure, c'te chenille du tithymale; faut qu'celle-ci ait oublié de filer sa coque dans la terre comme elles font toutes. Et combien que je vous en apporte de ces coques! car elles s'en vont dans la terre vers la fin de juin, et nous voici tantôt à la fin de juillet.... Je vous montrerai l'année prochaine qu'il y en a aussi sur l'épurge.

Laure. Ah! voici une chenille de lilas! Je la reconnais aux espèces de boutonnières, gris de lin, qu'elle a de chaque côté et qui se dessinent si bien sur ce beau vert-pomme!

Jean Louis. C'est ben possible qu'elle aille sur le lilas, attendu que c'est une grande mangeuse; mais on la trouve d'ordinaire sur le troêne. C'est celle-là que ces *monsieurs* disont entre eux que c'est le vrai sphinx; je sais pas pourquoi. Elle a une belle corne jaune et noire au derrière, voyez!

Laure. Et celle-ci... elle en a deux...

Jean Louis. Ah! oui, la chenille du saule. Quand elle veut, elle n'en a pas du tout. C'est comme les cornes du limaçon, ces cornes. Pour celle-ci, voyez-vous, elle est joliment rare! Il y en a qu'ont sur la tête comme des coiffes de couleur de rose, et noire et blanche.. J'ai fouillé ben des saules, allez, pour trouver celle-là !

LAURE. Je te remercie, Jean Louis. Et son papillon est-il beau ?

JEAN LOUIS. Comme ça. Je pourrons ben en trouver un de ces jours accolé sur le tronc de queuque peuplier... Tenez, mam'selle, est-ce que c'est pas comme une bague, ça ? »

Et Jean Louis montrait à Laure une petite branche de rosier autour de laquelle il faisait tourner un anneau qu'on aurait pu croire composé de plusieurs rangées de petites perles à broder.

— Ah! que c'est joli! s'écria Laure.

—Demandez aux jardiniers s'ils trouvont ça joli! répliqua Jean Louis. C'est qu'il n'y a pas à dire, ces œufs-là sont collés ensemble comme avec de la glu! La chenille est jolie, c'est pas l'embarras, mais tout lui est bon : le poirier, le pommier, la vigne, le lilas, le seringat, tout enfin. Ces œufs-là ont été pondus l'année dernière à l'automne. C'est moi qu'a mis la branche dans de l'eau-de-vie pour empêcher les œufs d'éclore.

LAURE. Comment! tu t'occupes aussi d'histoire naturelle ?

JEAN LOUIS. Pourquoi donc pas, mam'selle ? c'est pas mauvais pour un fils de jardinier, et ça m'amuse tout de même. Tenez, v'là la chenille; c'est *la Livree* qu'on la nomme.

Laure. Ah! qu'elle est bien nommée, en effet! On dirait que *la couture de son habit* est garnie d'un galon de livrée... Elle est fort jolie avec ce filet blanc au milieu du dos, bordé de chaque côté d'une petite bande bleue, qui est entourée de deux espèces de cordonnets rougeâtres. Tu dis qu'elle est commune?

Jean Louis. Oh! très commune; pas si commune pourtant que la chenille l'arpenteuse, celle dont vous aviez si grand'peur, mam'selle, dans les commencements, parce qu'elle vous tombait sur le nez au moment que vous n'y pensiez pas...

— Mademoiselle, dit la femme de chambre en ouvrant la porte, le jardinier demande Jean Louis, à moins que mademoiselle n'en ait besoin; mais Jacques le cherche depuis ce matin, pour l'envoyer en commission...

— Tiens, Jean Louis, prends vite et va-t'en, dit Laure; et elle présenta à l'enfant cinq jolies pièces d'un franc, toutes neuves, qu'elle avait mises de côté à son intention.

— Je vous vends pas mes chenilles et mes papillons à vous, mam'selle! s'écria Jean Louis. C'est bon pour les autres! Et il refusait de prendre l'argent.

— Je ne les achète pas non plus, répondit Laure, c'est seulement pour te remercier de ta complaisance. Va vite, ton père t'attend.

La jeune fille aurait bien voulu mettre un peu en ordre ses nouvelles richesses; mais, d'abord, elle sentait sa complète ignorance, et ensuite elle osait à peine y toucher. Malgré elle, son ancienne aversion pour les chenilles la faisait frissonner rien qu'en les voyant bouger, et elle n'avait pas le courage d'achever d'ôter du panier les branches qui s'y trouvaient encore comme empilées, dans la crainte de poser le doigt sur des chenilles *invisibles*. Elle n'osait pas davantage ouvrir les deux cornets... Cependant, songeant que l'un contenait des papillons fort beaux probablement et tout-à-fait inoffensifs, l'autre, des chrysalides aussi immobiles que les momies des anciens rois de l'Egypte, elle se décida à contenter, de ce côté du moins, sa curiosité... Mais à peine l'un des cornets fut-il ouvert, que les papillons s'élancèrent brusquement; un cri de surprise s'échappa des lèvres de Laure en même temps que le cornet vide s'échappait de ses mains. Les deux fenêtres étaient ouvertes, les papillons eurent bientôt disparu. Laure n'eut même pas le loisir d'entrevoir leur couleur.

Honteuse de ses folles terreurs, elle releva le cornet, regarda dans l'intérieur; il s'y trouvait encore un papillon attaché au papier et tout-à-fait immobile. Le cornet fut refermé soigneusement, et Laure attendit avec impatience le retour de son frère qui était parti dès le matin pour aller déjeuner chez M. Blanville. Mais il ne rentra que pour dîner, et comme madame de Cérant avait du monde ce jour-là, il ne fut pas possible de causer d'histoire naturelle.

Le lendemain seulement, Lauré fit porter chez son frère les richesses qu'elle devait au *savoir* de Jean Louis le *naturaliste*, et elle raconta à Ernest comment elle n'avait pas *osé* en jouir.

— Ma chère Laurette, répondit Ernest, tu aurais pu mettre des gants. D'ailleurs, je te dirai qu'à l'exception de quelques chenilles velues qui peuvent occasionner sur la peau des démangeaisons un peu vives, mais faciles à guérir en se frottant avec du persil, rien de plus inoffensif que ces larves.

LAURE. Mais pourtant, mon frère, j'ai lu, il n'y a pas longtemps, dans l'histoire romaine, que ceux qui empoisonnaient avec la poudre tirée de la chenille venimeuse étaient coudamnés aux plus grandes peines; ainsi tu vois bien qu'il y en a de très venimeuses.

ERNEST. Les chenilles processionnaires du chêne et du pin, qui donnent le *bombyx processionea,* papillon nocturne peu remarquable par ses couleurs, ne sont point venimeuses en elles-mêmes; leurs nids seulement sont dangereux à toucher quand on néglige de prendre quelques précautions....

LAURE. Des chenilles processionnaires !... Est-ce que réellement elles font la procession ?

ERNEST. Mais à peu près. Voyons ce que Jean Louis t'a apporté. Si tu veux observer *sérieusement* les travaux et la transformation de tes chenilles en chrysalides, puis en papillons, je te prêterai des poudriers pour les y placer.

LAURE. Qu'est-ce que tu appelles donc des poudriers, mon frère?

ERNEST. Ce sont ces bouteilles longues en verre blanc et à large goulot, dont tu as déjà vu une assez belle collection dans mon laboratoire.

LAURE. Ah! c'est vrai, et je m'en souviens à présent. Ernest, avant que d'examiner mes chenilles, ne veux-tu pas regarder un papillon que j'ai ici? Il m'a empêchée de dormir cette nuit, tant il s'est agité dans son cornet. J'avais une peur qu'il ne parvînt à s'échapper!

ERNEST. Cette agitation seule suffit pour te prouver que c'est un nocturne; un papillon diurne aurait dormi tranquillement toute la nuit... Ne recule pas ainsi! il ne s'envolera pas... Comment, c'est Laure, *apprentie naturaliste*, qui a peur d'un papillon! Regarde... mais regarde donc! ne trouves-tu pas ici *une personne* de connaissance?

LAURE. Mais oui! c'est la *noctuelle fiancée* avec ses deux grandes ailes abaissées en forme de toit, n'est-ce pas, mon frère?

ERNEST. Justement.

LAURE. Je ne t'ai pas dit que Jean Louis m'a apporté la chenille du saule.

ERNEST. Tu as une chenille du saule à double queue?

LAURE. Oui, certainement. Jean Louis a eu bien de la peine à en trouver.

ERNEST. Je le crois; c'est un vrai trésor, car

rien n'est plus rare! Tu me la donneras, veux-tu?

Laure. De tout mon cœur. Tu choisiras dans mes chenilles celles que tu voudras. Voyons donc ce que Jean Louis appelle des fèves... Ah! voici des chrysalides nues; je sais qu'elles donnent des papillons de jour, mais lesquels?

Ernest. Pour peu que tu prennes la peine d'étudier, tu seras bientôt en état de reconnaître et les chenilles et les chrysalides qui donnent tel ou tel papillon. Celle-ci, qui est d'un vert obscur, appartient à la chenille du fenouil, et fournira, à ta collection ou à la mienne, un *grand porte-queue,* très beau papillon diurne. Elle était suspendue par la queue à quelque branche d'arbre, de même que celle-ci qui vient d'une chenille épineuse et qui est munie de deux espèces de cornes arrondies en croissant; nous aurons ou un amiral, ou une belle-dame...

Laure. Ernest, il y a aussi des cocons! regarde celui-ci... qu'est-ce que c'est?

Ernest. Ce cocon, qui a le plus grand rapport avec celui des vers à soie, vient d'une chenille à livrée.

Laure. J'en ai aussi, Ernest, et de bien belles.

Ernest. Vois ce cocon d'un beau brun marron! nous allons l'ouvrir... ne crains rien, je ne déchirerai point l'enveloppe de la chrysalide; c'est celle du sphinx *tête de mort,* sur lequel je compte pour nos collections.... Vois comme cette chrysalide est sensible au toucher!...

LAURE. Je t'en prie, Ernest, laisse-la en repos, cette pauvre bête! comme elle s'agite!...

ERNEST. Je ne lui fais aucun mal, sois tranquille; mais j'ai été bien aise de te montrer cette différence singulière entre la chrysalide du papillon tête de mort et les autres chrysalides, soit nues, soit enfermées dans leur cocon; c'est à peine si elles donnent signe de vie quand on les touche, de manière cependant à ne point les blesser. Le papillon de cette chenille sphinx est aussi le seul qui fasse entendre une espèce de chant ou de cri assez lugubre et tout-à-fait en harmonie avec la triste livrée dont il est revêtu.

LAURE. Ce n'est pas un conte, Ernest?

ERNEST. Tu sais qu'en fait d'*histoire* naturelle ou autre je ne fais jamais de *contes*. Ce cri, dont je te parle, devient aigu si le papillon est retenu entre les doigts ou troublé dans sa marche. Réaumur assure qu'il est occasionné par le frottement de la trompe, courte et écailleuse, contre deux lames mobiles et très dures entre lesquelles elle est logée; d'autres naturalistes prétendent qu'il est produit par l'air s'échappant avec force de dessous deux petites écailles concaves qui couvrent les ailes à leur naissance. Quoi qu'il en puisse être, le papillon tête de mort donne de la trompette et répand l'alarme dans les ames superstitieuses; et pour peu qu'il se montre en plus grand nombre dans quelques unes de ces années malheureuses où règnent des épidémies,

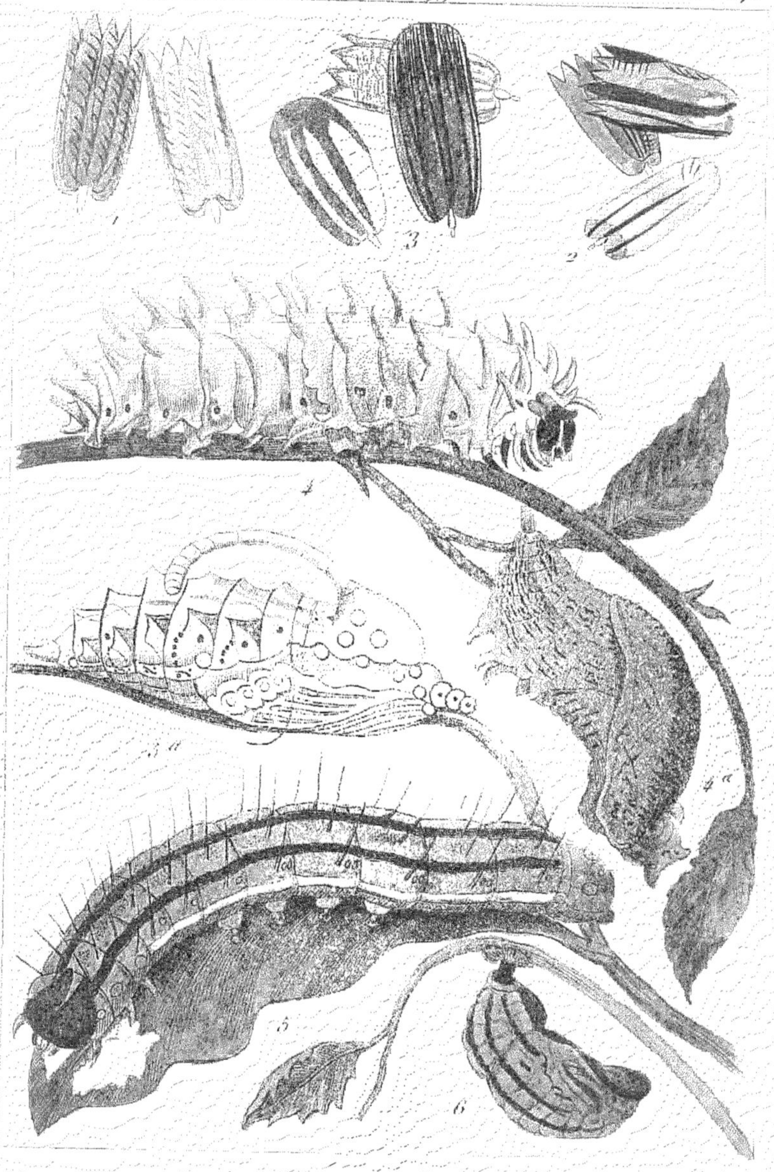

1–2 Ecailles de nymphale. 3 Ecailles de Vanessa.
4–4.ª Chenille et chrysalide du papillon Panthous.
5–5.ª id. du papillon Morpho Menelas.
6. Chrysalide du papillon Morpho Brassolide.

les gens du peuple, en France, en Angleterre, en Égypte, à la Caroline et même en Chine, ne manquent pas de le regarder comme un vrai messager de mort et de le poursuivre à outrance ; car il est, de même que le Vulcain , presque cosmopolite. Je l'ai, dans mes cartons, figuré avec sa chenille et sa chrysalide. N'oublie pas de me le rappeler, afin que je n'oublie pas, moi, de te le montrer. Voici une planche que j'allais faire voir à maman et à toi, lorsque M. Dervigny est venu nous interrompre si mal à propos. Reconnais-tu ces figures qui sont placées en haut de la planche ?

LAURE. Ce sont des écailles de papillon, si je ne me trompe ?

ERNEST. Non, tu ne te trompes pas.

LAURE. Oh ! mais celles-ci sont beaucoup plus grossies que celles que j'ai vues, grace à ton microscope.

ERNEST. M. Bernard Deschamps, auquel ces figures ont été empruntées , dit que les ailes des diverses espèces qui forment le genre vanesse, peuvent à elles seules offrir toutes les couleurs, toutes les nuances les plus riches et les plus variées. Chez les papillons exotiques en particulier, existent, en petit nombre, des écailles qui imitent les reflets éclatants que produisent les pierres précieuses ; et cet effet est le résultat de la décomposition de la lumière par ces mêmes écailles microscopiques ! Nous prierons un de ces jours M. Blanville, qui possède un microscope bien supérieur au mien, de nous faire voir de ces écailles dont il a une très belle collection. Tu as pu remarquer l'autre jour qu'elles ne se ressemblent pas toutes par la forme; mais ces formes sont bien plus variées encore que tu ne te l'imagines. Rien de plus beau que la parure de ces *bestioles,* comme dit M. Dervigny.

LAURE. Mon frère, les chenilles que voici ne sont pas de ce pays, non plus que leurs chrysalides, n'est-il point vrai?

ERNEST. Non; tout ceci appartient à l'Amérique du Sud, à la Guyane. Remarque ces formes diverses et bizarres! Tu es plus à même d'en juger, à présent que tu as commencé à *voir* par tes propres yeux des chenilles et des chrysalides.

LAURE. Et les papillons sont-ils beaux?

ERNEST. Très beaux et très grands. Le genre morpho est riche en insectes aux reflets métalliques. A présent, Laurette, venons à l'ordre que j'aime tant, tu le sais. Nous avons admiré l'insecte à l'état parfait; mais, dans cet état, il n'offre rien d'extraordinaire sous le rapport de l'industrie, tandis qu'à l'état de larve il mérite d'être observé. Dans les chenilles que Jean Louis t'a apportées et dans celles que je possède, il y en a qui vivent en société; celles-là sont le fléau des jardins, et d'autres qui vivent solitaires. Nous en avons de rases, nous en avons de velues. Les unes se suspendent par les pattes de derrière pour se transformer en chrysalides ; les autres se procurent une position horizontale en se liant par le milieu du corps ; les unes laissent sur leur passage des traces brillantes, les autres ramassent et pelotonnent entre leurs pattes le fil à l'aide duquel elles sont descendues à terre ; ainsi elles remontent vers leur nid en tirant, en quelque sorte, l'*échelle* après elles. Les unes mêlent à leur soie, pour former leur cocon, de la terre, de la mousse, des lanières d'écorces d'arbre, le parenchyme des feuilles, la poussière du bois qu'elles ont creusé, les poils dont leur corps était hérissé, une poudre jaune qu'elles-mêmes produisent, ou une sorte de cire ; les autres se contentent de rouler ou de réunir en toit une ou plusieurs feuilles à l'abri desquelles elles se filent une tente, divisée en *appartements* bien clos, bien chauds, où elles font la *sieste* pendant presque tout l'hiver, ainsi garanties de la froidure et de la pluie. Tu dois reconnaître que tout cela mérite quelque attention.

LAURE. Oui, certainement ! je ne me serais jamais doutée de ce que tu me dis là. Je croyais que les chénilles ne faisaient que dévorer le feuillage...

ERNEST. Tu as pu le croire dans le temps où tu étais tout-à-fait étrangère à l'histoire naturelle ; mais aujourd'hui tu *sais,* ou du moins tu peux avec certitude *présumer* qu'il n'est pas dans la nature un atome *animé* qui ne soit doué d'une industrie quelconque, et que l'exercice de cette industrie n'ait pour but la satisfaction des besoins de la vie animale et sa conservation.

LAURE. Mais, mon frère, est-ce qu'avant d'en venir à l'histoire de chaque chenille en particulier, il y a beaucoup de choses à apprendre relativement aux espèces, aux genres et sous-genres?

ERNEST. Tu oublies que les classes, les ordres, les familles, les genres et sous-genres n'existent point pour les insectes à l'état de larves; or, nous allons nous occuper des larves du papillon, ce qui, tout naturellement, exclut les classes, les ordres, les familles, les genres et sous-genres...

LAURE. Ah! tant mieux!

ERNEST. Le temps viendra où tu sentiras le prix de ce dont, aujourd'hui, tu t'épouvantes. Seulement je te dirai ce que tu peux vérifier toi-même à l'instant: c'est que le nombre des jambes *écailleuses* ne varie jamais chez la chenille; il y en a toujours six, soit que la chenille ait seize pattes, dont dix membraneuses, soit qu'elle n'en ait que huit, dont deux membraneuses. Son corps est constamment divisé en douze anneaux, non compris la tête, laquelle est formée de deux calottes sphériques dures et écailleuses; au dessous de la bouche, armée de deux fortes mâchoires avec lesquelles elle coupe sa nourriture, est placée la filière. Les jambes membraneuses sont munies de crochets écailleux arrangés en forme de couronne autour d'un mamelon large et mou, qui

est comme la plante de chaque pied, et qui *s'épanouit* à volonté pour donner à l'animal la facilité
de se cramponner aux branches, aux feuilles, au
gazon, au sable sur lequel il marche.

Laure. Mais, Ernest, qu'a-t-on besoin de savoir cela si en détail? Les chenilles sont assez
reconnaissables par elles-mêmes...

Ernest. Pour ceux, Laurette, qui se contentent de regarder en courant, tout cela est inutile;
mais pour ceux qui veulent *savoir* réellement
quelque chose et pouvoir distinguer les vraies
chenilles des fausses chenilles, la connaissance
de ces caractères distinctifs devient nécessaire.

Laure. Comment! il y a de *fausses chenilles ?*

Ernest. Tout ce qui a *plus* de seize pattes et
moins de huit pattes, tout ce qui ne porte sur la
tête qu'*une* calotte sphérique et écailleuse au lieu
de *deux,* est *fausse chenille,* et se transforme,
non pas en papillon, mais en mouches à scie et
en scarabées; or, comme on trouve dans les fruits
des larves de mouches et de scarabées tout aussi
bien que des chenilles, il me semble assez *utile*
de pouvoir les distinguer entre elles, ne fût-ce
que pour ne pas voir son attente trompée en re-
cueillant et en choyant le *ver* qui ne nous donnera pas un papillon, mais quelque *vilaine*
mouche...

Laure. Ah! c'est vrai!

Ernest. Ma petite Laurette, il faut que je
t'aime bien pour me décider à combattre tes ré-

pugnances avec d'autres armes que celles de la raison !

LAURE. Mais c'est une excellente *raison* que celle que tu viens de me donner !

ERNEST. Pour toi, peut-être, mais non pour moi. Enfin, n'importe. Je terminerai la leçon d'aujourd'hui en te disant que, dans le nombre prodigieux d'espèces de chenilles qui donnent tant de milliers de papillons plus ou moins beaux, il n'y en a guère que cinq ou six de vraiment nuisibles.

LAURE. Et celles-là, peut-on les détruire ?

ERNEST. Ce ne serait pas impossible, si l'on voulait s'en occuper.

LAURE. Dis donc, Ernest, vivent-elles aussi long-temps en état de larves que le fourmi-lion ?

ERNEST. Non ; mais elles peuvent passer, à l'état de chrysalides, neuf mois, un an et plus, suivant la température réelle ou factice où elles se trouvent placées. Les chenilles qui donnent les papillons diurnes paraissent deux fois l'an ; les chenilles qui donnent les papillons nocturnes ne paraissent qu'une fois par année. Maintenant, va-t'en, Laurette. Moi qui travaille par amour pour la science et non pour m'amuser, j'ai à m'occuper de recherches qui exigent toute mon attention.

LAURE. Je parie que tu vas disséquer quelques unes de ces pauvres bêtes !

ERNEST. Cela se pourrait bien.

LAURE. Oh! le méchant! Ne touche pas à mes chenilles, au moins!

— Je sais respecter le bien d'autrui, répondit Ernest en riant.

— Je le crois, reprit Laure. Mais, pour t'éviter jusqu'à la moindre tentation, je remporte mes chenilles et mes chrysalides.

QUATORZIÈME LEÇON.

—

CHENILLE DU SAULE A DOUBLE QUEUE. — PLUIE DE SANG. — CHENILLE ANNULAIRE. — CHENILLE COMMUNE, — CHENILLE DU CHOU. — CHENILLE DU FENOUIL.

LAURE éprouva un grand chagrin lorsque, le lendemain matin, elle s'aperçut que plusieurs de ses chenilles, placées par Ernest dans des poudriers, paraissaient être bien malades. Elle courut vite chez son frère; mais il refusa de venir rendre visite aux *moribondes*.

—Je n'y peux rien, disait-il, ni toi non plus. Il faut qu'elles changent de peau, les unes trois fois, les autres quatre fois; opération qui les rend toujours fort malades. Contente-toi de les examiner sans les tourmenter, et laisse-les faire.

La jeune fille revint dans sa chambre le cœur triste, car elle commençait à s'intéresser à ses *pensionnaires,* et, prenant une loupe, elle se mit à examiner, ainsi que le lui avait dit Ernest, cette opération bien pénible, à en juger par l'état où se montraient les pauvres chenilles qui la subissaient en ce moment. Les unes étaient immobiles et étendues comme sans vie sur le côté ; les autres donnaient des signes d'impatience ou de douleur en frappant violemment de la queue sur le fond du poudrier où elles avaient roulé; leurs brillantes couleurs avaient pris un ton terne, et Laure croyait de bonne foi que pas une n'en réchapperait; elle éprouvait la tentation d'essayer de les décider à manger; mais Ernest lui avait recommandé de les laisser en repos... Laure alla chercher sa mère; elle était certaine de trouver dans madame de Cérant quelque sympathie pour la peine réelle que lui faisaient éprouver les souffrances de ses chenilles, et en effet madame de Cérant s'en montra touchée.

—Tout ce qui respire est donc condamné à souffrir? dit-elle.

—Et pour vivre si peu! ajouta Laure réellement émue. Si encore il y avait nécessité pour ces pauvres bêtes à changer de peau!

— Il y a nécessité probablement, répondit madame de Cérant.

L'annonce que le déjeûner était servi vint arracher Laure à ses observations.

Pendant le repas, il ne fut question que des changements de peau des chenilles, et Laure apprit à regret de son frère que le travail, la souffrance sont bien plus prononcés lorsque arrive le moment de la transformation en chrysalide.

— C'est alors, disait Ernest, que les pauvres larves semblent être en proie à une cruelle agonie. Elles passent plusieurs jours sans manger et sans donner même signe de vie, si ce n'est par les mouvements de leur queue, souvent assez violents. Tout-à-coup on les voit se ranimer et commencer à filer, c'est-à-dire celles qui doivent se suspendre par le milieu du corps ou par les pattes de derrière, ou encore celles qui ont à construire une coque en bateau ou en hotte, ou en réseau, ou des nids velus; d'autres s'enfoncent dans le sein de la terre et forment, à l'abri de tous les regards, le cocon dans lequel elles deviendront chrysalides.

Laure. Mais comment sortent-elles de leur vieille peau, mon frère?

Ernest. A peu près comme les libellules de leur fourreau de nymphe. Cette vieille peau une fois fendue sur le dos, l'animal se gonfle, se rétrécit tour à tour, parvient à agrandir l'ouverture, retire sa tête d'abord, le reste du corps vient ensuite. La chenille du saule à double queue perd quelquefois une de ses queues pendant l'opération, sans que pour cela le papillon queue-fourchue, du genre cossus, qu'elle produit, s'en trouve mutilé. Il n'en est pas ainsi pour les éphémères, je crois te l'avoir dit. La mouche qui perd, en quittant sa dépouille, un des deux filets que chacune possède, devient comme boiteuse, et ne peut plus s'élancer dans les airs.

Madame de Cérant. Si la chenille du saule avait une queue de plus, elle vaudrait presque un pacha à trois queues.

Ernest *en riant*. Et elle est plus habile que les pachas à se servir de ce qui ne fut autrefois, pour eux, que des chasse-mouches.

Laure. Comment cela, mon frère?

Ernest. Un jour Réaumur fut témoin de l'usage qu'elle en sait faire. Une mouche étant venue se poser sur une chenille du saule qu'il examinait, la chenille fit à l'instant sortir ses deux queues ou filets, et les dirigea vivement vers la mouche comme pour lui donner un coup de fouet, et la mouche partit aussitôt.

Madame de Cérant. Tu dis, mon fils, qu'elle *fit sortir* ses deux filets; sont-ils donc enfermés habituellement dans des étuis?

Ernest. Oui, ma bonne mère. Les étuis qui les contiennent forment deux tuyaux creux garnis, du côté du dos, de plusieurs rangs d'épines. A sa volonté, la chenille fait sortir ces deux filets couleur de pourpre qu'elle allonge ou raccourcit comme il lui plaît, et qui, probablement, lui servent d'armes.

Laure. Ou de chasse-mouches...

Ernest. *Ad libitum*. Mais l'industrie de cette chenille singulière est plus remarquable encore que *sa personne,* fort belle cependant, tu le sais, Laurette. Elle construit sa coque avec des copeaux de bois préparés par elle, et en forme un corps qui a presque la même dureté que le bois lui-même.

Madame de Cérant. Mais comment le papillon peut-il sortir d'une prison si solide?

Ernest. Dans son état de larve, la chenille a la tête fendue, pour ainsi dire, par une ouverture d'où s'échappent, quand il lui plaît, quatre mamelons qui lancent une liqueur ou acide assez fort pour teindre en rouge les fleurs de la chicorée sauvage, et pour coaguler le sang dans une légère blessure; c'est avec cette même liqueur, dont le papillon est également muni, qu'il ramollit le tissu de sa coque au moment où il doit quitter sa double enveloppe.

Laure. Cette chenille mord donc, puisqu'on a pu s'apercevoir que son acide coagule le sang?

Ernest. De même que toutes les autres chenilles, elle est inoffensive pour l'homme; mais, dans le but de s'assurer de la qualité et des effets de cette liqueur, on a tenté quelques essais...

Laure. Eh quoi! il s'est trouvé quelqu'un

d'assez hardi pour se blesser et pour verser de cette liqueur dans sa blessure !

Ernest. Oui, ma sœur.

Madame de Cérant. Il faut avouer que l'amour de la science est une chose bien étrange !

Ernest. J'en conviens, ma bonne mère, mais c'est en même temps une chose admirable, il faut en convenir aussi, surtout quand cet amour a pour objet des recherches utiles à l'humanité ; telles que celles qui ont été faites, par exemple, sur l'effet des poisons fournis par le règne animal, végétal et minéral. Je prie Laurette de remarquer que cette fois, comme toujours, *tout ce qu'il faut* a été donné à la chenille du saule ainsi qu'à ses consœurs, et à tous les animaux en général, pour accomplir la tâche qui lui est assignée. J'ajouterai que cette chenille dévore non seulement le feuillage, mais le papier, qu'elle aime beaucoup. La chenille du saule est encore une de celles qui se montrent très friandes de leur propre dépouille.

Laure. Comment ? Je ne comprends pas ?

Ernest. Oui, ma sœur. Lorsqu'elles changent de peau, c'est d'abord de leur calotte tout entière qu'elles se défont et qui se détache comme un bonnet ; elles se tirent du reste comme d'un sac, et aussitôt elles dévorent le tout, de sorte qu'il n'y a rien de perdu.

Laure. Ah ! les indignes !

Ernest. Ce repas leur semble si bon qu'elles

le renouvellent jusqu'à quatre fois, puis elles rongent et creusent le bois du saule pour y former une cavité qu'elles recouvrent avec les copeaux qu'elles ont enlevés. Elles savent les unir entre eux d'une manière parfaitement solide, au moyen d'une gomme soyeuse. C'est dans cette espèce de tombeau qu'elles deviennent chrysalides.

MADAME DE CÉRANT. En vérité, on est ramené sans cesse, par l'étude de l'histoire naturelle, à reconnaître l'élégance et la justesse de la plupart des allégories des anciens Grecs, et à trouver aussi jolie qu'heureuse celle qui leur faisait placer pour emblème, sur les tombeaux, un papillon s'élançant vers les cieux. Mais dis-moi, mon fils, à quoi sert-elle la liqueur rose ou rouge que le papillon qui vient d'éclore dépose sur la place où il s'est arrêté, pour donner à ses ailes le temps de se développer et de sécher?

ERNEST. Ma bonne mère, cette liqueur est aussi nécessaire, probablement, au développement du papillon enfermé dans la chrysalide, que le blanc de l'œuf l'est au développement du petit poulet ou du petit oiseau, et que la matière graisseuse qui entoure la nymphe du fourmi-lion l'est au développement de la demoiselle. Le papillon, sorti de sa chrysalide, rejette le surplus de cette liqueur désormais inutile à son existence; et comme, chez certaines espèces, elle est plus abondante, il en résulte ce que les bonnes gens prennent pour des *pluies de sang*.

LAURE. Mais, Ernest, pour qu'il y ait des pluies de sang, il faut que des quantités prodigieuses de papillons éclosent en l'air!

ERNEST. Il suffit aux *bonnes gens*, amateurs des choses merveilleuses, de trouver un beau matin un assez grand nombre de taches rouges sur les murs des maisons de campagne, de l'église, du presbytère et du cimetière, pour *reconnaître* qu'il est tombé pendant la nuit une *pluie de sang*, et pour en tirer les plus sinistres présages.

LAURE. Ah! je comprends!

ERNEST. C'est ce qui arriva, il y a plus de deux cents ans, à Aix, en Provence. En 1608, les murs de la ville et ceux de toutes les maisons, de tous les bâtiments, grands et petits, des environs, furent couverts d'une telle multitude de *gouttes sanglantes*, que chacun se trouva avoir *reçu* et même *vu* la pluie de sang.

LAURE. Voilà qui est un peu fort!

MADAME DE CÉRANT. C'est comme ceux qui prétendent avoir reçu des pluies de crapauds.

ERNEST. Je te demande pardon, ma bonne mère, mais c'est tout différent; il n'y a pas longtemps que l'un des plus fermes antagonistes des pluies de crapauds vit tomber sur le toit de son hangar, une pluie de petits crustacés, et qu'un autre reçut une pluie de goujons.

LAURE. Oui, comme les habitants d'Aix avaient *vu* et *reçu* une pluie de sang!

Ernest. Du tout, du tout. On a nié pendant des siècles les pluies de pierres, et aujourd'hui tous les savants, ou du moins presque tous, sont en état de dire quels sont les matériaux qui entrent dans la composition des *aérolithes;* on niera encore pendant des siècles peut-être les pluies de crapauds, de crustacés, de poissons, et ensuite *tous* les savants seront en état de décrire les caractères de l'espèce qui leur sera arrivée en ondée. On a plus tôt dit : *Telle chose n'est pas ou ne peut être,* qu'on n'a renoncé à des croyances ou à des idées qui ont occupé toute une vie laborieuse. Ils l'ont éprouvé ceux qui, les premiers, se sont avisés d'assurer que les polypes d'eau douce et de mer n'étaient pas des plantes, et que les coraux et les madrépores n'étaient point des arbres. *Tant il y a,* qu'on ne mit pas en doute, dans la bonne ville d'Aix, la pluie de sang; que chacun vint, avec ses épouvantes, augmenter les épouvantes du voisin; qu'on passa plusieurs jours à se pronostiquer les uns aux autres les plus affreux désastres, et que bien des bravades, bien des rodomontades furent faites par les prétendus esprits forts, qui ont toujours beau jeu en semblables circonstances. Mais, de par le monde, se trouvait un homme, un savant, un naturaliste enfin, qui s'amusait à élever des chenilles, à les suivre dans leurs travaux, dans leurs mœurs et dans leurs métamorphoses. Or, les murs de son cabinet, parfaitement garantis de la pluie, à l'intérieur du moins, présentaient ces mêmes taches de pluie de sang partout où le papillon d'une de ses chenilles épineuses s'était posé en sortant de sa chrysalide, et comme M. Peiresc en avait *vu* sortir plus d'un, il avait *vu* également le papillon rejeter cette gouttelette *sanglante*... Grace à lui, les superstitieux en furent pour leur frayeur, les fanfarons pour leurs vaines bravades, les personnes raisonnables eurent le dessus; mais comme elles sont partout en très petit nombre, il n'y eut que bien peu de gens de contents.

Laure. Pourtant on est fort heureux, il me semble, quand on voit qu'on s'est alarmé à tort!

Madame de Cérant. C'est selon le goût et le caractère. Pour certaines personnes, rien n'est *amusant* comme d'avoir peur et comme de rechercher toutes les extravagances qui peuvent les entretenir dans des transes perpétuelles. (Laure détourna la tête en rougissant. C'est qu'elle aimait tant les histoires de voleurs et même de revenants!) Je pense que les pluies de soufre, de bitume, de feu, ont une origine tout aussi simple que les pluies de sang. Mais ce n'est pas ce qui m'intéresse aujourd'hui, ce sont tes chenilles, mon fils; d'abord, à cause de leurs mœurs, et aussi à cause de l'intérêt très pressant que je mets à m'en délivrer, quelque admirables qu'elles puissent être; car je suis amateur de fruits et de fleurs. J'ai beau faire écheniller chaque année, mes arbres sont souvent dépouillés de feuilles avant même que celles-ci aient eu le temps de se développer.

Ernest. Ce qui sert merveilleusement à prouver, ma bonne mère, que l'échenillage n'est pas utile à grand'chose, du moins tel qu'on le fait.

Laure. Eh! comment faut-il donc le faire, Monsieur le docteur?

Ernest. Il faut, Mademoiselle la railleuse, en se promenant dans le jardin, au commencement de l'automne, examiner avec quelque attention les jeunes branches des arbres qui sont à sa portée, et, au lieu d'*admirer* les bagues ou bracelets de petites perles émaillées dont elles sont entourées avec une grande régularité et qui ont de cinq à six lignes de largeur, enlever ces anneaux composés de seize ou dix-sept rangées d'œufs formant une spirale très serrée, et les détruire sans pitié; sinon, au printemps suivant, des légions de chenilles, appelées *livrées* ou *annulaires*, sortiront de ces œufs, fileront de concert des espèces de tentes dans lesquelles elles auront soin d'envelopper quelques feuilles pour alimenter la colonie; celle-ci, lorsque les individus auront grandi, et lorsque la branche aura été dépouillée, ira établir ses tentes ailleurs, et, de proche en proche, dégarnira complètement de feuilles l'arbre le plus touffu.

Laure. Ah! les vilaines bêtes! Et pourtant, maman, elles sont bien jolies; et leurs œufs, et la manière dont ils sont arrangés, tout cela est charmant! Tu verras; car Jean Louis m'a apporté une branche garnie de l'un de ces anneaux qu'on peut faire tourner autour à volonté.

MADAME DE CÉRANT. Je les connais, et j'en connais aussi le danger.

ERNEST. Puis les chenilles annulaires fileront leur cocon, qui a quelque ressemblance par sa couleur jaune et sa forme avec celui du ver à soie; ressemblance trompeuse, puisque cette couleur provient seulement d'une matière *pulvérulente* ou en poudre que la chenille tire de son corps et avec laquelle elle remplit les intervalles du tissu transparent dont sa coque est formée.

MADAME DE CÉRANT. Tout cela est *charmant* sans doute, ainsi que le dit Laurette, mais seulement comme étude d'histoire naturelle. Oui, je comprends qu'il importe bien plus de faire main-basse sur les œufs et sur les cocons que sur les nids.

ERNEST. Ce qui est non moins *admirable* et *charmant*, c'est l'art avec lequel le papillon donné par la chenille commune, espèce de chenille à oreilles, dépose ses œufs sur les feuilles. Chaque œuf est enveloppé d'une sorte de bourre de soie jaune, qui n'est autre chose que les poils soyeux dont la femelle se dépouille pour former un lit douillet et moelleux sur lequel elle place symétriquement plusieurs rangées d'œufs. Le tout est recouvert de cette même bourre de soie si bien arrangée, si égale, si lisse, qu'on dirait une étoffe soyeuse sur laquelle glisse la pluie sans pouvoir l'altérer. Ce nid, si artistement arrangé, ressemble, par sa forme, à une fève coupée en deux et posée sur la feuille par le côté plat. Il brille au soleil de la plus belle couleur d'or.

MADAME DE CÉRANT. Je te promets bien que le jardinier et ses aides recevront l'ordre de faire la chasse à ces moitiés de fèves d'or.

ERNEST. Il faut la commencer dès la fin de juin ; mais c'est à la fin de mai qu'on doit chercher avec soin, sur les feuilles, des cocons bruns d'une soie douce au toucher, très propre à être cardée, et avec lesquels on est parvenu, il y a quelques années, à fabriquer de beau papier.

MADAME DE CÉRANT. Je suis certaine que le parc en fournirait de quoi occuper une papeterie pendant la moitié de l'année.

ERNEST. C'est probable, car la chenille commune est en effet très commune, au moins autant que la livrée, et elle résiste au froid le plus rigoureux. Aux mois d'avril et de mai, les petites chenilles, qui ont passé la mauvaise saison sous les toiles qu'elles-mêmes avaient filées à l'extrémité des branches, dès leur sortie de l'œuf, quittent chacune la cellule où cinq ou six ont vécu ensemble pendant l'hiver. Les portes des cellules donnent toutes sur des espèces de corridors ou de routes communes qui conduisent au dehors, et la colonie, dont l'appétit se trouve aiguisé par un long jeûne, se répand de branche en branche pour aller dévorer et les bourgeons et les feuilles naissantes.

Madame de Cérant. Je ne m'étonne plus s'il y a quelques années le bois de Vincennes présentait, en été, l'aspect de désolation qui caractérise la campagne pendant l'hiver! On n'y pouvait faire un pas sans être couvert de chenilles.

Laure. Les chenilles communes sont-elles belles, mon frère?

Ernest. Elles n'ont absolument rien de remarquable que deux mamelons d'un rouge vif placés sur l'extrémité postérieure du corps et qui sont dans un mouvement presque continuel. Leur peau demi-velue est d'une couleur brun roussâtre; elles appartiennent à la famille des chenilles à oreilles, ainsi nommées parce que, de chaque côté de la tête, s'élèvent deux tubercules plus prononcés que les autres; ils sont surmontés de poils roussâtres et présentent assez bien la forme de deux oreilles.

Laure. Et le papillon?

Ernest. Le papillon appartient au genre des phalènes, famille des nocturnes. Il est de grandeur moyenne, de couleur blanchâtre, et n'a rien de remarquable sous le rapport de la beauté.

Madame de Cérant. Et pour la chenille du chou, n'est-il aucun autre moyen d'échenillage que la chasse aux flambeaux?

Ernest. Non, ma bonne mère, il n'en est point d'autre. La femelle du papillon du chou ne réu-

nit pas ses œufs dans un nid comme le papillon
de la chenille commune ou comme celui de l'annulaire; elle les éparpille sur plusieurs feuilles;
quinze jours après ils sont éclos. La chenille du
chou appartient à l'une des espèces qui vivent
en société, de même que les chenilles communes
et les annulaires. Pendant le jour, les petites chenilles se réunissent au centre du chou, et c'est
de là que, la nuit, elles se répandent sur ses feuilles. Ce sont de grandes mangeuses.

MADAME DE CÉRANT. Je le sais! L'année dernière elles ne nous ont rien laissé du tout que
des feuilles en dentelle. Mais leurs chrysalides,
ne peut-on les *dénicher* nulle part?

ERNEST. C'est assez difficile, puisque les chenilles vont ordinairement se placer, pour la métamorphose, le long des corniches des murs.

MADAME DE CÉRANT. En cherchant bien, on
pourrait les découvrir, surtout si elles sont d'une
couleur qui tranche avec le plâtre ou la pierre?

ERNEST. La chrysalide anguleuse de la chenille
du chou est d'un jaune pâle tacheté légèrement
de noir. Mais ce que la chenille du chou offre de
plus curieux, c'est la manière dont elle s'y prend
pour se lier par le milieu du corps.

LAURE. Eh! pourquoi donc s'attache-t-elle
ainsi, cette pauvre bête?

MADAME DE CÉRANT. Moi, j'aurais demandé
comment s'y prend-elle?

ERNEST. Ma bonne mère, il est plus facile de

répondre à ta question qu'à celle de Laure. J'ignore *pourquoi* certaines espèces de chenilles se lient par le milieu du corps, d'autres par les pieds; pourquoi les unes s'enfoncent dans la terre, pourquoi les autres s'arrachent les poils pour en garnir leurs cocons; mais je peux dire *comment* la plupart s'y prennent, grace aux travaux, si souvent tournés en ridicule, des savants observateurs de la nature.

LAURE. Oh! raconte-nous-le vite, mon bon petit frère!

MADAME DE CÉRANT. Je tiens à savoir d'abord ce qui regarde la chenille du chou.

ERNEST. Elle commence par filer un tapis de soie de la longueur de son corps, dans le lieu qu'elle a choisi; puis elle s'y cramponne bien par les pieds; alors, approchant sa tête de l'un de ses flancs, elle attache à côté d'elle le premier fil de sa ceinture, se replie en filant de l'autre côté, et continue ce manége une cinquantaine de fois. Il faut que la ceinture ne soit ni trop lâche ni trop serrée. Dès qu'elle est faite, la chenille demeure immobile et attend l'heure de la métamorphose en chrysalide. La vieille peau se détache alors, et, dans ce lien qui paraissait être trop lâche, la chrysalide, plus courte et plus grosse, se trouve si bien serrée qu'il disparaît entre ses anneaux.

MADAME DE CÉRANT. Quelle adresse!

ERNEST. Le travail de la chenille du fenoui

est bien autrement curieux. Mais je n'ai pas le temps aujourd'hui.

Laure. Puisque tu ne me donnes pas ma leçon d'histoire naturelle, tu peux bien raconter au moins!...

Ernest. C'est impossible, ma sœur; on m'attend...

Laure. Mon petit Ernest, mon frère chéri, je t'en prie!...

Ernest. Eh bien! la chenille du fenouil se place sur une branche, sur une feuille, dans l'attitude d'un homme à genoux, c'est-à-dire qu'elle dresse toute la partie antérieure de son corps. Dans cette posture, elle attache un fil d'un côté, le prolonge, le soutient sur ses premières jambes écailleuses comme sur deux bras, et, continuant de filer, elle l'attache de l'autre côté; d'autres fils, en fort grand nombre, viennent se joindre au premier et former un véritable écheveau de soie devant la fileuse, et dont les brins ne sont point liés les uns aux autres. La besogne terminée, il s'agit de passer l'écheveau tout entier sur la tête, et de le faire glisser, sans laisser échapper un seul fil, jusqu'au cinquième anneau.

Laure. Mais ce doit être bien difficile, mon frère!

Ernest. Fort difficile, en effet. Si les fils s'éparpillent, si l'écheveau s'échappe, malheur à la chenille! Elle n'avait que la matière nécessaire pour filer cet écheveau et elle ne peut, sans être *liée,* se transformer en chrysalide.

Laure. Que devient-elle alors?

Ernest. Elle demeure pendante, s'épuisant en vains efforts, et elle meurt dans sa vieille peau.

Laure. Pauvre bête! Mais pourtant ce n'est pas sa faute, mon frère.

Madame de Cérant. Si bêtes et gens se rendaient justice complète, la plupart reconnaîtraient qu'il y a toujours un peu de leur faute lorsqu'ils n'accomplissent pas leur destinée!

QUINZIÈME LEÇON.

PRÉPARATION DES PAPILLONS.

— Tu viens dans un mauvais moment, Laurette, dit Ernest, lorsque, à l'heure de la leçon, il vit sa sœur accourir.

— Eh! pourquoi donc? demanda la jeune fille.

Ernest. Parce que j'ai une foule d'exécutions à faire, c'est-à-dire des papillons fraîchement éclos à étouffer.

Laure. Barbare!... Ainsi tu ne me donneras pas encore aujourd'hui ma leçon! Cela fera deux jours de suite! comment veux-tu que j'avance dans l'étude de l'histoire naturelle, si tu y mets tant de négligence?

Ernest. Je ne t'empêche pas de rester. Seulement je t'avertis de ce qui va se passer. C'est à toi de voir si tu veux prendre une leçon de préparation d'insectes.

Laure. Me feras-tu cadeau de quelques uns des papillons que tu auras préparés?

Ernest. Volontiers, mais à la condition que tu m'aideras...

— A les étouffer? s'écria Laure en reculant. Oh! pour cela, non!

Ernest. Je me charge de remplir l'office d'exécuteur des hautes-œuvres. Ce que j'attends de ta complaisance, c'est d'imbiber les jointures des pattes, des antennes et l'attache des ailes avec de l'esprit de vin. Tes doigts, plus délicats que les miens, manieront avec plus d'adresse le pinceau en cheveux qui sert pour cette opération, ainsi que les pattes qu'il faut étendre et que les antennes qu'il faut redresser.

Laure. Pour cela, je le veux bien... c'est-à-dire si les papillons sont morts.

Ernest. Ils seront tout-à-fait morts, je te le promets. Tu as donc peur des *revenants?*

Laure. Non; mais si les pauvres bêtes remuaient encore, je ne voudrais pas les toucher.

Ernest. Tiens, regarde un peu attentivement ce dessin pendant que j'achève mes préparatifs.

Laure. Ah! c'est un papillon à double queue.

Ernest. Non; c'est le papillon flambé, ou papillon podalire.

Laure. Voilà sa chenille... et sa chrysalide...

Ernest. Remarques-tu le lien qui l'attache à cette branche de pommier?

Laure. La chenille a donc filé comme celle du fenouil dont tu nous as parlé hier?

Ernest. Tu le vois bien.

Laure. Que c'est extraordinaire! Et qui dirait jamais que ce beau papillon est sorti de cette chrysalide si petite comparativement à lui et même à la chenille? Puisqu'on trouve la chenille du podalire sur le pommier, je dirai à Jean-Louis de m'en chercher. Il faut absolument que j'en voie une filer sa ceinture. Les chrysalides que tu m'as montrées l'autre jour ne sont pas ainsi attachées.

Ernest. Tu n'as pas pris garde que celle du papillon panthoüs est attachée à la fois à la branche par une ceinture, et suspendue par la queue (1), tandis que celle du morpho-bassalide (2) est suspendue par la queue seulement au moyen d'une houppe de soie qu'elle a filée.

Laure. Où donc est ce dessin?

(1) Planche vi, figure 4, a.
(2) Planche vi, figure 6.

1 Chenille du papillon flambé . — 2 sa chrysalide .
3 Papillon flambé .

Ernest. Là, sur mon bureau.

Laure. Oui, c'est vrai. Qu'elles sont extraordinaires, toutes ces chrysalides!

Ernest. Nous en parlerons un autre jour. Je suis prêt; travaillons. Voici quelques papillons de ma chasse de ce matin. Vois comme ils sont beaux!

Ernest avait ouvert sa boîte de fer-blanc et Laure se récria à l'aspect des *trésors* qui s'y trouvaient renfermés. Il y avait des paons de jour, des mars petits et grands, des machaons, des sylvains, des tortues, des belles-dames, et tout cela brillait des couleurs les plus vives.

— A l'ouvrage, vite! dit Ernest. Regarde-moi faire, et tu feras ensuite.

Laure. Ernest, à quoi sert ce grand morceau de liége?.. Ah! mon Dieu, tes papillons sont tous percés de longues épingles que je n'avais pas vues d'abord!...

Ernest. Ne crains rien, ces papillons sont morts. Je te réponds que, s'ils vivaient encore, ils ne resteraient pas ainsi immobiles.

Laure. Et comment les as-tu tués, ces pauvres beaux papillons?

Ernest. Si je te le dis, tu vas frissonner de la tête aux pieds!

Laure. Méchant! tu les as bien fait souffrir!

Ernest. Du tout. Je me reprocherais de soumettre un animal, quel qu'il soit, à des tortures inutiles. J'ai pris au vol, avec la poche de gaze, tous ces diurnes, et, aussitôt ma prise faite, je les ai saisis entre les deux doigts par le corselet, sur lequel s'ouvrent, comme tu le sais, les stigmates... Une minute, moins d'une minute m'a suffi pour les étouffer l'un après l'autre.

Laure. Le vilain!

Ernest. Ensuite je les ai piqués par le milieu du corselet sur le liége, en évitant de toucher leurs ailes... Maintenant j'humecte les jointures des pattes avec de l'esprit de vin, afin de leur rendre leur souplesse... ce qui réussit à merveille, comme tu vois... Avance-moi cette planchette revêtue de liége et dont tu me demandais tout à l'heure l'usage... Tu vois qu'elle est sillonnée, dans toute sa longueur, par des rainures plus ou moins profondes. Je choisis, pour y placer mon papillon, celle de ces rainures dans laquelle le corps ne pourra entrer qu'à moitié, ce qui fait que le papillon remonte jusqu'au milieu de l'épingle et que les ailes appuient de chaque côté sur l'espace laissé entre les rainures... Il ne s'agit plus que d'écarter les ailes, ce qu'il faut faire avec précaution, afin de ne pas enlever la *poussière* si brillante dont elles sont toutes couvertes..... Donne-moi, je te prie, deux ou trois de ces bandes de carton-carte et cette pelotte... Regarde bien, Laurette, comme, à l'aide de deux petites bandes retenues à chaque bout par une épingle, je maintiens les ailes ainsi écartées dans la position que je leur ai donnée et qui permet de voir toute leur beauté... Voilà qui est fait. A ton tour!

Laure. Est-ce que tu les laisseras toujours ainsi?

Ernest. Deux jours seulement. L'insecte, au bout de ce temps, sera desséché et je pourrai le mettre sous verre.

Laure. Oui, dans de beaux cadres, pour orner le petit salon.

Ernest. Du tout, du tout. Chacun aura sa petite boîte bien fermée, qu'on n'ouvrira jamais, et que je déroberai même à la lumière du jour.

Laure. Le beau plaisir!

Ernest. T'imagines-tu donc qu'on se résigne à prendre tant de peine pour s'exposer à perdre en un instant le prix de ses soins? La poussière, le soleil, le vent, l'humidité, la fumée, un rien suffit pour gâter ces brillantes couleurs qui rendent les papillons l'objet de nos désirs, de nos recherches, de nos travaux. Dans les cadres les mieux fermés, les mieux tapissés, à l'intérieur et à l'extérieur, d'un papier bien collé et enduit même de craie pulvérisée, les papillons ne sont pas encore à l'abri des dangers qui les menacent dans l'*immortalité* que nous prétendons leur donner. S'ils se ternissent, s'ils périssent quelquefois dans les armoires d'un appartement dont les volets sont constamment fermés et où l'on fait du feu pendant l'hiver, que sera-ce si on les expose à mille causes de destruction journalière, sans compter les teignes, les mites et bien d'autres insectes, *insectophages,* qui profitent de la moindre fente pour s'introduire dans les cadres et pour les dévorer!

Laure. Eh quoi! les papillons aussi sont mangés par les mites?

Ernest. Il arrive souvent que le naturaliste perd les collections les plus précieuses pour avoir négligé, au printemps et à l'automne, d'examiner ses insectes.

Laure. Mais comment pouvoir les bien examiner, mon frère, quand ils sont ainsi renfermés?

Ernest. Un peu de poussière qui semble avoir été répandue sous un papillon annonce certainement qu'il est rongé intérieurement par une larve d'*anthrène;* quelques fils de soie étendus sur l'insecte font deviner qu'il est attaqué par une ou plusieurs teignes, et enfin des lignes tortueuses se dessinant sur les ailes décèlent la présence des mites. Il faut alors enlever l'insecte attaqué pour sauver les autres, et, pour le sauver lui-même, ouvrir, avec un stilet, le ventre, la poitrine, afin de découvrir l'ennemi. S'il échappe à toutes les recherches, on peut essayer de le détruire en arrosant le corps d'un peu d'eau de Cologne, seul liquide qui n'altère pas les couleurs.

Laure. Ah! mon Dieu, que de soins! et pour ne jouir de rien! Moi, si je fais jamais des collections de papillons, je ne m'embarrasserai pas de les voir se gâter, puisque l'année suivante je pourrai les remplacer par d'autres, et je me donnerai le plaisir de les avoir dans de beaux cadres aussi bien fermés que possible, voilà tout.

Ernest. Oh! nous savons que la chose dont Laurette fait le moins de cas, c'est le temps perdu. Moi, je regarde, au contraire, le temps comme très précieux, et je sais, en outre, qu'il est tel insecte qu'on ne remplace pas toujours facilement. Voilà pourquoi je ne néglige aucune des précautions qui peuvent assurer à mes travaux quelque durée. D'ailleurs, n'est-il pas possible que l'année prochaine je ne trouve pas moyen de renouveler mes collections, et que d'autres études m'enlèvent les loisirs dont il m'est permis de disposer cette année? Un peu de négligence, d'étourderie ou de vaine gloriole viendraient donc me priver du fruit de mes recherches et de mes travaux! Non, non, Laurette, je ne sacrifierai jamais, pour un caprice, ce qui ne se retrouve à aucune époque de la vie: le temps.

Un peu confuse, Laure, sans répondre, mit plus de soin qu'elle ne l'avait fait jusqu'alors à préparer, à l'imitation de son frère, le papillon dont elle s'était chargée. Comme elle était adroite, elle réussit assez bien, et, toute fière, elle dit en souriant à son frère : Es-tu content de ton élève *préparateur ?*

Ernest. Très content. Et, pour preuve de ma satisfaction, je vais confier à ses mains habiles

un magnifique nocturne, objet depuis longtemps
de mes espérances. Tiens, peut-on rien voir de
plus beau ?

LAURE, *en reculant vivement sa chaise :* Ernest, il est vivant!

ERNEST. Je l'étouffe en ce moment.

LAURE. Non! Je t'en prie!... pauvre bête!...
Ernest.... je t'en supplie!... comme il se débat!...

ERNEST. Il est mort. Tu vas voir combien il
est plus facile de préparer l'animal fraîchement
étouffé....

LAURE. Je ne verrai rien du tout! c'est une
indignité....

ERNEST. Allons, ne fais pas l'enfant. Ses souffrances ont été courtes, et maintenant qu'elles
sont finies, nous allons lui donner *l'immortalité.*
Regarde, je perce son corselet d'une longue
épingle, et il ne bouge pas. C'est le grand paon.
Celui-ci provient d'une chrysalide que j'ai recueillie l'hiver dernier et que j'ai empêchée d'é-
clore aux mois de mai et de juin, en la tenant
dans une température plus basse que celle de la
saison.

LAURE. On peut donc avoir, alors, des papillons presque à volonté?

ERNEST. Je te l'ai dit déjà, et en voici une
preuve.

LAURE. Je n'ai jamais vu de si grand papillon!

ERNEST. Et tu n'as jamais vu non plus, je pense,
un si admirable mélange de brun, de gris, de rou-

geâtre, ni des yeux de plume de paon plus parfaitement peints sur des ailes si élégamment frangées de blanc et de fauve !

Laure. Oui, il est beau ! bien beau !... Prépare-le toi-même, parce que, si je le gâtais, j'en serais désolée, et toi aussi. Je me charge de ce joli papillon aux ailes oranges et brunes avec une broderie bleue...

Ernest. C'est une petite tortue.

Laure. Dis-moi, mon frère, la chenille du grand paon est-elle aussi belle, dans son genre, que son papillon ?

Ernest. Tout aussi belle, et, comme le papillon, c'est une chenille des plus grandes entre les chenilles de la grande espèce. On en trouve qui ont jusqu'à trois pouces de longueur. Sur le corps s'élèvent des boutons étoilés qu'on appelle *tubercules ;* chacun de ces tubercules est d'un beau bleu turquoise. Comme ils sont nombreux, le manteau vert-jaunâtre de la chenille paraît être semé de pierreries. Cinq poils fort courts, formant l'étoile, entourent chaque tubercule ; du milieu s'élève un long poil terminé par un petit renflement ; enfin, pour compléter la parure, une espèce de chaperon rouge, composé de trois pièces, enveloppe la partie inférieure, et les stigmates sont bordés de brun.

Laure. Je voudrais bien voir de ces chenilles à tubercules ! Où les trouve-t-on, Ernest ?

Ernest. Sur le poirier, sur le chêne. Chez

quelques unes, la couleur des tubercules est jaune
et offre le brillant de la topaze; chez d'autres,
elle est rose vif et rappelle l'éclat des rubis. Ces
deux dernières espèces sont, en outre, ornées de
bandes noires veloutées qui font encore mieux
ressortir et le vert, et les topazes, et les rubis de
leur manteau.

Laure. Nous en chercherons, veux-tu?

Ernest. Bien volontiers, et nous chercherons
aussi leurs chrysalides; elles sont renfermées dans
une coque en nasse dont la construction est
fort remarquable.

Laure. En nasse? Est-ce que cette coque ressemble aux nasses dont nous nous servons pour
pêcher dans le vivier?

Ernest. Mais, d'abord, as-tu remarqué de
quelle manière sont terminées les nasses en
osier?

Laure. Oui, mon frère. Tous les brins d'osier,
réunis par le bout, forment comme un entonnoir.
Le poisson peut bien entrer dans la nasse, parce
que l'osier se prête à l'effort qu'il fait; mais, quant
à sortir, il ne le peut plus, parce que les brins se
sont réunis derrière lui quand il est passé, et ne
lui offrent plus qu'une pointe sur laquelle il vient
se piquer le nez, lorsqu'il cherche à retrouver
l'issue par laquelle il était entré.

Ernest. Eh bien! ce que nous faisons pour
attraper le poisson, la chenille à tubercules le fait
pour n'être pas attrapée, pendant le temps assez

long nécessaire à sa métamorphose ; car elle passe au moins un an et quelquefois deux années entières en état de chrysalide.

Laure. Oh! oui, c'est bien long! Pauvre chenille, qui travaille tant pour se mettre à l'abri pendant deux ans et dont le beau papillon est étouffé en une minute!...

Ernest. C'est l'histoire de tout ce qui respire, ma sœur. Il faut vingt ans pour que l'homme arrive à son entier développement; il ne faut qu'une minute pour anéantir le produit de vingt années! La chenille à tubercules prend donc ses précautions contre les insectophages qui la menacent, et dans l'état de chenille, comme je te le dirai tout à l'heure, et dans l'état de chrysalide. Elle se file une coque brune très solide, en forme de poire, et termine la pointe de cette poire par des fils mobiles qui se réunissent en faisceaux par leurs extrémités, mais sans être collés les uns aux autres; dans l'intérieur, un second rang de fils mobiles et aussi forts que ceux de l'extérieur présente un nouvel obstacle à l'ennemi qui aurait pu pénétrer, en dépit de la première fortification, dans cette espèce de citadelle. C'est à l'abri de ce double rempart, et protégée par une coque épaisse, que la chenille à tubercules se transforme en chrysalide. Tiens, voici le cocon que mon papillon, le grand paon, a quitté ce matin avant le jour.

Laure. Oh! qu'il est joli! Les fils sont, par le

bout, aussi pointus qu'une aiguille! et comme ils sont solides! Mais, Ernest, par où le papillon est-il sorti? je ne vois pas d'ouverture, pas le plus petit trou...

ERNEST. Cette forme de nasse, qui s'oppose à l'*entrée* des ennemis, est favorable à la *sortie* du papillon enfermé au dedans; tu dois le comprendre. Un léger effort lui suffit pour écarter les fils de la barrière intérieure et de la barrière extérieure; ces fils se referment d'eux-mêmes derrière lui, et s'il lui prenait fantaisie de rentrer dans sa coque, il ne le pourrait pas.

LAURE. Pas plus que le poisson ne peut repasser par la nasse. Que c'est ingénieux et joli! Mais alors, mon frère, on court le risque, quand on fait la chasse aux coques en nasse, d'en recueillir de vides!

ERNEST. Il est facile de reconnaître, au poids, celles qui renferment encore le papillon et celles d'où il s'est déjà échappé.

LAURE. Je voudrais bien savoir au juste où chercher des cocons. Pour les chrysalides nues, il n'y a qu'à regarder aux arbres, aux murailles.

ERNEST. Je t'ai dit déjà qu'aux aisselles des branches d'arbres, que dans la terre, autour des racines, on peut trouver de vrais *trésors.* On en trouve encore dans les champs fraîchement labourés; la charrue, en bouleversant le sol, amène à la surface ce qui était enfoui dans la terre; les tas de feuilles mortes contiennent aussi des cocons de nocturnes en grand nombre.

LAURE. Mais, mon frère, quand on a fait provision de chrysalides nues et de cocons, comment s'y prendre pour les conserver?

ERNEST. Tu places les unes soit dans des cornets de papier, soit dans des poudriers; les autres, dans des poudriers encore ou dans des boîtes, avec ou sans sable. Si tu veux hâter l'époque de la sortie des papillons, tu exposes les chrysalides et les cocons à une chaleur factice; mais il ne faut point s'attendre à leur faire devancer beaucoup l'époque où ils en sortiront à l'état parfait; tandis qu'au contraire tu peux retarder d'une, de deux, et même de cinq années ce moment, en les tenant à une température plus basse que celle du mois dans lequel ils se débarrassent de leurs dernières dépouilles de nymphe.

LAURE. En sortant de leurs chrysalides, les papillons ont-ils les ailes étendues dans toute leur grandeur?

ERNEST. Tu as *vu* des libellules quitter leur fourreau de nymphe, et tu peux faire une pareille question! Ah! Laurette! Laurette l'étourdie! tu comparais toi-même tout à l'heure la grandeur de ce papillon podalire avec sa chrysalide que voici à côté, et tu *t'émerveillais* de ce qu'il avait pu s'y trouver renfermé! Tu dois donc comprendre que dans cette étroite enveloppe, qui contient aussi en assez grande abondance, tu le sais, la liqueur rouge que les gens crédules d'Aix ont cru voir jadis tomber en pluie de sang, ces belles ailes si éclatantes et si larges n'ont pas la possibilité de se développer ; qu'elles doivent être, au contraire, plissées à la manière de celles des libellules, et qu'il faut au papillon, comme à la demoiselle, le secours du temps et de l'air pour les déplisser et les sécher.

LAURE. C'est vrai.

ERNEST. Tu te plains de ce que je néglige quelquefois de te donner ta leçon ; mais tu en prendrais deux par jour, que tu n'en deviendrais pas plus habile si, par étourderie ou par manque d'attention, tu oubliais de remarquer les lois générales auxquelles sont soumis les animaux dans chaque espèce. On arrive à la connaissance de ces lois générales par l'observation des faits, par les rapports qu'on établit entre ces faits, et alors l'esprit comprend sans effort ce qui reste incompréhensible pour les personnes légères.....

—Ou bien étourdies comme Laurette, s'écria la jeune fille en riant. Mais dis donc, Ernest, qu'est-ce que tu appelles positivement des insectophages?

ERNEST. Il me semble que maintenant tu sais assez bien le *grec* pour comprendre qu'on désigne ainsi certains *mangeurs* d'insectes différents des *insectivores.* Parmi les oiseaux, il en est de particulièrement *insectivores ;* parmi les insectes, il en est d'*insectophages.* Les premiers *mangent, dévorent* les insectes morts et vivants ; les seconds les *rongent*, les *sucent* morts et vivants. L'ennemi mortel des chenilles vivantes, et particulièrement des chenilles à tubercules, c'est le chlorion, ou mouche ichneumone. M. Blanville a perdu, par le fait des chlorions, plusieurs de ses plus belles chenilles, et il a trouvé dernièrement, autour d'une autre, une trentaine de petites coques jaunes, d'où étaient déjà sorties des mouches ichneumones.

Laure. Oh! raconte-moi cela, mon petit Ernest, je t'en prie! J'ai du temps aujourd'hui, et, pour ta peine, je te préparerai tout autant de papillons que tu voudras.

Ernest. Je te remercie de vouloir me faire plaisir en te faisant plaisir à toi-même; car je crois m'apercevoir que tu t'amuses de cette besogne et que tu n'as plus peur des *revenants* papillons!

Laure. Je n'ai jamais cru que les papillons pouvaient, une fois morts, *revenir*...

Ernest. Je vais en *préparer* plusieurs, pour la grande préparation; ainsi ne me regarde pas.

Laure détourna la tête; elle ne put s'empêcher de frissonner un peu, et pourtant elle sentit que le *courage* d'étouffer elle-même un papillon pourrait bien lui venir un jour.

SEIZIÈME LEÇON.

—

CHASSE AUX PAPILLONS.

JE pense une chose, Laurette, dit Ernest. Puisque tu veux aujourd'hui une *double* leçon d'histoire naturelle, il faut te la donner *en conscience*. Va prendre sur mon bureau du papier, l'écritoire, des plumes, et écris ce que je dicterai.

LAURE. Une leçon donnée *en conscience !* Ce sera ennuyeux, j'ai peur !..

ERNEST. Trouveras-tu *ennuyeux* de dresser

une espèce de *Calendrier de l'amateur de papillons?*

Laure. Je ne comprends pas.

Ernest. Ou bien *le Guide du chasseur de papillons?*

Laure. Je ne comprends pas davantage.

Ernest. Fais ce que je te dis; tu comprendras après.

Laure. Mais tu as promis de me raconter l'histoire des mouches ichneumones!

Ernest. Je ne raconterai rien tant que la leçon ne sera pas donnée. Les reproches que tu m'as adressés en arrivant m'ont été *sensibles* au dernier point.

— Tu ris, tu te moques! s'écria la jeune fille. C'est égal; je veux prouver mon *obéissance* à *mon professeur....*

Laure alla prendre, sur le bureau de son frère, du papier, des plumes, l'écritoire, et, se plaçant à l'extrémité de la table sur laquelle il travaillait à préparer des papillons, elle lui dit : « Dictez, Monsieur le professeur ; votre disciple est prête à vous entendre et à sténographier vos paroles avec tout lerespect et toute l'exactitude possibles. »

Ernest. Mets en tête, en gros caractères : *Manuel de l'amateur de papillons.* A la ligne : *Calendrier du bon chasseur de chenilles...*

Laure, *écrivant.* Tout cela n'est pas nouveau. Il y a le *Manuel de l'amateur de jardins,* le *Calendrier du bon jardinier....*

ERNEST, *dictant*. L'unique moyen de se procurer des papillons de la plus grande fraîcheur, c'est d'élever soi-même des chenilles; on ne doit point l'oublier. Au mois d'avril, l'amateur se mettra en campagne et commencera ses *explorations*....

LAURE, *écrivant*. Explorations!... mot magnifique et qu'on trouve partout. Style de gazette, comme dit maman.

ERNEST, *continuant*. De même que le chasseur expérimenté reconnaît l'animal qu'il poursuit à ses fumées, de même le chasseur de chenilles reconnaît leur présence et leur espèce à leurs excréments.

LAURE, *jetant sa plume*. Ah! fi! je n'écrirai pas de ces choses-là.

ERNEST. Non seulement tu les écriras, mais pour peu que tu deviennes véritablement naturaliste, tu auras un jour des cadres qui contiendront, en outre du papillon, de la chrysalide et de la chenille, les crottes de cette dernière, afin de présenter aux yeux l'animal *complet*....

LAURE. Non assurément!

ERNEST. Il ne faut jurer de rien! Écris, Laurette.

LAURE. Dicte auparavant, afin que je sache s'il me convient d'écrire.

ERNEST, *dictant*. Au mois d'avril, l'amateur fera une battue dans les mille-feuilles, les orties, les plantains, pour se procurer des écailles et des callimorphes... Alinéa... A la mi-mai, il fouillera *le genét à balais,* plante recherchée par les chenilles polyphages, et il se procurera ainsi l'écaille pourprée, le grand et le petit minime, l'agathe, etc. A la susdite époque il recueillera la chenille lichnée du chêne, du peuplier, du saule, et une foule d'autres espèces qui fourmillent sur les susdits arbres à la même époque...

LAURE. J'ai répété la *susdite* époque pour soutenir *l'harmonie* du style...

ERNEST, *dictant.* Ainsi l'on se procurera, dans le genre nymphale, le mars, grand et petit, le bombice verticolore, le morio, etc.; à la *susdite* époque on trouvera sur l'épine, la ronce, le chêne, la chenille bombice du petit paon; sur le peuplier blanc et sur le frêne, la lichnée bleue... Alinéa, je te prie.... A la fin de juillet...

LAURE. Et le mois de juin?

ERNEST. Il est rayé du calendrier des chenilles, ou du moins il en fournit peu qu'on n'ait pu se procurer au mois de mai... A la fin de juillet, on recherchera les sphinx qui donnent les crépusculaires. L'amateur fouillera les pommes de terre...

LAURE. Comment! ces chenilles vivent de pommes de terre?

ERNEST. Le feuillage des pommes de terre, celui de la morelle douce-amère, sont recherchés du sphinx atropos ou tête de mort; le laurier-thym plaît autant que le lilas au sphinx du troène; le feuillage des haricots, du liseron, du chèvre-feuille, du caille-lait jaune, du pied d'alouette, de la vigne, du tilleul, donne en grand nombre des smérinthes ou sphinx, tels entre autres que le sphinx à cornes de bœuf, le phénix, le livournien, la noctuelle incarnat si remarquable par ses couleurs... A la ligne... *nota bene...*

LAURE, *écrivant. Note à benét...*

ERNEST, *dictant.* Les paresseux qui ne se sont pas mis en campagne à temps pour se procurer des chenilles trouveront vers la fin d'août, sous les parties saillantes des murs, les cocons du bombice grand paon; au pied des tilleuls et des peupliers, les cocons des smérinthes du tilleul et du peuplier, et, dans le tronc des vieux saules, les cocons du sphinx du demi-paon... Alinéa... Le mois de septembre est riche en chenilles de nocturnes; il offre surtout en abondance celles qui paraissent deux fois l'an, telles que la petite queue fourchue, le bois veiné, la porcelaine, les hausse-queues, les noctuelles volant doré et volant argenté; les premières, sur le saule et sur le peuplier; les deux dernières, sur l'ortie et sur la *fétuque des prés...*

LAURE. Qu'est-ce que c'est, s'il vous plaît, Monsieur le professeur, que la fétuque des prés?

ERNEST. C'est un genre de plante qui appartient aux graminées; mets, sur le chiendent flottant, si tu le préfères. A la ligne maintenant.

Le vrai chasseur de chenilles doit savoir que,

pour se procurer des pyrales et des hespéries,
il faut chercher dans les feuilles roulées; que les
fruits vulgairement appelé *verreux* renferment
un grand nombre d'espèces de teignes; que sous
les pierres et dans les cavités des écorces se lo-
gent des chenilles de noctuelles et de phalènes...

Laure. Si tu m'avais dit cela plus tôt, mon
frère, j'aurais *déniché* bien des chenilles!

Ernest. J'en doute; car, d'un côté, tu en avais
peur, et, de l'autre, tu n'es pas assez *naturaliste*
pour surmonter les ennuis et les fatigues de ce
genre de chasse... D'ailleurs les *fumées* t'auraient
dégoûtée, et comme tu ne sais pas distinguer
les unes des autres, ce renseignement, si *précieux*
pour le véritable amateur, eût été complètement
perdu, et tu aurais passé bien du temps à chercher sans rien trouver... Écris... L'amateur ne
doit pas se contenter de faire main-basse sur les
chenilles qu'il peut découvrir; les arbres, les
buissons, en recèlent des milliers qui échappent
à la vue la plus perçante et aux recherches les
plus rigoureuses. Pour s'en rendre maître, il faut
étendre au-dessous des arbres, à l'entour des
buissons, une nappe ou son parapluie renversé,
et frapper les branches avec un bâton...

Laure. Ah! je ne voudrais pas me trouver sous
la pluie de chenilles qui doit tomber alors!...

Ernest, *dictant*. L'amateur doit emporter
avec lui une poche en toile claire et à coulisse,
toute pareille à la poche en gaze qui sert à la

chasse des papillons, et *faucher ;* c'est-à-dire traîner de droite et de gauche cette poche, comme il ferait d'une *faux*, dans l'herbe et les fleurs, afin d'avoir des satyres, des polyommates et des zygènes.

LAURE. Ah ! pour le *fauchage*, j'en suis, Ernest !

ERNEST, *dictant*. Dans un paragraphe spécialement destiné aux vers à soie, il sera traité des soins qu'exigent les chenilles quand on veut les conserver et les amener à l'état de chrysalides. Pour le moment, nous nous contenterons de dire qu'il ne faut point laisser ensemble des chenilles d'espèces différentes, si l'on ne veut s'exposer à les voir s'entre-dévorer. D'ordinaire, cependant, elles vivent en assez bonne intelligence, excepté les smérinthes qui se coupent la queue les unes aux autres ; ainsi, par prudence, il faut que la boîte du chasseur de chenilles soit divisée en compartimens et aérée des deux bouts...

Pour les chenilles qui filent leurs cocons en terre, on aura des pots à fleur à moitié remplis de terre de bruyère, et couverts d'une gaze retenue autour au moyen d'une ficelle ; pour les chenilles bombices, il faut des boîtes dont le couvercle ait autant de hauteur que le fond a de profondeur ; ce couvercle doit offrir une ouverture fermée avec de la gaze, afin de laisser pénétrer l'air. Pour les chenilles des diurnes, des cornets de papier ouverts, mais renfermés dans des boîtes avec quelques feuilles fraîches, suf-fisent. Au bout de dix à douze jours, la chenille est devenue chrysalide; il faut alors couper les cornets par le bas, afin que le papillon n'éprouve point d'obstacles s'il lui prend fantaisie de sortir par là. A la manière dont la chrysalide est sus-pendue, l'amateur reconnaît si elle renferme un diurne *hexapode*, c'est-à-dire marchant sur six pattes, ou un *tétrapode*, c'est-à-dire mar-chant sur quatre pattes, et portant les deux autres croisées sur la poitrine.

LAURE. A quoi reconnaît-on cela, mon frère?

ERNEST, *dictant*. Les premières...

LAURE. Les hexapodes...

ERNEST, *dictant*. S'attachent par le milieu du corps aux parois latérales de la boîte ou du cor-net, afin d'avoir la tête en haut; les secondes...

LAURE. Les tétrapodes...

ERNEST, *dictant*. Se suspendent au couvercle de la boîte, la tête en bas.

LAURE. Ah! c'est bon à savoir.

ERNEST, *dictant*. On ne dérangera pas les chrysalides, on ne les touchera pas avant qu'elles soient bien raffermies, et l'on aura soin de les tenir dans des endroits où ne règne pas soit une grande sécheresse, soit une grande humi-dité. Celles qui changent de couleur ou celles qui deviennent légères après leur formation ne valent ordinairement rien; enfin, le papillon qui n'est pas développé au bout de deux heures,

19

après sa sortie de la chrysalide ou du cocon, est *avorté*, et ne mérite pas de figurer dans la collection de l'amateur...

LAURE. Alors toutes les peines qu'on a prises se trouvent perdues !.. C'est amusant !

ERNEST, *dictant*. Nous dirons seulement un mot de la chasse aux papillons.

Les mois de juin et de juillet sont ceux qui abondent le plus en papillons. Il en éclot cependant au printemps et jusqu'en novembre ; mais ces derniers se ressentent de la mauvaise saison, et se réduisent à quelques espèces de phalènes dont les femelles sont *aptères* (sans ailes), c'est-à-dire n'ont que des moignons d'ailes.

LAURE. Les pauvres bêtes ! comment font-elles pour voler ?

ERNEST. Le mâle se charge de les porter sur l'arbre, sur la plante, dont le feuillage doit servir de nourriture aux jeunes chenilles à leur sortie de l'œuf... Écris, Laurette... à la ligne...

Le chasseur de papillons doit savoir que ces insectes redoutent le vent et la pluie ; on choisira donc un beau soleil pour donner la chasse aux diurnes, première famille des lépidoptères. Le meilleur moment de les prendre au vol, c'est vers le soir. Vers le soir aussi on chassera les crépusculaires, seconde famille. Les sphinx du tilleul, du peuplier, du saule, se tiennent d'ordinaire à l'abri du vent contre le tronc des arbres ou près des racines ; vers la brune, les

zygènes vont butiner sur les scabieuses, les va-
lérianes, les chardons. Les bombices ou nocturnes, troisième famille, dorment pendant le
jour dans le feuillage, sur l'écorce des arbres,
sur les plantes, sur les murailles, à l'abri des
corniches, derrière les volets des maisons de
campagne...

LAURE. Maintenant je ne m'étonne plus de ce
qui m'a tant étonnée... et même effrayée, d'avoir
trouvé dans ma chambre, le soir, de gros papillons de nuit qui apparaissaient tout-à-coup,
sans que je pusse deviner par où ils étaient
entrés.

ERNEST. C'est principalement l'espèce appelée
hibou qui se cache derrière les volets... Écris,
Laurette... Pour se procurer des *pyrales* ou
tordeuses du chêne, du hêtre, on n'a qu'à secouer
le feuillage; elles tombent endormies dans les
mains du chasseur... Je te dirai, Laurette, une
chose qui va te faire jeter les hauts cris; c'est que
certains papillons se nourrissent de toute autre
ambroisie que le *nectar* des fleurs. Tu chercherais
inutilement des sylvains, des mars, par exemple,
sur les haies d'aubépines et d'églantiers. Ces
habitants des hautes futaies, si brillants de couleur, descendent en planant, dès que la rosée
est entièrement passée, et viennent s'abattre sur
la fiente des animaux, dans les ornières fan-
geuses...

LAURE. Ah! les vilains!...

ERNEST. Magnifiques, ma sœur ! D'autres, tels que les sésies (sphinx mouches), s'attachent au bois pourri... Écris, Laurette... Il résulte de ce qui précède que la chasse au fallot n'est pas la plus productive...

LAURE. Mais pourtant tu chasses au fallot, mon frère !

ERNEST. Parce que je suis encore parfois un peu *écolier*, en fait d'histoire naturelle comme en fait de caractère... Écris, Laurette... L'amateur se mettra donc en chasse à la brune; c'est le moment où crépusculaires et nocturnes quittent leur retraite: ou bien il les cherchera le jour, partout où l'expérience de ses devanciers ou la sienne lui aura appris qu'il peut trouver sûrement telle et telle espèce. S'il est matinal, il pourra prendre au gîte des diurnes; car la plupart des papillons de jour ne commencent à se mettre en route, pour butiner, que lorsque le soleil a pompé la rosée... Écris le mot FIN en bas de la page, et emporte chez toi ce manuel, ce guide, ce calendrier, tout ce que tu voudras, de l'amateur de papillons; tu le recopieras nettement, et l'année prochaine tu pourras *chasser* soit des larves, soit l'insecte parvenu à l'état parfait.

LAURE. Je chasserai des chenilles plutôt que des papillons, parce qu'on laisse vivre les premières et qu'il faut tuer les seconds.

ERNEST. Sans doute, mais les *laisser vivre* ne suffit pas: il faut les *faire vivre*, et je ne crois guère que Laurette soit capable ou puisse trouver le temps de les soigner comme elles doivent l'être pour donner plus tard de beaux papillons.

Laure. Pourquoi donc pas? est-il si difficile de leur procurer des feuilles de la plante sur laquelle on les a trouvées?

Ernest. Non seulement ce n'est pas toujours *facile,* mais il faut y *penser.*

Laure. Je n'ai qu'à dire à Jean Louis, une fois pour toutes, de m'apporter tous les huit jours des provisions...

Ernest. Il faut du feuillage frais, non pas tous les huit jours, mais au moins tous les deux jours...

Laure. En mettant les branches le pied dans l'eau...

Ernest. On donne aux chenilles des maladies dont elles meurent.

Laure. Mais est-ce que tu ne fais pas ainsi, mon frère?

Ernest. C'est-à-dire que je *faisais* ainsi. M. Blanville m'ayant averti des inconvénients qui pouvaient en résulter, j'ai soin maintenant d'entretenir la fraîcheur des feuilles seulement en les mettant dans un vase sec, bien fermé, et, en outre, je les renouvelle tous les deux jours. J'ai soin aussi de donner à manger à mes chenilles deux fois au moins dans la journée, de nettoyer les boîtes...

LAURE, *en riant.* Fais-tu provision de *fumées* pour les offrir aux regards des amateurs à côté de la chenille et du papillon?... Mais, à propos, Ernest, comment peut-on réunir dans un même cadre la chenille, la chrysalide et le papillon, puisque la chenille disparaît, c'est-à-dire devient chrysalide, pour se transformer en insecte parfait?

ERNEST. Tu penses bien, Laurette la moqueuse, que ce ne sont pas la chenille et la chrysalide qui ont donné le papillon qu'on voit placées auprès de ce dernier. La chrysalide cependant peut être conservée, puisque l'insecte se borne à la percer par le gros bout pour en sortir; mais, quant à la chenille, elle n'existe plus. On en prend une autre de la même espèce, et... Non, je ne te dirai pas de quelle manière on la prépare pour la conserver; ce serait jeter l'effroi et la douleur dans ton cœur *si sensible...*

LAURE. Ernest! Ernest!...

ERNEST. Les peintres comme toi peuvent se borner à représenter chenille et chrysalide en peinture, et peindre également à côté le papillon.

LAURE. *Les peintres comme moi,* Monsieur le railleur, se gardent de chercher à imiter ce qui est pour eux inimitable, les ailes du papillon.

ERNEST. Le naturaliste alors vient à leur secours en leur disant : Dessinez avec fidélité le corps de l'insecte sur du papier fort, du papier de Hollande; détachez délicatement les ailes avec des ciseaux fins, et imprimez les ailes supérieures, ensuite les inférieures de chaque côté.

LAURE. *Imprimer!* c'est *copier*, que tu veux dire?

ERNEST. Du tout, c'est *imprimer* ou, si tu l'aimes mieux, tirer une épreuve.

LAURE. Et comment cela?

ERNEST. Voilà le corps du papillon dessiné, n'est-ce pas? A la place que doivent occuper les ailes, tu étends avec un pinceau de l'eau gommée dans laquelle tu as fait fondre un tiers de sucre clarifié; tu couches avec précaution les ailes supérieures sur cette eau gommée, puis les ailes inférieures, si tu veux que le papillon soit vu par dessus, et non en dessous. Tu mets sur le tout un morceau d'étoffe de laine, une feuille de papier, un carton bien uni, et tu charges d'un poids de huit à neuf livres. Une demi-journée suffit pour que les écailles s'attachent au papier. Tu enlèves alors avec la pointe d'un canif l'aile tout entière, qui se compose, tu t'en souviens, d'une lame d'écaille mince divisée par des nervures; ceci fait, il ne reste plus qu'à raccorder le tout avec des couleurs à l'aquarelle, et à peindre le corps et les antennes...

LAURE. Oh! la jolie invention!... Je te promets que dès demain j'essaierai. Mais tu me donneras des papillons, mon frère!

ERNEST. Charge Jean Louis de t'en procurer. Comme tu en gâteras plus d'un avant que de réussir, je ne me soucie pas de te livrer mes *sujets* pour en faire un usage si misérable. Tu penses bien que nous autres, *naturalistes ,* si nous consentons à indiquer cette manière de *préparer* des papillons, nous la dédaignons comme étant un enfantillage. D'ailleurs, on ne peut *opérer* que sur des individus *tout frais*.

Laure. Mais, Ernest, les petites écailles qui couvrent l'aile du papillon n'ont donc pas d'envers?

Ernest. Tu dois le savoir, puisque tu les as vues au microscope. Tu dois savoir aussi que le dessus et le dessous de l'aile étant séparés par cette écaille mince à nervures qui forme comme le *squelette* de l'aile, il faut deux papillons pareils pour arriver, par ce moyen, à faire voir le même individu en dessus et en dessous; chose nécessaire souvent pour le montrer dans toute sa beauté, car il n'en est pas dont les ailes soient ornées en dessus et en dessous des mêmes dessins ni des mêmes couleurs. Je viens de te dire comment il faut coller les ailes supérieures d'abord, puis les inférieures sur le papier quand on veut obtenir les écailles qui parent le *dessus* du papillon; pour obtenir celles qui parent le *dessous,* il faut appliquer en premier les ailes inférieures, en second les ailes supérieures sur le papier couvert d'eau gommée, et cela du côté *intérieur,* afin qu'en enlevant les ailes, ce soit celui-ci qui reste attaché au papier. Comprends-tu ?

LAURE. Oui, oui. Pour avoir le papillon vu *par dessus,* il faut faire comme si on le couchait sur le dos; pour l'avoir vu *en dessous,* il faut faire comme si on le couchait sur la poitrine.

ERNEST. C'est cela même. Tout ce que tu peux gagner à ce genre de *travail,* c'est d'exercer et ton adresse et ton pinceau.

LAURE. C'est toujours quelque chose. Ernest, tu vas me raconter à présent...

ERNEST. Rien du tout. Voici mes papillons préparés; tu as eu aujourd'hui *double leçon;* il faut étudier ton piano. Moi, j'ai à étudier aussi...

LAURE. Voilà comme tu tiens tes promesses!

ERNEST. Je te conseille de te plaindre!..... Donne le temps aux vers des mouches ichneumones de filer, et tu *verras* comment un amateur de papillons est *attrapé* un beau jour en obtenant, pour prix des soins donnés à une chenille, une grosse et vilaine mouche, à la place du grand paon ou du demi-paon qu'il espérait..... Va donc, Laurette. N'entends-tu pas que maman t'appelle?

La jeune fille, quoique à regret, partit en courant.

DIX-SEPTIÈME LEÇON.

MOUCHES ICHNEUMONES.

Laure éprouva un mouvement d'impatience lorsque le lendemain, en arrivant chez son frère à l'heure de la leçon, elle ne le trouva pas. Il était sorti depuis le matin, mais il avait chargé la femme de chambre de dire à Laure qu'il rentrerait de bonne heure. Ce qui surtout contrariait la jeune fille, c'était de ne pouvoir montrer sur-le-champ à Ernest ce que leur mère venait d'avoir la bonté *d'admirer ;* d'abord le *calendrier* de l'amateur de chenilles et de papillons, que Laure avait dressé par colonnes sur une grande feuille de papier ; en tête de chacune des colonnes, elle avait écrit le nom du mois, et, au dessous, le nom des chenilles qu'on pouvait se procurer à cette époque de l'année ; en marge se trouvaient les observations : ce n'était pas tout ; Laure avait *tiré des épreuves* d'ailes de papillons, non sans en avoir sacrifié beaucoup, autant par étourderie que par impatience de s'assurer si elle avait réussi ; car elle s'était trouvée dans de telles dispositions ce jour-là, qu'elle avait ordonné à Jean Louis de mettre à mort tout ce qui lui tomberait de papillons sous la main. Pendant qu'il chassait, Laure s'était occupée de dessiner des corps auxquels elle voulait adapter des ailes, et elle croyait avoir fait merveille.

Mais son frère, qui arriva enfin, lui prouva qu'elle avait commis des erreurs graves en donnant des corps de sphinx à des papillons diurnes, et des antennes à boutons à un petit sylvain.

— Exerce-toi, lui dit-il, à dessiner d'après de bons modèles, ou mieux encore d'après nature, et à dessiner, non pas en *artiste paysagiste,* mais en *copiste fidèle* des moindres détails. Tu sais que souvent les *principaux* caractères d'un insecte sont comme *invisibles* pour quiconque regarde *en courant.* Toi qui aimes *à voir,* sache voir, et tu apprendras ainsi par les yeux au moins autant que par les oreilles. Je te prêterai les beaux atlas que déjà tu as admirés ici, pour peu que je te voie disposée à travailler sérieusement.

Laure. Eh bien! je commencerai dès demain par la planche que tu m'as montrée la première; tu sais? celle où se trouvent des argus, un crépusculaire et deux nocturnes (1).

Ernest. Je te la donnerai.

Laure. Ensuite celle d'avant-hier, le papillon flambé avec sa chenille et sa chrysalide... Mon frère, pourquoi voit-on si rarement représentés la chenille et la chrysalide avec le papillon?

Ernest. Pour vingt raisons, comme dit M. Pincé. La première, tu ne peux l'ignorer, toi qui viens de dresser le calendrier de l'amateur ou du chasseur de chenilles, c'est que les larves et les nymphes sont difficiles à découvrir, et tellement qu'elles sont, pour ainsi dire, comme si elles n'existaient pas; la seconde raison...

Laure. Oh! je te dispense des dix-neuf autres.

Ernest. Depuis quelques années seulement, on commence à rechercher plus soigneusement chenilles et chrysalides, et plusieurs ont enfin été découvertes et figurées.

— A propos ou sans à propos, s'écria Laure avec vivacité, et les mouches ichneumones?

Ernest. C'est pour te montrer leur *savoir-faire* que je suis sorti ce matin et que j'ai couru

_____

(1) **Planche V.**

à travers choux, positivement parlant. La chenille du chou est plus sujette encore que les autres à servir de nid aux œufs des mouches ichneumones.

LAURE. De ces mouches qui *chargent* le kakerlaque de nourrir leur postérité, n'est-ce pas?

ERNEST. Oui, et d'une étrange manière. Les observateurs rapportent que rien n'est curieux comme de voir une guêpe ichneumone livrer bataille à un kakerlaque, deux fois plus gros qu'elle, et le percer de sa longue tarière. Tout aussitôt l'ichneumone fait couler dans la blessure une liqueur qui engourdit l'insecte. Elle le traîne alors vers quelque trou, lui coupe les pattes, réunit toutes ses forces pour le faire entrer dans cette *caverne,* et dépose un œuf dans le corps du kakerlaque.

LAURE. C'est que sa postérité se nourrit de... chair morte... Ah! je ne sais pas comment tu m'amènes à dire ces choses-là!

ERNEST, *en riant.* C'est de l'histoire naturelle, voilà tout. Quant à la mort du kakerlaque, elle n'est plus aussi bien prouvée maintenant que l'on connaît les façons d'agir d'un certain hyménoptère appelé *cerceris bupresticida,* qui possède un procédé d'embaumement, pour *les vivants,* bien supérieur à celui du célèbre Gannal pour les morts.

LAURE. Ah! quelle mauvaise plaisanterie!

ERNEST. M. Léon Dufour, auquel l'entomolo-

gie est redevable de tant de belles découvertes,
a suivi les travaux du *cerceris bupresticide* ; ce
surnom est mérité, comme tu vas voir. Le cerceris
est un des nombreux habitants des régions boisées
du midi de la France. Il creuse la terre, à près
d'un pied de profondeur, dans les terrains bat-
tus, tels que les allées des parcs, par exemple.
Cette première galerie verticale se courbe, à cette
profondeur, en un coude qui se termine par cinq
cellules séparées, et indépendantes les unes des
autres. La mère dépose, dans chaque cellule, un
œuf et trois buprestes, ration ordinaire de la
larve qui doit sortir de l'œuf; elle ferme ensuite
la cellule hermétiquement. Ce qui est très remarquable, c'est que les buprestes ainsi renfermés
avec l'œuf ne moisissent pas, ne se dessèchent
pas ; la souplesse des membres se conserve ; enfin
ils sont embaumés, pour ainsi dire, tout vivants.

Laure. Allons donc, Ernest ! *l'embaumement*
les a faits momies, bien certainement.

Ernest. J'en conviens ; mais remarque deux
choses, Laurette : la première, c'est la supériorité
de ce procédé sur celui de Gannal, puisque le
brillant bupreste ainsi *préparé* se conserve frais
et en bon état ; et la seconde, c'est que le cerceris
ne se trompe jamais sur *le genre* de buprestes
dont il a besoin pour fournir de la pâture à sa
postérité. Ainsi font, au reste, d'autres guêpes
ichneumones qui creusent dans le sable un nid
au fond duquel elles rassemblent, sur l'œuf

qu'elles viennent d'y déposer, un certain nombre, toujours le même, de chenilles de la même espèce; elles recouvrent le tout de sable, puis elles meurent en paix sur l'avenir de leur progéniture qui trouvera de quoi manger jusqu'à l'instant de la métamorphose; d'autres enfin, et celles-ci sont celles que tu désires connaître, donnent pour asile à leurs œufs la chenille vivante. Il faut aux vers qui en sortiront, comme à l'*ogre*, de la *chair fraîche*; ils grandissent avec la chenille, la quittent lorsque vient pour eux le temps de se filer un cocon, ou bien ils filent ce cocon sur l'un des côtés de la malheureuse bête, ou bien encore sous son ventre, et les ignorants prennent ces cocons pour le travail de la chenille, *bonne mère* qui a filé afin de mettre ses *chers petits* à l'abri des intempéries de l'air et qui les *couve avec amour*.

•Laure. Comment peut-on croire cela, puisqu'il faut que la chenille devienne papillon avant que de pondre des œufs?

Ernest. *Tout le monde* ne le sait pas; et ceux qui n'ont encore qu'un demi-savoir en fait d'histoire naturelle, préférant mettre leur imagination à la place de la vérité, que l'observation leur ferait reconnaître, composent des *romans*. Quiconque a *observé* seulement la transformation de la chenille en chrysalide, de la chrysalide en papillon, et suivi celui-ci dans la manière dont il dépose ses œufs, ne peut *croire* que la chenille *ponde*, et devine aisément que ses prétendus *enfants* appartiennent à un autre insecte soumis comme elle aux travaux et aux transformations d'une métamorphose plus ou moins complète.

Voici des chenilles du chou ; elles nous donneront, très probablement, dans quelques jours, le spectacle de l'irruption au dehors des ennemis renfermés en ce moment dans leurs entrailles...

LAURE. Prête-moi ta loupe, Ernest... Mais on ne voit rien...

ERNEST. Je te dis *qu'en ce moment* l'ennemi travaille à l'intérieur. Dans quelques jours, demain peut-être, tu croiras voir une patte membraneuse, puis une autre, puis vingt autres paraître une à une sur les côtés, sur le dos. En une demi-heure il en aura poussé quarante ou cinquante. Pendant que la malheureuse chenille est ainsi transpercée de toutes parts, elle demeure immobile ; on la croirait morte. Une fois délivrée de ses ennemis, elle se donnera quelques mouvements, et périra deux ou trois jours après.

LAURE. Pauvre bête ! et ces vilains petits monstres de vers, que deviendront-ils ?

ERNEST. Ils s'attacheront sur ses côtés ou à la feuille sur laquelle elle se trouvait ; et là, ils commenceront à se filer chacun un cocon, en les unissant tous si bien entre eux, qu'une fois la besogne faite, on dirait une masse compacte de petits œufs jaunes recouverts d'une étoffe soyeuse.

Laure. Mais, Ernest, comment ne meurt-elle pas, cette pauvre bête, pendant que ces vampires lui rongent les entrailles?

Ernest. L'accroissement de la chenille étant nécessaire à l'accroissement des vers de la mouche ichneumone, ceux-ci n'attaquent que le corps graisseux qui remplit tous les vides entre les parois du ventre, les trachées à soie, l'estomac, les intestins, en ménageant les organes nécessaires à l'existence de la chenille; mais, sans ce corps graisseux, le papillon n'a pas ce qu'il lui faut pour se développer dans la chrysalide. Une chenille ainsi *dévorée* peut parvenir à se transformer; seulement il ne sortira rien de sa chrysalide, car celle-ci ne renferme plus la matière propre au développement du papillon; ou bien, s'il en sort quelque chose, ce sera une grosse mouche ichneumone.

Laure. Une seule! un ver est donc alors resté dans la chenille?

Ernest. Plusieurs espèces de mouches ichneumones rendent les chenilles dépositaires de leur progéniture...

Laure. Le beau cadeau!

Ernest. Attends avant que de prononcer là-dessus! Chez certaines espèces, les larves qui sortent des œufs filent en société et forment, par leur réunion, un cocon *unique*, comme je viens de te le dire, ou du moins qui paraît tel, grâce à l'enveloppe cotonneuse et soyeuse dans laquelle tous les petits cocons se trouvent enfermés; et ce travail s'exécute avec une telle vitesse qu'en moins d'un quart d'heure tout est fait...

LAURE. Un quart d'heure!

ERNEST. Pas davantage. Chez d'autres, les larves filent chacune son cocon séparément; d'autres encore ne filent pas du tout et vont simplement s'attacher par le dos, à l'aide d'une liqueur gluante, sur la feuille qu'habite leur mère prétendue, et attendent ainsi l'époque de leur métamorphose; d'autres encore, pendant le temps passé dans leur cocon noir et blanc, se procurent les plaisirs de l'*escarpolette;* d'autres ne filent point de cocons, mais s'enveloppent de longues soies qui changent une chenille rase en une chenille velue, et tellement velue qu'il est impossible de la reconnaître à la forme et à la couleur; d'autres enfin se contentent, pour toute enveloppe, du corps même de la chenille ou de la chrysalide; là, ces larves se transforment en nymphes et sortent en mouches ailées. Les larves de ce dernier genre sont fort petites et en si grand nombre, et tellement *empilées* dans le corps de la chenille, qu'on ne conçoit pas comment elles y peuvent tenir. Voilà pour les larves ichneumones qui vivent en quelque sorte en *société* dans la chenille, comme au dehors; mais il y a des vers *solitaires...*

LAURE. Est-il possible!...

ERNEST. Pour lesquels une chenille tout entière n'est pas trop. Parfois la malheureuse nourrit *deux* de ces gloutons, soit qu'ils lui aient été *confiés* par la même mère, soit que deux mouches ichneumones l'aient choisie pour nourrice à leur progéniture. Les chenilles à oreilles du chêne, de l'orme, et diverses autres espèces de chenilles, à ce que m'a dit M. Blanville, renferment souvent un de ces vers qui arrive presque toujours à son entier accroissement avant que la chenille ait pris le sien; alors il lui perce le ventre pour sortir et file un tissu lâche, dont une partie est attachée à la chenille, l'autre sur la feuille; et, dans cette première enveloppe, il forme son cocon dont l'intérieur est d'un tissu serré. La chenille est donc posée sur cette coque et semble la couver; mais le fait est que sa tranquillité n'est que faiblesse.

LAURE. Et elle ne tarde pas à mourir, la pauvre bête, n'est-ce pas, Ernest?

ERNEST. Les unes luttent encore, sans bouger, contre la mort pendant deux ou trois jours; les autres parviennent à s'éloigner un peu, pour aller périr à quelque distance.

LAURE. Les monstres de vers!

ERNEST. Un autre ver *solitaire* des chenilles devient tellement gros, qu'on a de la peine à concevoir comment il a pu demeurer dans le corps d'une chenille encore plus petite que lui à l'époque où il en sort. Pour celui-là, il n'est d'autre travail à faire, pour devenir nymphe, que de se dégager de la peau sans quitter le corps de la chenille.

Laure. Ah! mon Dieu! et comment fait-il donc?

Ernest. Il se sépare de sa peau, ou sa peau se sépare de lui; cette peau prend alors la forme, la consistance d'une coquille d'œuf, et devient l'enveloppe protectrice du ver transformé en nymphe.

Laure. En vérité, les contes de fées ne sont pas la moitié aussi merveilleux que ce que tu me racontes, Ernest!

Ernest. Et la plupart n'ont pas d'autres fondements qu'une connaissance plus ou moins approfondie des phénomènes offerts par le règne animal, ou végétal, ou minéral.

Laure. Mais, Ernest, comment les mouches ichneumones font-elles pour placer leurs œufs si avant dans le corps des pauvres chenilles?

Ernest. Les mouches ichneumones femelles sont toutes munies d'une tarière de la plus admirable structure; car cette tarière qui, chez quelques unes, est aussi fine qu'un cheveu, se compose de trois pièces : de la tarière proprement dite avec laquelle elles percent les corps les plus durs et qui renferme le conduit par où l'œuf descend dans l'ouverture que la tarière vient de faire, et de deux pièces creuses qui lui servent d'étui. La mouche ichneumone, ennemie des chenilles, fait pénétrer sa tarière dans leur corps à la jointure des anneaux, glisse un œuf dans cette ouverture, et va recommencer un peu plus loin le même manége qu'elle répète jusqu'à quatre-vingts fois...

LAURE. Quatre-vingts fois!

ERNEST. On doit le croire, puisqu'on a compté jusqu'à quatre-vingts vers sortant du corps d'une seule chenille. La mouche qui n'en dépose qu'un ou deux est beaucoup plus grosse, et il est des espèces qui dédaignent la chenille pour s'attacher à la chrysalide; c'est alors que l'amateur de papillons voit sortir une mouche ichneumone de cette enveloppe qu'il croyait bien fermement renfermer un lépidoptère. Le ver a vécu de la substance destinée au développement de l'insecte, il s'est filé un cocon à l'abri de cette enveloppe, et, quand il est devenu mouche, il sort triomphant de sa double maison. Une autre espèce de mouches ichneumones fait bien pire encore ou mieux, comme tu voudras; elle place ses œufs dans les œufs mêmes du papillon.

LAURE. Est-il possible! En es-tu sûr, Ernest?

ERNEST. Des yeux plus exercés que les miens à *voir* ont *vu* ce que je te dis là; ils ont *vu* aussi les mouches ichneumones glisser leur postérité dans les nids si solides des abeilles maçonnes; tu sais déjà, il me semble, que les galles les plus dures ne sont pas à l'abri de ces hardis parasites dont l'industrie et l'adresse nous sont, du reste, utiles. Dans les années où les chenilles abondent, les mouches, et par conséquent les vers des ichneumones, abondent également; ainsi le remède se trouve à côté du mal, et il est d'autant plus puissant, tu le vois, que l'ichneumone attaque la chenille à l'état de larve, de nymphe et dans sa postérité.

LAURE. Tu as bien fait de me dire cela; j'allais me révolter, m'indigner contre ces vilaines bêtes.

ERNEST. Emporte ces chenilles du chou. Tu peux être certaine que cette espèce-là, plus que toute autre encore, te procurera la *vue* de la sortie des vers d'ichneumones. Les mouches de ce genre *travaillent* bien autrement que l'ichneumon quadrupède auquel les anciens Égyptiens avaient décerné les honneurs divins parce qu'ils le regardaient comme le destructeur né des œufs du crocodile.

LAURE. Est-ce qu'il va pondre aussi dans les œufs de crocodiles?

— Il se contente de les casser et de les manger, répondit Ernest en riant; mais il ne va pas les chercher dans le corps même du crocodile, ainsi que le prétendent ses adorateurs; il est seulement très habile à les découvrir, et il les casse fort adroitement en les jetant en l'air ou en les roulant sur la terre de cent manières différentes. Le *divin* mangeur d'œufs de crocodiles, étant tout aussi friand des œufs de poule et d'oiseaux, n'a jamais mérité les honneurs que l'antique Égypte s'est long-temps obstinée à lui rendre... Maintenant, Laurette, il faut t'en aller.

Laure. Oh! pas encore! j'ai tant de questions à te faire! Une surtout, à laquelle je te prie en grace de répondre, mon bon petit frère, avant que je m'en aille! Comment fait-il donc, ce ver dont tu m'as parlé tout à l'heure, pour se donner ce que tu appelles les plaisirs de l'escarpolette?

Ernest. Ah! le ver sauteur! On le trouve particulièrement suspendu à quelque menue branche ou à quelque feuille du chêne, parce que la mouche ichneumone qui le produit recherche de préférence les chenilles processionnaires.

Laure. Mais s'il est suspendu à un fil, comment peut-il sauter et être en même temps dans le corps de la chenille?

Ernest. C'est après être sorti du corps de la chenille qu'il se file un cocon moitié noir, moitié blanc, et qu'il se suspend ainsi. Le vent le balance. Si le cocon est porté sur une feuille voisine, le ver saute, et le cocon se trouve de nouveau suspendu...

Laure. Mais, Ernest, comment le ver peut-il sauter, étant enfermé dans son cocon? Il n'y est donc pas à l'étroit, comme le fourmi-lion dans le sien?

Ernest. Je t'assure qu'il saute tant et si bien, que rien n'est amusant comme de lui faire faire des cabrioles en le posant sur la main.

Laure. Nous irons en chercher ce soir, veux-tu?

Ernest. Je le veux bien.

LAURE. Et tu me diras comment il fait?

ERNEST. Je te le dirai dès à présent, puisque tu le désires tant. Ce petit ver est logé dans son cocon plus à l'aise que le fourmi-lion dans le sien. Veut-il sauter, il se courbe, et tout à coup, faisant prendre à son corps une courbure contraire, il produit l'effet d'un ressort qui se détend, et les deux coups donnés à la fois par la tête et par la queue communiquent au cocon une commotion qui le lance à une distance de huit à dix lignes de l'endroit où il se trouvait l'instant d'auparavant.

LAURE. Mais pourquoi saute-t-il comme cela, mon frère?

ERNEST. Puisqu'il se suspend par un fil, c'est qu'apparemment il *a besoin* d'être suspendu; du moment que le vent le porte sur une feuille voisine, il perd cette position; le moyen de la reprendre, enfermé comme il l'est, s'il ne pouvait pas sauter dans sa demeure, et, en sautant, la faire changer de place?

LAURE. Mais comment a-t-on pu s'assurer qu'il fait ainsi, mon frère?

ERNEST. Quoique la coque soit épaisse, elle est assez transparente cependant pour permettre de *voir* le ver se préparer à sauter, surtout quand on se trouve dans un lieu où le soleil donne. Il paraît que cet exercice plaît aux vers sauteurs, car ils le répètent fréquemment et sans qu'aucune cause, apparente du moins, les y oblige;

voilà pourquoi je te disais qu'ils jouissent des plaisirs de l'escarpolette; en sautant ainsi, ils suppléent aux mouvements que le vent cesse de leur imprimer quand il ne souffle plus.... Va-t'en, Laurette, va-t'en, je t'en prie !

LAURE. Encore une petite question, mon frère : pourquoi leur cocon est-il noir et blanc ?

ERNEST. Cette *petite* question , ma sœur, en *soulève de très graves*, style parlementaire ; j'y répondrai un autre jour.

LAURE. Et les processionnaires, Ernest ?

ERNEST. Nous irons les voir faire leurs évolutions dès demain, si tu veux ; mais pour aujourd'hui j'ai des notes à extraire d'un volume que M. Blanville m'a prêté, et que je ne peux garder longtemps. Prends ces chenilles du chou. Les voilà dans un poudrier ; surveille-les, et tu me diras ce que tu auras vu d'ici à quelques jours.

LAURE. Mais, Ernest, je vois d'autres chenilles que celles du chou...

ERNEST. Je t'en supplie, va-t'en ! Il y a des annulaires, des chenilles communes. Tout cela est livré aux bêtes... Maintenant, adieu ! je ne réponds plus un mot.

Laure emporta le poudrier que lui avait donné son frère. A peine arrivée dans sa chambre, elle mit des gants, et, bien délicatement, elle sépara les chenilles de différentes espèces, leur donna à manger, et finit, après les avoir regardées encore bien long-temps, par se décider à suivre l'exemple de son frère, c'est-à-dire à se mettre au travail.

DIX-HUITIÈME LEÇON.

TRAVAUX DES CHENILLES ET DES CHRYSALIDES POUR SE DÉFAIRE DE LEURS DÉPOUILLES.

Comment ! tu n'es pas encore prêt ! s'écria Laure en arrivant le jour suivant, dès six heures du matin, chez son frère.

— Et toi, tu es prête ! quel prodige ! répondit Ernest. Pour être déjà habillée, il faut que tu te sois levée à deux heures du matin.

Laure. Allons, Ernest, ne commence point la journée par de mauvaises plaisanteries. Tu sais bien que je n'emploie jamais *quatre heures* pour ma toilette.

ERNEST. Pourrais-je savoir ce qui me procure *l'honneur* d'une visite si matinale?

LAURE. Mais n'allons-nous pas aujourd'hui à la forêt chercher des vers sauteurs et des chenilles processionnaires?

ERNEST. Je te demande pardon, je l'avais oublié.

LAURE. Mais non pas moi; vois, j'ai une poche en toile pour *faucher* dans l'herbe et dans les fleurs...

ERNEST. Et la *boîte à la malice*, comme dit Jean Louis, où est-elle?

LAURE. J'ai compté que tu donneras place dans la tienne à *mes* chenilles. L'année prochaine, je ne serai plus obligée de *vivre d'emprunt ;* j'aurai à moi tout *le bagage* d'un naturaliste: boîtes à insectes, loupe, microscope, poudriers, longues épingles...

ERNEST. Et alors aussi tu deviendras *exécuteur des hautes œuvres*, puis anatomiste...

LAURE. Oh! quant à cela, non, certainement!... Eh bien! es-tu prêt enfin? Dépêchons-nous, je t'en prie! J'ai promis à maman de lui rapporter des cocons de vers sauteurs et des chenilles de toutes les sortes pour le déjeuner.

ERNEST. Un beau régal! c'est traiter maman à l'égal des insectivores.

LAURE. Oh! que tu es pointilleux ! j'ai voulu

dire seulement que nous serions de retour, chargés de *trésors*, pour l'heure du déjeuner.

Ernest. À la bonne heure! une jeune fille ne doit pas se permettre de parler étourdiment, sous peine de donner prise à la raillerie. Partons.

Il y avait loin, en effet, du château à la forêt; mais quoique Laure ne fût pas très bonne marcheuse, elle ne s'effrayait point de la longueur de la route, parce qu'elle comptait sur les *histoires* que son frère lui raconterait bien certainement pour abréger le chemin. Afin de le disposer à satisfaire sa curiosité, elle lui dit, ce qui au reste était la vérité, que l'étude de l'histoire naturelle avait pour elle chaque jour plus d'attraits.

— J'en suis charmé, répondit Ernest, parce que tu voudras *apprendre* sérieusement ce que jusqu'ici tu n'as fait qu'*effleurer*.

— Qu'effleurer! répéta Laure avec une petite moue boudeuse; mais il me semble que nous avons *traité à fond* tout ce qui touche les polypes, les myrméléons, les libellules, les petits lions, et les chenilles donc! Depuis le temps que nous nous en occupons, il ne doit plus y avoir grand chose à en dire!

Ernest. Comment l'entends-tu?

Laure. Comment je l'entends?

Ernest. Mais oui.

Laure. Comment l'entends-tu toi-même, mon frère? car je ne te comprends pas.

ERNEST. Que sais-tu de *positif* sur les chenilles ?

LAURE. Que ce sont des larves de papillons qui vivent de feuillages, changent de peau trois ou quatre fois, se transforment en chrysalides, et que de la chrysalide sort l'insecte parfait.

ERNEST. Mais tu ne t'es pas inquiétée de ce qu'il leur en coûte de travaux pour changer de peau et pour devenir chrysalides?

LAURE. Je les ai vues faire.

ERNEST. Tu les as vues se transformer en chrysalides ?

LAURE. Ah! à propos, mais non, et tu ne m'as jamais dit de quelle manière elles s'y prennent; justement je voulais te le demander.

ERNEST. Il y a encore une chose que tu me demanderas *lorsque tu y penseras;* c'est d'où provient cette belle couleur d'or dont la plupart sont revêtues et qui leur a valu le nom de *chrysalides,* de *chrusos* qui signifie *or* en grec, et que les latins ont traduit par le mot *aurélia.*

LAURE. Je te le demande tout de suite, mon petit frère, *pendant que j'y pense;* oh! je t'assure que j'y ai *pensé* plus d'une fois...

ERNEST. Une autre chose encore que tu me demanderas, c'est comment il se fait qu'on trouve rarement des vieilles peaux de chenilles; ce qui est assez surprenant, puisque toutes en changent trois ou quatre fois.

LAURE. Mais tu m'as dis qu'elles les mangent!

Ernest. Je t'ai dit que chez quelques espèces seulement a lieu cet étrange repas; mais si quelques espèces le peuvent faire, il n'est pas plus possible à la chrysalide de manger sa vieille peau que du feuillage, et cependant on ne trouve *jamais*, pour ainsi dire, cette dépouille auprès de la chrysalide nue.

Laure. Et celles qui se renferment dans des cocons?

Ernest. Pour celles-là on ignore ce que devient leur dernière peau; mais pour les chrysalides qui se suspendent par la queue, rien de plus curieux que les travaux qu'elles exécutent afin de s'en débarrasser complètement.

Laure. Oh! raconte-moi cela, mon petit Ernest!

Ernest. Je le veux bien; mais dis-moi auparavant ce que tu as *vu* de tes propres yeux dans le changement de peau des chenilles?

Laure. J'ai vu mes chenilles, les unes s'attacher quelque part, seulement par leurs pattes, et la peau se fendre à l'anneau le plus près de la tête, comme se fend la peau des nymphes des libellules; de même aussi elles tirent d'abord leur tête, mais après s'être donné bien du mouvement... J'en ai vu d'autres filer une toile; j'ai cru d'abord qu'elles commençaient leur cocon, mais non; c'était seulement pour s'accrocher bien solidement par les pattes, et, après s'être tirées de leur peau, elles l'ont laissée là sans s'en embarrasser.

ERNEST. Ainsi donc, *toutes* ne la mangent pas. Les chenilles que tu as si bien observées étaient des chenilles *solitaires;* si tu en avais vu de celles qui vivent *en société,* tu aurais remarqué qu'elles cherchent leur nid pour aller y changer de *parure* tout à loisir; et ce sont justement ces dépouilles de chenilles velues qui rendent si dangereuse, pour les amateurs, l'ouverture des nids des processionnaires, par exemple, dans lesquels se trouvent réunies les dépouilles de plusieurs générations.

LAURE. Mais, Ernest, ne m'as-tu pas dit qu'il y a des chenilles rases qui deviennent velues à mesure des changements de peau, et des chenilles velues qui deviennent rases?

ERNEST. Oui, sans doute; mais les chenilles qui appartiennent positivement à l'espèce épineuse et à l'espèce velue, telles que les chenilles épineuses et les hérissonnes de l'ortie, conservent toute leur vie ce principal caractère. Puisque tu observes si bien, je t'engage à examiner, avec le secours de la loupe, à la première occasion, la dépouille d'une chenille; tu verras qu'à cette dépouille demeurent attachés les parties solides qui enveloppent la tête, les dents même, les fourreaux des jambes écailleuses et des jambes membraneuses, et jusqu'aux ongles qui entourent, comme une couronne, ce qu'on peut appeler la plante du pied.

LAURE. C'est comme chez les libellules, *loi gé-*

nérale, ainsi que tu le dis toujours. Alors, Ernest, les poils ou les épines dont elles sont toutes couvertes servent aussi d'*étuis* aux épines et aux poils qu'elles auront par la suite?

ERNEST. Non; épines ou poils se trouvent couchés probablement entre les deux peaux, celle qui va se détacher et celle qui va paraître.

LAURE. Mais alors, mon frère, la peau de la chenille ne tient donc pas à sa *chair* comme notre peau tient à notre *chair* à nous ?

ERNEST. Elle y tient tout aussi bien que la nôtre. Fais attention à une chose; c'est que nous, aussi, nous changeons de peau, mais partiellement, tandis que la chenille en change instantanément; là est toute la différence. Ce changement s'opère par parties, mais d'une manière assez sensible chez l'enfant au maillot. Sous cette première peau s'en forme une autre que tu trouverais absolument semblable à la première, si tu les examinais au microscope; cette première ne se détache que lorsque la seconde est formée; voilà tout le mystère. Qu'elle soit rase ou velue, peu importe, tu dois le comprendre.

LAURE. Oui, c'est vrai; et plus on pense à tout cela, plus on admire ce travail qui se fait sans qu'on s'en mêle.

ERNEST. Ce qui cause l'altération des vives couleurs chez la chenille qui va changer de *robe,* c'est le desséchement de celle qu'elle doit quitter; desséchement qui s'opère, pour ainsi dire, de lui-même , du moment que se rompent toutes les *relations* établies pour apporter, du dedans, les sucs nourriciers nécessaires à son entretien.

— Oui , oui, je comprends! s'écria Laure enchantée de *deviner* quelques-uns des secrets de la nature. Mais, Ernest, ajouta-t-elle aussitôt, l'enveloppe de la chrysalide ne ressemble pas du tout à la peau de la chenille; c'est comme de la corne ; il ne s'y trouve ni poils ni épines; elle est lisse et brillante...

ERNEST. Quelques chrysalides nues sont *épineuses*.

LAURE. Je n'en ai pas encore vu de cette sorte...

ERNEST. Je ne sais si tu auras fait une autre remarque ; c'est qu'on ne trouve que l'éclat des pierres précieuses et non le brillant de l'or sur les chenilles; tandis qu'il y a des chrysalides qu'on croirait être toutes composées d'or bruni : telles sont les chrysalides des chenilles épineuses qui donnent les papillons appelés petites tortues.

LAURE. Où les trouve-t-on, Ernest?

ERNEST. Sur l'ortie.

LAURE. J'en voudrais bien voir, c'est-à-dire des chrysalides !

ERNEST. Nous en chercherons. Une chose m'étonne, Laurette, c'est que tu ne *t'étonnes* pas de la forme des chrysalides, surtout de celles des nocturnes qui présentent la charge d'un enfant au maillot et sans tête, comme maman l'a fort bien remarqué, ou, mieux encore peut-être, d'une momie. Rien ne ressemble moins à la chenille que sa chrysalide.

Laure. Tu m'y fais songer! Mais, Ernest, c'est comme pour le myrméléon ; rien ne ressemble moins à la larve que la nymphe que tu m'as montrée à côté, et qui était renfermée dans son cocon.

Ernest. Cette nymphe, tu t'en souviens, est enveloppée comme d'un *suaire*.

Laure. Oui, oui, je m'en souviens très-bien, et de la figure qui la représente sortant du cocon.

Ernest. Eh bien! ce suaire, c'est, chez la chenille, l'enveloppe brillante qui couvre le papillon au moment où la chenille se débarrasse de sa dernière peau.

Laure. Comment! le papillon était donc déjà tout formé dans la chenille ?

Ernest. Sans nul doute. Si tu ouvres une chrysalide au moment où elle est encore molle, parce que la liqueur visqueuse dont est formée cette enveloppe n'a pas eu le temps de se durcir à l'air, tu trouveras, dans la partie antérieure, ou, si tu le préfères, *le gros bout,* la tête armée de ses palpes, de ses antennes, de sa trompe (quand le papillon en a une *visible*), les yeux à réseau, les pattes attachées au corselet, et enfin les ailes; le tout replié *proprement* et convenablement, de manière à tenir dans l'étroit fourreau.

LAURE. Ainsi le papillon était dans la chenille, tout formé, tout prêt à naître?

ERNEST. Tout formé sans doute, mais non pas tout prêt à naître, puisqu'il ne sort de la chrysalide, sa dernière enveloppe, qu'au bout de quinze jours, d'un mois, d'un an et plus.

LAURE. Quelles merveilles!... Ernest, c'est sans doute le brillant, l'or et l'argent de ses ailes qu'on voit à travers l'enveloppe qui est transparente? je le devine maintenant!

ERNEST. Les chrysalides les mieux dorées ne sont pas celles qui donnent les plus beaux papillons.

LAURE. Ah!... D'où vient donc cette dorure, alors?

ERNEST. Je te l'expliquerai quand nous aurons appris comment la chrysalide nue s'y prend pour se débarrasser de sa dernière peau de chenille, et si complètement qu'il n'en reste pas auprès d'elle le moindre vestige.

LAURE. Oh! voyons!

ERNEST. Nous prendrons pour exemple les chenilles qui se suspendent par la queue, *vulgairement* parlant, car c'est en effet par leurs deux dernières jambes...

LAURE. Ce sont celles qui donnent les papillons tétrapodes, marchant sur quatre pattes et ayant les deux autres croisées sur la poitrine en guise de palatine; n'est-il pas vrai, mon frère?

ERNEST. C'est cela même. Quant aux chenilles

des hexapodes qui se ceignent par le milieu du corps, nous nous trouverons amenés à *deviner* de quelle façon elles doivent s'y prendre pour se défaire de leur dépouille. Écoute-moi avec attention, je te prie.

La chenille de papillon diurne, qui se dispose à se transformer en chrysalide, choisit d'ordinaire ou une menue branche d'arbre, ou une feuille épaisse et isolée de toutes les autres, afin de pouvoir exécuter, sans entraves et avec sûreté, les exercices *gymnastiques* auxquels elle va être obligée.

LAURE. Mais comment le sait-elle, mon frère?

ERNEST. Comme le fourmi-lion sait qu'il a besoin d'être bien enveloppé de sable pour *tisser* le cocon dans lequel il doit devenir demoiselle.

La place une fois choisie, la chenille commence à former, avec des fils lâches, un petit monticule de soie; elle les croise dans tous les sens. Ceci fait, elle s'y accroche solidement par les crochets ou les ongles, si tu veux, de sa dernière paire de pattes, et se laisse tomber la tête en bas.

Après être restée quelquefois fort long-temps immobile, elle commence à donner des signes de cette agitation que manifestent les chenilles à chaque changement de peau. Cette agitation est occasionnée par les efforts qu'il lui faut faire pour gonfler et rétrécir tour à tour ses anneaux, afin de détacher sa vieille peau et de l'obliger de

se fendre auprès de la tête; travail qui dure parfois vingt-quatre heures.

Laure. Vingt-quatre heures!

Ernest. Et souvent quarante-huit heures. La
tête, comme de coutume, sort la première; mais
ce n'est plus une tête, cette fois, c'est le gros bout
du *maillot,* quelquefois contourné de la manière
la plus bizarre, et qui renferme plus de la moitié
du corps du papillon. Si la chrysalide avait des
mains, ou seulement des pattes écailleuses ou
membraneuses, rien ne lui serait plus facile que
de pousser la vieille peau vers la queue, comme
nous poussons vers le pied un bas que nous vou-
lons dépouiller; mais elle ne possède rien de tout
cela, et pourtant il faut qu'elle vienne à bout de
se débarrasser d'une chose tout-à-fait inutile.

Laure. Oh! mon petit Ernest, dis-moi vite
comment elle s'y prend, cette pauvre bête!

Ernest. Par les mouvements qu'elle imprime
à ses anneaux, elle oblige sa vieille peau à remonter, en se plissant, vers la queue. La chenille
dont la chrysalide est anguleuse trouve, dans
cette forme, un secours qui manque aux autres;
ces angles saillants soutiennent la vieille peau,
tu le conçois, et l'empêchent de retomber dans
l'intervalle d'un effort à l'autre; la chrysalide de
la chenille rase du chou, bien moins anguleuse,
a aussi beaucoup plus de peine; la vieille peau
retombe sans cesse, et pourtant elle vient à bout
d'accomplir cette tâche difficile.

Voilà enfin la vieille peau arrivée tout en haut, c'est-à-dire tout auprès de l'endroit où les crochets de la dernière paire de pattes implantés dans le petit monticule de soie soutenaient hier la chenille, et soutiennent aujourd'hui la chrysalide. Tu sais que le dépouillement doit être complet ; qu'il faut abandonner les fourreaux des pattes et les ongles comme tout le reste ; mais comment s'y prendra la chrysalide, suspendue par ces ongles mêmes, pour dégager sa queue ; et sa queue une fois retirée du fourreau, comment l'accrochera-t-elle à côté de sa dépouille ; enfin, comment se débarrassera-t-elle de celle-ci ?

LAURE. Dis donc vite, Ernest, puisque tu le sais !

ERNEST. Je t'ai déjà dit qu'au moment où la chrysalide sort de sa peau de chenille, elle est molle, flexible, et par conséquent elle peut se donner des mouvements qui lui deviendront impossibles plus tard. Elle se courbe de manière à rapprocher l'un de l'autre les deux avant-derniers anneaux de sa queue et saisit entre eux, comme avec une pince, sa vieille peau ; forte de ce point d'appui, elle se courbe encore et parvient à tirer du fourreau le reste de son corps.

LAURE. Quelle invention et quelle adresse !

ERNEST. Ceci n'est que le quart du travail qui lui reste à faire, et qui ne demande pas moins d'adresse. Tenant fortement sa vieille peau pincée entre les deux avant-derniers anneaux, elle s'allonge un peu, saisit avec deux autres anneaux une partie plus élevée de sa dépouille, fait lâcher prise aux premiers, et se trouve montée d'une ligne. Ce manége se renouvelle jusqu'à ce que la chrysalide soit arrivée assez haut pour *sonder le terrain,* c'est-à-dire pour reconnaître, en tâtonnant avec sa queue, si elle est parvenue au petit monticule de soie auquel sa dépouille est demeurée solidement attachée par les crochets des jambes inférieures.

LAURE. Ainsi sa vieille peau lui a servi d'échelle pour arriver là!

ERNEST. Justement. Et remarque que cet exercice *gymnastique,* qui exige autant de précision que de force musculaire et d'adresse, est fait pour la *première fois* par un animal qui avait jusqu'alors possédé six jambes écailleuses et de deux à dix jambes membraneuses; rien n'était alors plus facile et plus simple, avec ces seize pieds, que de grimper et de marcher le long des branches ou des feuilles des arbres et des plantes.

L'extrémité de la queue de la chrysalide est munie de crochets; la chrysalide s'en sert pour saisir les soies croisées et bouclées d'avance qui doivent lui servir à se suspendre jusqu'au jour de la complète métamorphose, et la voilà enfin solidement attachée à son tour, la tête en bas.

LAURE. Ah! j'en suis bien aise, car j'ai plus d'une fois tremblé pour elle pendant qu'elle grimpait ainsi *à l'échelle.*

ERNEST. On ignore complètement *les motifs* qui font qu'elle ne veut pas souffrir auprès d'elle sa vieille peau; le fait est qu'elle ne le veut pas. Mais s'en débarrasser n'est pas chose facile, car celle-ci tient bon.

La chrysalide se courbe de nouveau, de façon à pouvoir presque saisir dans la courbe que forme sa queue cette dépouille qui lui déplaît, et, se donnant une secousse, la voilà tournoyant tout autour, l'attaquant à coups redoublés, sans cesser, par l'effet de la secousse, de pirouetter une vingtaine de fois sur elle-même.

LAURE. Oh! ce doit être amusant de la voir se démener ainsi!

ERNEST. Ce n'est guère qu'à la seconde attaque du même genre que les crochets, qui retiennent la vieille peau suspendue aux fils de soie, finissent par céder, non sans qu'un grand nombre de fils se rompent; mais peu importe à la chrysalide, il lui en restera toujours assez pour être solidement soutenue. Quelquefois cependant, après s'être épuisée en efforts réitérés et inutiles, elle renonce à mener à bien son entreprise; mais ce cas est fort rare, puisque, je te le répète, on ne trouve, pour ainsi dire, jamais la dépouille de la chenille *auprès* de la chrysalide nue.

LAURE. Pauvre bête! que de travaux! quelle persévérance! et quel admirable instinct pour trouver juste ce qu'il faut faire!

ERNEST. *L'instinct,* ma sœur, si admirable en

effet, n'est pas autre chose que ce que nous appelons *génie* chez l'homme.

Laure. Ah! par exemple!

Ernest. Si tu te donnes la peine de réfléchir, tu reconnaîtras que le poète trouve d'*instinct* une langue qu'il n'a point *apprise,* des images qu'il n'a point vues, des sentiments qu'il n'a point éprouvés; de même l'artiste trouve d'*instinct* les secrets de son art; de même l'homme sans instruction découvre d'*instinct* les mathématiques.. ou les combinaisons les plus extraordinaires de la mécanique...

Laure. Tout cela, c'est du génie, mon frère!

Ernest. Tout cela est un don du Créateur! Tout cela est indépendant de la volonté de l'être organisé! Loin donc de s'enorgueillir, il faut s'élever par la pensée vers l'auteur de tout, et reconnaître, proclamer, devant les miracles de l'instinct ou du génie, que c'est sa toute-puissance qui anime ainsi la matière, par elle-même inerte et impuissante!

DIX-NEUVIÈME LEÇON.

———

DORURE DES CHRYSALIDES.—CHENILLES PROCESSIONNAIRES
DU PIN.

Est-ce par le secours de leur *instinct* ou de leur *génie* (voir les synonymes de l'abbé Girard), dit Laure en riant, que les chrysalides parviennent à prendre les apparences d'un petit lingot d'or bruni?

—Pour la raillerie, répondit Ernest d'un ton sérieux, il ne faut ni instinct ni génie; mais elle suffit seule à étouffer ou à paralyser l'un et

l'autre : tâche de t'en souvenir toujours, ma sœur!
Je ne saurais te dire ce que tout le monde ignore,
si les *travaux* des chrysalides sont pour quelque chose dans la magnificence avec laquelle quelques-unes se trouvent parées ; mais c'est au moins
fort douteux. Au moment où elles viennent de
quitter leur dernière peau de chenille, les chrysalides nues sont en général d'un gris verdâtre ;
à mesure que leur enveloppe se raffermit, elle
prend des nuances d'un jaune de plus en plus
foncé, de plus en plus éclatant, et enfin, au bout
de douze heures au moins, de vingt-quatre au
plus, les chrysalides se trouvent revêtues de la
plus riche parure... Tout disparaît dès que le
papillon a quitté cette magnifique enveloppe.

LAURE. Alors, Ernest, c'est décidément le
corps du papillon qui lui donne cet éclat.

ERNEST. Je te répète que des chrysalides les
mieux dorées sortent les papillons aux couleurs
les plus ternes. Tu es trop étourdie pour avoir
fait attention à ce qui a été dit il y a quelque
temps, à la maison, sur les procédés employés
pour dorer le fer-blanc au moyen d'un vernis.

LAURE. Étourdie ou non, Monsieur, je ne m'en
souviens pas ; voilà tout.

ERNEST. Le procédé est fort simple. Ce vernis,
très transparent, est de couleur brune ; étendu
sur une surface blanche et brillante, il lui donne
à l'instant l'aspect de l'or.

LAURE. Ah ! je devine ! La peau de la chrysalide est brune, elle est transparente...

ERNEST. Courage! Eh bien! après?

LAURE. Après, après!... Ah! m'y voilà! je suis sûre que le papillon est enveloppé par dessous d'un autre suaire tout blanc comme celui qui couvre le myrméléon transformé en nymphe!

ERNEST. Ce serait probable si les chrysalides étaient également dorées partout.

LAURE. Que c'est ennuyeux! on croit deviner et l'on ne devine pas!

ERNEST. Il ne s'agit pas ici de *deviner*, mais d'arriver, par des rapprochements entre ce qu'on a pu apprendre et ce qu'on observe, à la connaissance de la vérité. C'est ce qu'a toujours fait Réaumur, cet immortel observateur des insectes. Voyons, je vais te mettre sur la voie. Je comprends que tu aies pu oublier ce qui a été dit au sujet du vernis qui sert à la dorure des objets étamés, ce sujet n'étant pas, en quelque sorte, *de ta compétence;* mais tu n'as pas oublié ce qui a été raconté devant toi de la fabrication des fausses perles au moyen de l'*essence d'Orient?*

LAURE. Je ne m'en souviens qu'à peu près, il faut que je le dise, mon frère, parce que je n'ai pas très bien compris le procédé dont parlait M. de Lahaie.

ERNEST. M. de Lahaie a cependant raconté fort clairement l'usage qu'on fait de l'espèce de blanc bleuâtre et très brillant que donne le petit poisson nommé ablette. Après avoir enlevé les écailles avec un couteau peu tranchant, et avoir lavé celles-ci avec soin, on recueille, au fond du vase, ce blanc bleuâtre appelé *essence d'Orient.* Une goutte de l'essence d'Orient, qu'on entretient à l'état liquide dans une dissolution de colle de poisson clarifiée, est introduite dans une bulle de verre destinée à figurer une perle; on sèche promptement au moyen de la chaleur, puis on remplit la bulle avec de la cire fondue qui maintient l'essence d'Orient contre les parois, et la fausse perle est faite.

Laure. Ah! cette fois je comprends.

Ernest. Et tu en restes là?

Laure. Non, non! c'est de l'essence d'Orient qui entoure le papillon renfermé dans sa chrysalide, et, comme l'enveloppe transparente est brune au lieu d'être blanche, cela fait le même effet que du vernis brun étendu sur du fer-blanc, n'est-ce pas?

Ernest. On est fondé à le supposer.

Laure. Mais en ce cas la chrysalide devrait être tout entière comme un petit lingot d'or?

Ernest. Je te rappelle d'abord qu'il faudrait que cette matière argentée fût répandue également partout, ce qui n'existe probablement pas, et ensuite il faudrait que la peau de la chrysalide eût, dans toutes ses parties, une égale épaisseur, ce qui n'existe pas non plus. L'une de ces deux conditions n'existant pas, il s'ensuit que, même dans l'espèce de celles qui offrent le plus complètement l'aspect de l'or bruni, toutes ne présentent pas le même éclat. Il suffit, pour altérer cet éclat, ou que le blanc argenté manque par places, ou que la peau de la chrysalide soit plus épaisse, ou enfin que cette peau soit plus brune dans tel endroit que dans tel autre.

LAURE. Oui, cela se comprend.

ERNEST. C'est en général sur le corselet que la peau de la chrysalide est plus mince qu'ailleurs, et c'est là aussi que tu trouveras souvent deux ou trois petites plaques d'or pur à des chrysalides qui ne présentent d'ailleurs aucune dorure. Remarque en passant, à ce sujet, que l'homme *n'invente* pour ainsi dire rien, et que les procédés les plus curieux et les plus beaux se bornent à imiter, avec beaucoup de peine, les ouvrages de la main toute-puissante qui sema les mondes lumineux dans l'espace, et, sur la terre, les insectes à foison.

Tout en causant, on était arrivé à la forêt, on en cotoyait la lisière, et Ernest quittait souvent sa sœur pour attirer à lui quelque branche d'arbre, de chêne surtout, qu'il examinait curieusement ; il s'emparait des feuilles roulées, des feuilles réunies en paquet par quelques fils de soie, et Laure de son côté cherchait des cocons de vers sauteurs !

Soudain elle dit à son frère: Mais aide-moi donc, Ernest, à trouver des chenilles processionnaires !

— A moins que de les prendre au nid, répondit Ernest, nous n'en découvrirons pas à présent...

— Pourquoi donc pas ? s'écria Laure toute déconcertée.

ERNEST. Parce que celles du chêne ne se mettent en voyage que le soir, et parce que celles du pin, en supposant que nous trouvassions ici des pins, sont beaucoup plus matinales que Laurette ne pourrait jamais l'être.

LAURE. Pourquoi ne m'as-tu pas dit cela tout d'abord, quand je t'ai annoncé hier que mon intention était d'en venir chercher?

ERNEST. Parce que, je te l'avouerai, je pensais à autre chose.

LAURE. C'était aimable et poli! Mais tu m'en as promis pourtant! tu m'as même dit que nous en verrions faire leurs évolutions!

ERNEST. Probablement je *sous-entendais* que nous nous y prendrions à une heure plus convenable pour cela.

LAURE. Fiez-vous aux promesses d'un naturaliste qui ne *pense* pas à ce qu'il vous dit, et qui *sous-entend* une foule de choses!.. Que regardes-tu donc là, mon frère?... Eh bien! tu vas grimper aux arbres, à présent!

—Pourquoi pas? Et Ernest s'élança, avec une agilité merveilleuse, jusque dans les grosses branches d'un chêne encore jeune. Il y passa quelque temps, en dépit des prières de sa sœur pour l'engager à redescendre; elle le voyait remplir un foulard de feuilles qu'il cueillait avec précaution; il le noua légèrement ensuite, et le prenant par les nœuds entre les dents, il fut bientôt à terre.

—Tu seras contente, dit-il; j'ai fait main-basse

sur quelques processionnaires. Jean Louis ira dans la journée me chercher des branches de chêne, et ce soir nous pourrons les voir se mettre en route pour se rendre sur du feuillage frais.

Laure. Oh! quel bonheur!

Ernest. Quant aux processionnaires du pin, il faudrait avoir ici un bois de pins pour en trouver ; mais je peux, au retour, te raconter leur histoire... Qu'as-tu donc fait de tes yeux ?... voilà des douzaines de cocons de vers sauteurs. Il y a certainement sur cet arbre des nids de chenilles processionnaires...

Laure avait à peine eu le temps d'apercevoir les cocons des vers sauteurs se balançant, suspendus par leur fil aux feuilles et aux menues branches du chêne, qu'ils étaient dans sa main, sautant à qui mieux mieux, à la grande joie de la jeune fille tout émerveillée de voir s'élancer ainsi ces espèces de petits œufs moitié noirs, moitié blancs.

Pendant qu'elle s'amusait de leurs bonds, Ernest s'occupait de chercher des nids. Ils sont assez difficiles à trouver à cause de l'irrégularité de leurs formes et de leur couleur grisâtre très semblable à celle de l'espèce de lichen dont l'écorce des chênes est assez souvent recouverte. Ernest en aperçut quelques uns et les fit remarquer à sa sœur.

— Ce sont là des nids de chenilles ? disait Laure tout étonnée. On croirait plutôt que c'est une excroissance de l'écorce.

— Je pourrais te prouver que ce sont bien des nids, répondit Ernest, si je ne craignais pour mes mains les dépouilles velues dont ils sont remplis. Je vais essayer, pourtant, en mettant des gants...

— Non, non! s'écria Laure. Tu raconteras, et je t'en croirai sur parole.

— Quel effort! s'écria Ernest en riant; et il s'empara de la poche de toile que sa sœur avait apportée pour *faucher;* il parvint à la remplir aussi complètement que le foulard, puis on songea à revenir à la maison.

Laure n'était pas absolument satisfaite; mais elle se consolait d'avoir été déçue dans son attente par l'espoir de voir, le soir même, les chenilles processionnaires du chêne se mettre en marche.

— Sont-elles belles? demanda-t-elle à son frère.

— Tu pourras en juger par tes yeux, répondit Ernest.

Laure. Mais si elles ne se mettent en voyage que la nuit!...

Ernest. C'est avant le coucher du soleil qu'elles partent pour la picorée. Plus prudentes que les processionnaires ou évolutionnaires du pin, elles ne laissent point de trace de leur passage.

Laure. Comment! des traces?

Ernest. Ces deux espèces de chenilles ont à peu près les mêmes mœurs, les mêmes habitudes; toutes vivent en société au nombre de cinq à huit cents, et elles ne sortent du nid commun qu'en ayant un chef à leur tête. Chez les évolutionnaires du pin...

Laure. Pardon, mon frère, si je t'interromps, mais pourquoi les appelles-tu tantôt processionnaires, tantôt évolutionnaires?

Ernest. Elles méritent tour à tour ces deux noms, parce que tantôt elles marchent comme une procession, et tantôt elles semblent faire des évolutions. Où en étais-je?

Laure. Tu me disais qu'elles ont un chef à leur tête.

Ernest. Le chef sort le premier du nid; il file, et ce fil qu'il laisse derrière lui est suivi, dans sa ligne droite ou dans ses détours, par la chenille qui vient après. D'abord les chenilles ne s'avancent qu'une à une et toujours en filant; ensuite elles viennent deux à deux, puis trois par trois, et une *grande route* argentée se dessine sur l'écorce du pin qu'elles quittent pour aller attaquer le feuillage d'un autre pin, sur le tronc duquel se reproduit la route soyeuse. Le soir, elles reviennent à leur nid par le même chemin. On ne connaît pas de plus grandes fileuses que les chenilles du pin. Aux environs de Forges, entre le Mont-Jura et la Suisse, où les pins sauvages abondent, on a fait, le siècle dernier, des essais pour tirer parti de l'énorme quantité de soie que contiennent leurs nids qui ont quelquefois la grosseur d'un melon ordinaire, et l'on a réussi à obtenir de la soie propre à être filée.

LAURE. Pourquoi n'a-t-on pas fait d'autres essais depuis, mon frère?

ERNEST. Parce que cette soie supporte difficilement la chaleur de l'eau bouillante dans laquelle on décreuse les cocons des vers à soie; il faut l'arracher à la main, puis la filer. Les *admirateurs* de cette découverte ont négligé de nous dire si cette soie crue, transformée en fil qui a donné d'assez beaux bas, n'est pas altérée plus tard par l'action du lavage et de la teinture; ce qui paraît croyable, puisqu'on ne saurait la décreuser sans la détruire.

LAURE. Mais comment peut-on arracher la soie de ces nids que tu crains toi-même de toucher?

ERNEST. Ma chère Laurette, deux passions bien différentes font braver à l'homme tous les dangers : l'une est noble et digne, c'est celle du savoir; l'autre est basse mais puissante, c'est la cupidité. En prenant d'ailleurs des précautions, on peut se garantir des prétendus dangers que présentent ces nids remplis de dépouilles velues, plus à craindre que ne saurait l'être la chenille vivante, quoiqu'elle porte sur le dos des stigmates fort différents de ceux qui servent à la respiration, et par lesquels elle peut darder, en certain temps et assez loin, des flocons de poils.

LAURE. Ah! les vilaines bêtes! Ainsi l'on ne saurait s'en garantir même en ne les touchant pas! Est-ce que les chenilles processionnaires du chêne possèdent aussi de *petits pistolets de poche?*

Ernest. Non, cet *avantage* leur a été refusé; mais, en revanche, leurs nids sont beaucoup plus *dangereux* que ceux des processionnaires du pin. Ce *danger* se réduit au reste à peu de chose, à des souffrances de quelques jours partout où des fractions de poils se sont implantées comme de petites épines; car ces poils ne sont pas autrement *venimeux* que les épines *invisibles* dont on se trouve quelquefois piqué sans savoir comment, et je ne crois pas que la chenille processionnaire du pin ait jamais mérité d'être frappée des foudres dont s'arma jadis contre elle le droit romain, en la déclarant venimeuse.

Laure. Est-elle belle?

Ernest. Pas du tout, et le papillon bombice qu'elle donne n'a rien de digne d'attirer les yeux. La seule particularité remarquable dans cette espèce, c'est que sa chrysalide est pointue par l'extrémité antérieure, et arrondie par la partie postérieure armée de petits crochets; ce qui est absolument le contraire de la forme qu'affectent toutes les chrysalides. Une autre particularité encore, chez la femelle de ce papillon, c'est une espèce de plaque brune et luisante qu'elle porte sur la partie postérieure du corps. Cette plaque est composée d'un nombre infini de petites écailles en forme de tuiles et placées en recouvrement les unes sur les autres. Ces écailles sont si peu adhérentes à la peau, qu'il suffit de la secousse la plus légère pour les détacher, et comme elles sont fort légères, elles s'élèvent d'abord pour retomber en une pluie de paillettes; du moins on les prendrait alors pour des paillettes, tant elles sont brillantes.

LAURE. Sais-tu une chose, Ernest? c'est qu'il y a de quoi s'effrayer rien qu'en songeant que chaque insecte, le moins digne en apparence d'attirer les regards, présente pourtant des particularités... toutes particulières, car elles n'appartiennent absolument qu'à lui.

ERNEST. Loin de trouver en cela rien d'effrayant, je n'y vois au contraire que de nouveaux sujets d'admirer l'auteur de ces atomes et de nous humilier devant sa toute-puissance.

LAURE. Mais, Ernest, toute une vie ne serait jamais assez longue pour examiner en détail des espèces si nombreuses!

ERNEST. Aussi chaque naturaliste s'adonne-t-il à telle ou telle partie de l'histoire naturelle.

LAURE. Mais les simples amateurs?

ERNEST. Les simples amateurs font ce que fait Laurette, passent d'un objet à l'autre, s'amusent et ne se trouvent pas plus avancés, à la fin de leurs prétendues études, que le premier jour.

LAURE. C'est une manière de parler, mon frère; seulement les amateurs ne s'inquiètent point d'une foule de choses qui vous paraissent d'une haute importance, à vous autres savants.

ERNEST. *Nous autres savants*, par *ces choses qui nous paraissent d'une haute importance,* nous procurons aux simples amateurs la facilité de voir au moins ce qui peut les intéresser un moment, en leur donnant le fil d'Ariadne, sans lequel ils pourraient bien s'égarer dans un labyrinthe pour eux sans issue.

Comme Ernest disait ces mots, on arrivait à la maison. Il monta à sa chambre afin de mettre ses trouvailles en lieu de sûreté, et aussitôt il redescendit, car c'était l'heure du déjeuner.

Pendant le repas, il ne fut question que de la *chasse aux chenilles* qui avait eu lieu le matin, et madame de Cérant voulut, en sortant de table, monter chez son fils pour en admirer les produits. Ernest étala avec complaisance les chenilles qu'il avait recueillies chemin faisant. C'étaient la cassini du chêne, ainsi nommée à cause de l'attitude qu'elle prend dès qu'elle a cessé de manger; la tête renversée en arrière, elle demeure pendant des heures entières comme en contemplation devant le ciel; la chenille cloporte de l'orme, dont le corps ramassé et arrondi n'est pas plus gros que celui de l'animal dont elle porte le nom, et d'où proviennent les papillons argus et les petits porte-queues; la chenille de la mousse des pierres, si habile à couper de petites mottes de mousses, à les disposer en toit, en les attachant l'une à l'autre par des fils de soie; la trépida du chêne, ainsi nommée parce qu'elle semble, de même que son papillon, trembler de peur dès qu'on la touche; et enfin quelques chenilles à tubercules d'une beauté si remarquable que madame de Cérant assura n'en avoir jamais vu de pareilles. Quant aux chenilles processionnaires du chêne, elles ne brillaient pas auprès de leurs *consœurs*, et Laure ne put s'empêcher de frissonner en voyant ces paquets de chenilles velues, toutes roussâtres, qui se tenaient entrelacées et immobiles sur quelques-unes des feuilles de la branche que son frère avait apportée.

— Laissons-les tranquilles jusqu'à ce soir, dit Ernest, et alors nous assisterons à leurs évolutions, à moins que celles-ci ne s'apprêtent à changer de peau, ce que je croirais volontiers.

Laure. Quel ennui! Si elles changent de peau, nous en aurons alors pour je ne sais combien de jours avant qu'elles se décident à manger!

Ernest. Tu es d'une impatience, ma sœur!...

Madame de Cérant. C'est ce que je reproche sans cesse à Laure; cette impatience l'empêche de jouir de ce qu'elle possède et trouble jusqu'à l'espoir d'obtenir ce qu'elle souhaite. Avec de l'impatience d'ailleurs on ne voit jamais les choses telles qu'elles sont, et je trouve que ce qui rend si attrayante l'étude de l'histoire naturelle, ce sont les découvertes qu'on fait, pour ainsi dire, à chaque pas, seulement en se donnant le temps.

Laure embrassa sa mère, reconnut son tort, et

se mit à fureter sur le bureau de son frère, pour amuser cette impatience que lui reprochait sa mère.

— Ah! dit-elle avec un cri de joie, voici le papillon atropos ou tête de mort, avec sa chenille et sa chrysalide. Maman, vois donc quelle énorme chenille! comme elle est belle! et le papillon avec sa grosse trompe, ses cornes... car il a des cornes, mon frère!

Ernest. Il a des antennes, comme tous les papillons; ce sont les deux pattes antérieures qui se croisent ici avec les antennes.

Madame de Cérant. C'est en quelque sorte *l'éléphant* des papillons.

Ernest. Il y en a de beaucoup plus grands et qui sont en même temps plus sveltes, plus élégants. J'ai mis de côté cette planche pour montrer à Laurette, en peinture, en attendant qu'elle le voie en nature, ce terrible atropos qui sonne de la trompette. On a récemment découvert l'instrument qui lui sert de clairon, si le clairon plaît plus que la trompette, et paraît plus poétique à ma sœur.

Laure. Montre-le-moi, Ernest, je te prie.

Ernest. C'est impossible sur cette figure. Lorsque notre chrysalide nous aura donné un atropos, je le saisirai par les ailes, et je l'irriterai afin de l'exciter à déployer tous ses moyens de défense. Alors tu verras se tendre, vers l'anneau postérieur du corps, une sorte de repli membra-

1 Chenille du papillon Atropos . — 2 sa chrysalide .
3 Papillon Atropos .

neux; deux grosses touffes de poils sortiront de la cavité où ils sont cachés, se hérisseront et seront mis en vibration par l'action de l'air, de même que la membrane qui se trouve tendue, et nous entendrons aussitôt un son flûté qui n'a, au fait, rien de terrible. Mais comme on n'est pas accoutumé à *ouïr* parler un papillon, l'effet est d'autant plus surprenant qu'il est inattendu. Si l'explication que je te donne ne te paraît pas suffisante, je suis prêt à entrer dans quelques détails anatomiques...

— C'est inutile! s'écria Laure vivement. Dis-moi plutôt où l'on trouve la chrysalide de l'atropos, et si elle est représentée ici dans son état naturel.

ERNEST. Très naturel. Mais je ne comprends pas clairement ta question, je l'avoue.

LAURE. Je veux demander par là si la chenille ne se file pas un cocon, comme les nocturnes.

ERNEST. Elle n'en a pas besoin, parce qu'elle s'enfonce dans la terre, et c'est là qu'elle subit sa métamorphose en chrysalide ou en nymphe.

MADAME DE CÉRANT. Il me semble que ce gros papillon doit avoir un vol fort lourd?

ERNEST. Non, ma bonne mère. Comme tous les sphinx, il passe de fleurs en fleurs avec une extrême légèreté, choisissant de préférence celles qui sont en forme de campanule. Il plonge dans le nectaire sa trompe qu'il allonge et raccourcit à volonté, mais il ne se pose jamais.

LAURE. Ainsi ses ailes *tourbillonnent* comme celles de tous les crépusculaires. On ne s'en douterait guère, à le voir si... si Goliath!

MADAME DE CÉRANT. Ma fille, il est temps de songer à travailler. Votre promenade, mes enfants, s'est prolongée un peu au-delà des bornes; aucun de vous ne s'est souvenu que nous attendons du monde aujourd'hui, et, par conséquent, vous aurez peu d'heures à donner au travail.

LAURE. Ah! c'est vrai! quel ennui! on dînera tard; après dîner, il faudra aller se promener, et je ne pourrai voir ce soir les processionnaires se mettre en route!

MADAME DE CÉRANT. Ni demain non plus, puisque nous devons passer la journée ehez madame d'Héricour.

LAURE. Maman, ne pourrions-nous pas nous en dispenser?

MADAME DE CÉRANT. Non, ma fille; quel que soit l'attrait offert par l'étude, les femmes n'y peuvent jamais sacrifier ni leurs devoirs comme femmes, ni les autres devoirs que leur imposent les convenances. Descendons et laissons ton frère à ses travaux.

— Que les hommes sont heureux! ils ne font que ce qui leur plaît! murmura la jeune fille avec un soupir, en suivant à regret sa mère.

VINGTIÈME LEÇON.

LES PROCESSIONNAIRES DU CHÊNE. — INDUSTRIE DE QUELQUES CHENILLES.

Laure trouva moyen de s'échapper un moment, dans la matinée du lendemain, et de monter au laboratoire de son frère à l'heure où elle savait qu'il y devait être.

— Je n'ai qu'une minute, dit-elle tout essoufflée ; montre-moi vite tes processionnaires... Se sont-elles promenées, ont-elles mangé ?

Ernest désigna de la main l'endroit où se trouvait la branche de chêne, dont les feuilles commençaient à se flétrir, et Laure recula de surprise en voyant les chenilles, qu'elle avait laissées la veille couvertes d'une fourrure roussâtre, vêtues aujourd'hui d'une superbe fourrure d'un blanc éclatant, et si longue, ou plutôt si haute, que la forme de l'animal s'en trouvait altérée, et que les chenilles paraissaient être maintenant aussi grosses que longues.

— Ernest, tu ne te trompes pas ? s'écria Laure tout étonnée. Ce sont bien là nos processionnaires d'hier ?

— Elles-mêmes, répondit Ernest en riant. Je t'avais avertie qu'elles allaient changer de peau.

Laure. Mais tu ne m'avais pas avertie qu'elles se transformeraient en hérissons blancs.

Ernest. Quand viendra l'époque d'un nouveau changement de peau, cette blanche fourrure roussira.

Laure. Moi je croyais, et tu me l'as dit, mon frère, qu'elles ne changent de peau que dans leurs nids.

Ernest. Aussi longtemps qu'elles ne sont point parvenues à la taille qu'elles doivent avoir, elles n'ont pas de *domicile*, c'est-à-dire qu'elles se contentent, comme ont fait celles-ci, de filer une tente à laquelle leurs dépouilles demeurent attachées. Mais ensuite elles se construisent un véritable nid, d'où elles sortent chaque soir pour aller chercher à manger, et où elles rentrent chaque matin. C'est dans ce nid qu'a lieu le dernier changement de peau qui précède la métamorphose en chrysalides. Au moment de devenir chrysalides, elles fileront chacune un cocon qu'elles épaissiront en le garnissant de tous leurs poils, dont elles se dépouilleront alors si complètement, qu'en ouvrant le cocon avant que la métamorphose soit opérée, on ne trouverait qu'une chenille parfaitement rase et par conséquent méconnaissable quant à l'espèce. Inséparables pendant leur vie de chenilles, elles le sont de même pendant leur sommeil de chrysalides; aussi la réunion de tous ces cocons agglomérés forme-t-elle une masse parfois énorme.

LAURE. Je le crois bien! Tu m'as montré hier des nids d'une belle taille!...

ERNEST. Et cependant ces nids ne devaient guère contenir qu'*une partie* de la nombreuse famille de cinq à huit cents individus que des hasards malheureux, que des discordes intestines peut-être, réduisent souvent à un petit nombre ou obligent à se diviser. Il arrive parfois que le nid n'est pas assez grand pour contenir les cocons, parce que ceux-ci occupent plus de place que les chenilles; alors elles filent à côté, mais toujours en compagnie et de façon à s'attacher par quelque point à la masse principale.

LAURE. On ne peut pousser plus loin l'esprit de famille ou d'association. Est-ce que les papillons éclosent le même jour?

Ernest. Tu veux dire la même nuit, car ce sont des bombices, famille des nocturnes... mais c'est présumable. Quand ils ont percé leurs coques, le nid présente l'aspect d'un gâteau de cire, c'est-à-dire d'un amas de cellules d'une couleur roussâtre, assez semblable aux gâteaux construits par les gros frelons.

Laure. Oui, bien heureusement ce sont des nocturnes, sans quoi le soleil serait *obscurci* par de telles nuées de papillons!... Allons, voilà qu'on m'appelle dans le jardin!... que c'est insupportable!... Dis donc, Ernest, voudras-tu permettre que j'amène ce soir ici Héloïse et Alphonsine?

Ernest. Amène qui tu voudras; mais je doute que ces demoiselles se soucient beaucoup de ce qui ne t'intéresse toi-même que depuis quelque temps... Va donc, Laurette. C'est maman qui t'appelle, j'ai reconnu sa voix.

Ainsi qu'Ernest l'avait deviné, les amies de Laure refusèrent de monter au laboratoire. Elles avaient *horreur* des chenilles, et quoi que la jeune fille pût dire pour leur faire partager sa curiosité, il fallut, ce soir-là, laisser les processionnaires faire la procession ou leurs évolutions toutes seules, c'est-à-dire sans autres témoins qu'Ernest et l'un de ses amis qui faussèrent compagnie. Aussi Laure trouva-t-elle encore cette fois que les hommes sont bien heureux, que tout leur est permis, et ce ne fut pas sans peine qu'elle

parvint à cacher son impatience et son ennui.
Jusqu'alors pourtant elle ne s'était jamais ennuyée auprès d'Héloïse et d'Alphonsine, qui par-
laient modes avec beaucoup plus de facilité que
Laure ne pouvait encore parler d'histoire naturelle. Mais depuis qu'Ernest lui enseignait à regarder, à elle qui aimait tant à voir ; depuis que,
par des leçons dépouillées de sécheresse, il éclai-
rait son esprit et l'excitait à penser, Laure sentait s'affaiblir les goûts frivoles auxquels jusqu'alors elle avait sacrifié tant de choses utiles.
Cependant, ce qu'elle ignorait encore, et ce qu'il
faut apprendre, c'était l'art de rester aimable en
s'instruisant ; et l'on n'est jamais aimable quand
on ne sait pas s'intéresser, au moins par politesse, à ce qui intéresse les personnes qu'on in-
vite chez soi pour leur procurer du plaisir, et
non pour les rendre victimes de l'humeur qu'ex-
cite leur dédain pour des amusements qu'il est
impossible de leur faire partager. La jeune fille
vit donc couronner la journée par quelques remarques peu obligeantes sur ses *caprices*, et elle
se sépara froidement de celles que, jusqu'alors,
elle avait regardées comme ses meilleures amies.

Madame de Cérant ne pouvait laisser passer la
maussaderie trop visible de Laure, sans lui dire
quelques mots à ce sujet.

Laure écouta en silence les remontrances de
sa mère, et lorsqu'elle fut seule, seule avec Dieu et
avec sa conscience, elle dut reconnaître, quoi-

qu'en se dépitant, qu'elle avait mérité les reproches qui venaient de lui être adressés. Était-ce par la contrainte que son frère l'avait amenée à s'intéresser à ce que si longtemps elle s'était presque enorgueillie d'ignorer et de dédaigner? et devait-elle, parce que, grace à son frère, elle commençait à sortir de son ignorance, en vouloir à ses amies d'être ce qu'elle-même elle avait été? N'avait-elle pas montré le même mépris pour la science? N'avait-elle pas éprouvé la même *horreur* pour les insectes en général et la même aversion pour ce qui faisait aujourd'hui l'objet de sa vive admiration?

Pendant deux jours encore, Laure ne put prendre de leçon d'histoire naturelle ni rendre visite aux chenilles processionnaires; mais elle veilla avec tant d'attention sur elle-même, que personne ne s'aperçut de la contrariété qu'elle ressentait d'être obligée de remplir ces devoirs de convenance que le monde impose. Lorsqu'enfin elle se trouva libre de faire ce qui lui plaisait, ce fut avec une joie pure et exempte de l'inutile regret d'avoir fait peser sur les autres sa mauvaise humeur, qu'elle dit à mi-voix à son frère : « A ce soir! » Puis elle partit avec sa mère pour aller reconduire une dame qui était venue passer la matinée chez madame de Cérant.

Aussitôt après le dîner, Laure monta au laboratoire de son frère, où madame de Cérant ne tarda pas à venir la rejoindre.

— Viens donc, maman, viens vite! dit la jeune fille en courant au-devant d'elle. Les voilà en voyage... Regarde... là... le long du volet sur lequel elles forment comme une bordure! Tu as bien perdu à ne pas les voir se mettre en route! La *colonelle* a quitté la première cette branche qu'Ernest leur a donnée hier et dont les feuilles sont toutes rongées; elle est descendue le long de l'écorce; une autre l'a suivie de très près, car elles se touchent, comme tu vois, et forment un cordon non interrompu... Mais c'est tout à l'heure qu'elles ont fait des évolutions au beau milieu du volet! Il y en avait jusqu'à dix sur le même rang! Tous les détours que faisait celle qui marche en tête, les autres les répétaient, sans s'écarter d'une ligne; dès qu'elle s'arrêtait, les autres s'arrêtaient aussi... Elles cherchent à manger. J'ai prié Ernest de ne leur rien donner jusqu'à ton arrivée, afin de te procurer la vue de leurs évolutions... A présent nous allons leur présenter quelques feuilles de chêne... Vois donc, maman, voilà la *colonelle* qui tourne de ce côté... que c'est amusant! On peut les obliger de prolonger leur promenade en les attirant avec des feuilles fraîches.

Madame de Cérant. Et en leur faisant endurer le supplice de la faim!

Laure. Oh! elles ne meurent pas de faim; encore ce matin, quand Ernest s'est levé, elles étaient occupées à manger.. Ah! en voilà une sur les feuilles... ah! mon Dieu, elles arrivent toutes!..

— De quoi donc as-tu peur ? demanda Ernest en s'emparant des feuilles de chêne que Laure allait laisser tomber, et en leur substituant une branche bien garnie.

Aussitôt les chenilles se distribuèrent sur le feuillage, non pas une à une, mais par *escouades* de deux, de trois, de quatre chenilles sur chaque feuille. Elles se tenaient serrées l'une contre l'autre, et mangeaient ainsi côte à côte sans cesser de se toucher et sans se séparer un instant.

— Où donc est la *colonelle?* demanda madame de Cérant.

— Partout et nulle part, répondit Ernest. Il paraît que le régiment, ou le troupeau, reconnaît pour chef celle qui se place en avant et sort du nid la première.

Laure. C'est probablement toujours la plus courageuse.

Madame de Cérant. Ou la plus affamée.

Ernest. Ou celle qui réunit le plus de *suffrages*. Qui peut nous dire que, dans cette république, il n'y ait pas quelque chose de ce qu'on a pu remarquer chez les troupeaux d'animaux sauvages et chez les oiseaux voyageurs? Une foule d'observations, faites dans plusieurs pays par différentes personnes, donnent lieu de présumer que le chef du troupeau ou de la volée d'oies, de canards, de pigeons sauvages, ne le devient pas uniquement par l'effet de son audace ou de sa seule volonté ; si la marche est longue, un autre prend à son tour ce poste, qui est toujours le plus périlleux, et nous qui reconnaissons chez tous les animaux un instinct si merveilleux, nous devons au moins accorder celui de conservation, non seulement *individuelle*, mais aussi de conservation *mutuelle*, à ceux dont la destinée est de vivre en société.

MADAME DE CÉRANT. Tu as raison, mon fils, de le supposer ; c'est rendre hommage à cette éternelle sagesse dont nous avons déjà eu tant d'occasions d'admirer la puissance et la bonté sans bornes, depuis que tu nous inities à des découvertes si intéressantes et si curieuses.

LAURE. Dis donc, mon frère, est-ce que tes chenilles ne se promèneront pas davantage aujourd'hui?

ERNEST. Pourquoi se mettraient-elles en voyage ou en promenade maintenant qu'elles ont trouvé une abondante nourriture? Elles ne prodiguent pas ainsi leur temps et leurs fatigues. Quand elles auront suffisamment mangé, elles se rapprocheront en paquet pour dormir, et, demain soir, elles recommenceront leurs évolutions. Rien n'est joli comme d'assister à ce mouvement général, qui s'opère chaque jour à la fois et à la même heure, par tous les *régiments* de processionnaires dont les *casernes* ou les nids se trouvent placés sur le tronc des chênes, à la lisière d'une forêt.

LAURE. C'était justement ce que je voulais voir,

et voilà pourquoi je me suis levée l'autre jour
si matin...

ERNEST *en riant.* Un autre jour tu te lèveras
tard, et tu verras ce que tu n'as pas encore pu
voir. Il ne faut point t'imaginer, Laurette, qu'on
réussit, dès le premier essai, à faire l'observation
dont on est le plus curieux. Les jours, les mois,
les années mêmes passent souvent sans apporter
aucun résultat; mais on recommence, mais on
s'arme de patience, et, avec de la persévérance,
on réussit à *voir* tout ce qu'on veut.

MADAME DE CÉRANT. Pour moi, je ne demande point à *voir*, mais je demande à savoir
quel est le genre d'industrie particulier aux chenilles processionnaires. D'après ce que Laure m'a
raconté, chaque espèce a des *manières* à elle,
au moins en ce qui touche la fabrication du cocon, de la toile; de même que les divers papill-
lons diurnes, crépusculaires ou nocturnes, qui
sortent des chrysalides nues et des cocons, ont
des *idées* particulières pour la disposition de
leurs œufs.

ERNEST. Ma bonne mère, excepté la singula-
rité de leurs évolutions, les processionnaires
n'offrent rien de bien remarquable sous aucun
de ces rapports. Les toiles qu'elles filent pour se
former un nid sont des moins travaillées; c'est
avec le secours de leurs vieilles peaux et de leurs
fumées (je me sers de ce mot pour ne point effa-
roucher l'extrême délicatesse de Laurette) qu'el-

les parviennent à les épaissir, afin de se dérober aux regards...

Laure. Ah! fi! les vilaines!

Ernest. Le papillon, quelquefois vert, quelquefois gris et noir, que donnent les chenilles processionnaires, ne montre aucune *idée* remarquable dans l'arrangement de ses œufs qui ont la forme de petits barillets; il se contente de les placer sur deux rangs, à peu près parallèles, et de les séparer par quelques poils pour empêcher qu'ils ne se touchent entre eux.

Madame de Cérant. Il me paraît que chez elles, comme chez tous *les peuples pasteurs*, l'industrie se réduit à fort peu de chose.

Laure. Les peuples pasteurs, maman?

Madame de Cérant. Mais oui; n'est-ce pas en effet un troupeau que la prétendue colonelle mène paître?

Laure. Maman a pourtant raison, Ernest!

Ernest. Je ne dis pas non; mais cependant, avant que d'accabler de nos dédains les chenilles processionnaires, parce que ce ne sont pas des *élégantes* comme les chenilles à tubercules, ni des *pondeuses* habiles comme les chenilles communes et les annulaires, ni des *fabricantes* industrieuses comme leurs consœurs du chêne, du troëne, de l'osier, du lilas, de l'oseille même, qui savent plier, tordre, rouler le feuillage à leur fantaisie, je réclame pour elles l'honneur d'une visite à la lisière de la forêt; c'est seulement lorsqu'un insecte se trouve en liberté et dans ses véritables domaines qu'il vaut tout ce qu'il peut valoir.

MADAME DE CÉRANT. Cette visite leur sera *octroyée*, et, par la même occasion, tu nous montreras, mon fils, ces plieuses, ces tordeuses, ces rouleuses, dont j'ai beaucoup entendu parler.

ERNEST. Je pourrai, ma bonne mère, t'en montrer dès demain.

LAURE. Oh! quel bonheur!

ERNEST. Et, mieux encore, je pourrai te les faire voir à l'ouvrage.

—A l'ouvrage! répéta Laure enchantée.

ERNEST. Mais je t'engage à la patience, ma sœur! Sans patience, je te le répète, on ne parvient pas à mener à bien la plus légère observation.

MADAME DE CÉRANT. J'ai trouvé quelquefois des feuilles très artistement roulées et comme cousues avec des espèces d'attaches de soie composées de plusieurs fils; mais je n'ai jamais pu comprendre ni deviner de quelle façon la chenille avait dû s'y prendre pour exécuter un travail de ce genre. Je ne le devine pas davantage aujourd'hui; car, je le sais par mes propres remarques, la chenille n'a à son usage que des jambes écailleuses et membraneuses avec lesquelles il lui est bien difficile de faire autre chose que de ramper.

ERNEST. Ma bonne mère, elles n'en ont cependant pas davantage, celles qui font entrer dans la construction de leurs cocons (en outre de la soie et du poil) de la cire, et qui ménagent à ce cocon, si solidement construit que les sels qui dissolvent celui du ver à soie ne peuvent même l'entamer, une ouverture recouverte par une calotte légère, simplement collée avec un peu de gomme; elles n'en ont pas non plus davantage, celles qui se font une coque en bateau; après avoir filé le fond du bateau, la chenille élève les côtés en leur donnant de la courbure, les renforce, car ce n'était d'abord qu'une simple gaze; puis elle coupe en long tous ces fils, écarte les deux côtés du bateau et appuie sur ces deux côtés le toit de forme arrondie qui couronne ce petit chef-d'œuvre brillant de propreté, de symétrie, et tout composé de belle soie.

Madame de Cérant. C'est admirable, en vérité!

Ernest. Elle n'en a pas davantage non plus, la chenille qui se sert de l'épiderme des branches pour construire, sur le chêne, une coque en *hotte*. Elle enlève par lanières, toutes égales et quatre ou cinq fois plus longues que larges, l'épiderme de la branche à l'endroit où elle veut placer sa coque; puis elle applique ces lanières les unes contre les autres, et les unes au dessus des autres en forme de triangle, ou plutôt en forme d'ailes se touchant par leur naissance et s'écartant par leurs extrémités; cela fait, elle rapproche les bords

supérieurs des deux ailes et les unit si parfaitement, au moyen de ses fils de soie, que la *couture*
devient invisible à tous les yeux ; ensuite elle tapisse de soie tout l'intérieur de cette espèce de
hotte et en ferme l'ouverture avec un *rideau* de
soie, pour parler *par figure*.

Laure. Pourquoi ne m'avoir pas dit, Ernest,
qu'on pouvait trouver des coques en bateau et en
hotte sur le chêne ? j'en aurais cherché, au lieu de
ne songer qu'aux processionnaires ?

Ernest. Le chêne est la terre promise pour
tout un monde d'insectes qui trouve à y exercer
son industrie, à y satisfaire sa faim, à s'y loger,
à s'y vêtir. Quant aux coques en hotte, comme
elles sont construites avec l'épiderme même de la
branche qui leur sert d'appui, elles se confondent
avec la branche ; on les prendrait plutôt pour de
petites excroissances de l'écorce que pour toute
autre chose.

Madame de Cérant. Ce qui m'a particulièrement frappée dans ce qu'Ernest nous a déjà raconté de l'industrie des insectes, c'est que tout
ce qui respire, oui, tout, jusqu'au moucheron à
peine visible, est soumis à l'immuable loi du travail !

Laure. Sans doute, maman ; mais tu conviendras que ces travaux peuvent être plus ou moins
intéressants, et j'avoue que, pour ma part, je suis
bien curieuse de savoir comment les chenilles
tordeuses, rouleuses et plieuses s'y prennent pour

coudre leurs rouleaux sans posséder ni doigts, ni aiguille...

Ernest. Ni dé à coudre.

Laure. Un dé, mon frère, ne sert qu'à éviter de se piquer le doigt; quand on n'a pas de doigt...

Madame de Cérant. On n'a pas besoin de dé, c'est certain.

Ernest. On connaît aussi un oiseau *couseur,* qui rapproche et coud ensemble les deux feuilles entre lesquelles il doit placer son nid.

Laure. Est-il de notre pays, mon frère?

Ernest. C'est l'orthotomus de l'Inde. Mais nous possédons en Europe, et même en France, des oiseaux non moins adroits.

Laure. Nomme-s-en quelques uns, veux-tu, mon frère?

Madame de Cérant. Ma fille, tu oublies que ton frère n'a pas le temps, aujourd'hui, de *causer* d'histoire naturelle, et que tu dois réparer le temps perdu. Trois jours entiers passés en parties de campagne, en plaisirs...

Laure. Ah! quels plaisirs, en effet! Jamais je ne me suis autant ennuyée. Maman, maman, j'ai découvert des feuilles roulées et tordues... regarde! Ernest peut nous montrer ses chenilles tout de suite...

—Laisse mes chenilles en repos! s'écria Ernest avec une vivacité qui ne lui était pas ordinaire. Il sera temps demain de les tourmenter et de les retirer de leurs étuis.

LAURE. Et pourquoi les en retirer, mon frère?

ERNEST. Pour les obliger de s'en construire d'autres sous nos yeux; ce qui servira à notre instruction en même temps qu'à notre amusement.

LAURE. Oh! quel bonheur! que je voudrais être à demain!

MADAME DE CÉRANT. Descendons, ma fille. C'est assez abuser de la complaisance de ton frère.

—C'est qu'il est si bon! s'écria Laure en sautant au cou d'Ernest. A demain donc!

Après le départ de sa mère et de sa sœur, Ernest s'occupa de mettre un peu d'ordre dans son laboratoire; puis il fit quelques préparatifs pour donner, le lendemain, à sa sœur le plaisir promis.

VINGT-UNIÈME LEÇON.

CHENILLES ROULEUSES, TORDEUSES ET PLIEUSES.

Ah! maman, vois donc quel air de fête! s'écria Laure en entrant le lendemain avec madame de Cérant chez Ernest, à l'heure de la leçon.

—En effet, répondit madame de Cérant: jamais, mon fils, ton laboratoire n'a été si élégamment paré. Mais je doute que ces grosses branches de chêne prennent racine dans les vases pleins de terre où tu les as placées.

Ernest. J'en doute aussi, ma bonne mère, et je dirai même que je suis certain qu'elles n'y pousseront pas; ce n'est pas d'ailleurs la saison de faire des boutures; mais il me fallait de petits *arbres* pour les travaux de mes chenilles; en voici, et je les ai fait choisir assez beaux pour exciter vivement ce soir nos processionnaires à la promenade. Hier j'ai fait une cueillette de feuilles roulées, tordues et pliées; en voici de toutes les façons...

Laure. Elles sont toutes cousues, regarde plutôt, maman!

Ernest. On le dirait à la première vue; mais remarque que ces attaches plus ou moins grosses, formées de plusieurs fils, ne traversent point la feuille de part en part comme le ferait une couture.

Laure. C'est vrai. Où donc est la chenille, mon frère?

Ernest. Il s'en trouve une dans ce rouleau, une autre dans celui-ci formé de deux feuilles *tordues* ensemble, une autre dans ce cornet placé debout sur cette feuille d'oseille, une autre sous ce pli également retenu par des attaches de soie.

Madame de Cérant. Les rouleuses, les tordeuses et les plieuses ne vivent donc pas en société?

Ernest. Généralement, non; quelques espèces seulement; toutes celles que voici sont des chenilles solitaires...

LAURE. Qu'est-ce que tu fais donc, Ernest? Pourquoi fendre ainsi dans leur longueur tous ces rouleaux?

ERNEST. Pour en retirer les chenilles et pour les obliger de se construire, sous nos yeux, une nouvelle demeure; je te l'ai promis, tu dois t'en souvenir.

LAURE. Ah! comme elles s'agitent!

MADAME DE CÉRANT. Et comme elles sont petites!

ERNEST. Elles ont chacune seize jambes, pourtant...

LAURE. Mais ce sont de petits démons!

ERNEST. Aucune autre espèce n'a autant de vivacité que ces habiles ouvrières.

LAURE. Oh! comme en voilà sur cette feuille de papier! Il y en a d'un beau gris ardoise... et aussi d'un beau vert... Mais c'est qu'elles se démènent!...

ERNEST. Je vais les mettre sur des feuilles, et, dans quelques minutes, elles commenceront à travailler; car ce qu'elles ne peuvent souffrir, c'est d'être ainsi à découvert, soit qu'elles craignent quelque ennemi qui les guette sans cesse, soit que l'impression de l'air leur soit désagréable. Ce qu'il y a de certain, c'est qu'au lieu de manger tout simplement et à découvert les feuilles comme les autres chenilles, il leur faut une habitation dont elles dévorent peu à peu les parois ou les *tours*. Tu peux facilement deviner, Laurette, que

ce tour que nous voyons si solidement retenu
par tous ces liens de soie n'est pas le *premier ;*
il est au contraire le *dernier* de la spirale
qu'elles vont avoir la complaisance de commencer
sous nos yeux.

MADAME DE CÉRANT. Ce que je ne comprends
pas, je l'avoue, c'est comment elles parviennent
à donner cette forme ronde à leur rouleau. Je
vois bien que ces attaches de soie contribuent à
la lui conserver; mais il faut la lui donner
d'abord.

ERNEST. Remarque, ma bonne mère, je te prie,
qu'il n'est, pour ainsi dire, pas une feuille de toutes celles que voici qui ne soit plus ou moins
légèrement et *naturellement* roulée, soit à son
extrémité supérieure, soit à quelqu'une des dentelures de ses bords. La chenille rouleuse, ou
plieuse, ou tordeuse, se sert adroitement de cette
disposition pour commencer sa spirale; les unes
la font en dessus de la feuille et s'enveloppent en
la roulant à l'*endroit,* c'est-à-dire que le dessous
de la feuille forme le dessus du rouleau ; les autres, et c'est le plus grand nombre, la roulent au
contraire de façon à ce que l'envers de la feuille
forme l'intérieur de leur demeure. Il arrive quelquefois que l'épaisseur des nervures les gêne et
oppose une résistance que leurs forces réunies à
celle de leurs soies ne pourraient vaincre; elles re-
courent alors à un moyen bien simple; elles amin-
cissent ces nervures en les rongeant à l'endroit
même où il faut que la feuille ploie.

Madame de Cérant. Quel admirable instinct!

Laure. Oui, sans doute; mais je voudrais bien les voir nous en donner quelques preuves. Depuis qu'Ernest les a mises sur les feuilles, elles ne font que s'y promener... oh! bonheur! en voilà une qui a l'air de filer!... Regarde, maman! elle a su trouver cette feuille qui se replie par le bout sur elle-même!... Ernest, elle file décidément!

Madame de Cérant. Oui, elle file en effet.

Laure. Maman, en voilà encore une qui commence, ici, au côté de la feuille... et encore une autre!...

Ernest. Je t'engage à en suivre une seulement à la fois dans les opérations qu'elle va faire et qui sont les mêmes pour toutes celles que tu vois à l'ouvrage.

Laure. Comment! les mêmes?... pour les tordeuses comme pour les rouleuses et les plieuses?

Ernest. La seule différence, c'est que les plieuses ont bientôt fait; il ne leur faut pas autre chose qu'un pli dans la feuille pour se trouver logées, un peu à l'étroit, mais selon leurs goûts et leurs besoins; et ce pli, elles le retiennent par le *même moyen* que les rouleuses, c'est-à-dire en attachant l'extrémité pliée, à la feuille entière, par quelques liens de soie; les tordeuses, par le *même moyen*, retiennent la feuille tordue sur elle-même, ou tordent ensemble deux feuilles séparées; ainsi, pour peu que tu suives avec attention les travaux de la rouleuse, tu te trouveras conduite à comprendre ou à *deviner* ceux de la plieuse, qui sont si simples, et ceux de la tordeuse, qui paraissent au premier aspect si merveilleux.

MADAME DE CÉRANT. Non seulement ils *le paraissent*, mon fils, mais ils le sont *en réalité !*

ERNEST. Oui, certainement, ma bonne mère ; si j'ai dit qu'ils *paraissent*, c'est que j'ai parlé comme quelqu'un que je connais, sans trop penser à ce que je disais.

LAURE. Merci du coup de patte, Monsieur mon professeur ! Mais je suis trop occupée à regarder pour avoir le loisir de vous répondre. Comme elle travaille vite, cette pauvre petite bête !

ERNEST. Remarque la régularité de ses mouvements.

MADAME DE CÉRANT. On dirait le balancier d'une pendule.

ERNEST. Elle attache un fil au bord de cette dentelure déjà un peu roulée et va en attacher l'extrémité le plus près possible de la nervure ; tout à côté, elle en attache un autre et vient en fixer l'extrémité au bord de la feuille ; ceci n'est que *la moitié* du premier lien qui doit se composer de six cents fils à peu près.

LAURE. Six cents fils !

ERNEST. Tout autant. Cette moitié suffit à retenir la feuille un peu roulée ; mais pour l'obliger de la rouler davantage sur elle-même, il faut des *câbles* plus serrés ; la chenille va nous montrer comment elle parvient à son but, sans employer le *cabestan*... Toi qui as de bons yeux, Laurette, dis-nous ce qu'elle fait en ce moment.

LAURE. Mais elle file toujours... ah!... je vois!... elle croise d'autres fils par-dessus les premiers.

ERNEST. La courbure imprimée à la feuille étant maintenue par les premiers fils, tu comprends, Laurette, qu'elle peut, sans crainte de voir ce bord roulé lui échapper, serrer davantage les fils que maintenant elle attache, et ce bord se roule un peu plus.

MADAME DE CÉRANT. De bien peu, bon Dieu! Pauvre petite bête!

ERNEST. Elle *sait* probablement le proverbe italien: *chi va piano va sano, chi va sano va lontano*, et elle le met en pratique. Les chenilles rouleuses, tordeuses et plieuses du chêne se contentent de ces liens à fils croisés, dont le nombre se multiplie à mesure que le travail avance et que le rouleau devient plus long; chaque tour (et les rouleaux en ont presque tous six) leur coûte autant de travail que le premier; mais l'industrie de la plieuse du pommier est bien plus remarquable encore. Les premiers fils une fois posés tout le long de la partie de la feuille qu'elle veut plier, elle monte sur ces fils; le poids de son corps fait ici l'office du *cabestan;* le bord de la feuille se replie davantage, et la chenille attache de nouveaux fils destinés à maintenir cette courbure plus prononcée, mais qui est encore loin d'avoir atteint le degré de rondeur et d'élévation qu'elle veut lui donner. A ce second travail en succède un autre plus extraordinaire. La chenille se met à filer pour la troisième fois. Se plaçant le plus près possible de la grosse nervure qui forme le milieu de la feuille, elle attache un troisième fil juste à la moitié du second, et le prolonge jusqu'à la grosse nervure, et même au-delà si elle peut. Par ce moyen, les câbles deviennent plus longs et produisent une tension plus forte, ce qui augmente la courbure du bord de la feuille.

MADAME DE CÉRANT. C'est admirable! oui, admirable! on ne peut que le répéter. Quelle leçon nous donne cet insecte! comme il nous montre bien ce qu'avec de petits moyens et de l'industrie on peut exécuter!

ERNEST. La chenille répète cette manœuvre pour *chacun* des fils déjà posés. Ceci fait, elle monte sur ce troisième plan pour travailler à en faire un quatrième, c'est-à-dire pour allonger de nouveau les *câbles* déjà posés. De temps en temps elle passe en dessous des câbles tendus ; quelquefois c'est pour se reposer, d'autres fois c'est pour casser les fils inférieurs devenus lâches et pendants par l'effet de la tension des fils supérieurs.

Parmi ces plieuses du pommier, il en est qui se contentent de courber une légère portion de la feuille ; d'autres ont besoin que le pli soit parfait ; celles-ci, après avoir travaillé en dessus, viennent achever la besogne par dessous, c'est-à-dire en dedans du pli, et parviennent à rapprocher les deux parties au point qu'il ne reste entre elles que fort peu de distance, et cette distance se trouve remplie par les fils flottants, lâches ou brisés ; elles s'en servent alors pour former un bourrelet tout du long de cette étroite ouverture.

LAURE. Ainsi elles connaissent l'usage des bourrelets !

MADAME DE CÉRANT. Non, assurément, il n'est pas possible de faire plus avec de si petits moyens !

ERNEST. Eh ! qui se douterait que ces insectes peuvent faire *autant*, sans Réaumur, le plus infatigable des observateurs ?

MADAME DE CÉRANT. Mon fils, ce travail les dispense-t-il du moins de se filer un cocon ?

ERNEST. Il ne faut point t'imaginer, ma bonne mère, qu'elles font ce travail *une seule fois* dans leur vie...

MADAME DE CÉRANT. Comment ! ce n'est pas dans l'unique but de se métamorphoser qu'elles se donnent tant de peine ?

ERNEST. Non du tout. Dès qu'elles ont mangé le parenchyme de la feuille ainsi pliée, roulée ou tordue, il leur faut recommencer.

LAURE. A-t-on idée de cela !

ERNEST. Seulement, vers l'époque où doit s'opérer la métamorphose des rouleuses, par exemple, elles se contentent de former un rouleau plus gros, et qui ne contient guère que deux ou trois tours au plus; tandis que, je le répète, le premier, le second, le cinquième peut-être, a toujours au moins six tours. Arrivée au moment de se transformer en chrysalide, la rouleuse *sait* qu'elle ne mangera pas longtemps, et qu'il est par conséquent inutile de faire d'aussi grandes provisions; et elle se contente, pour retenir la feuille roulée, de fils croisés qu'elle place tout du long, au lieu d'attaches composées chacune de cinq ou six cents fils.

MADAME DE CÉRANT. Quelles combinaisons ou quelle prévoyance!..

LAURE. Ernest, Ernest, voilà déjà trois attaches de placées! Mais c'est une plieuse et non pas une rouleuse qui a si vite travaillé; vois, le pli est tout plat!... la chenille a disparu... où est-elle? elle sera tombée...

ERNEST. Chut!... silence!... écoute!... N'entends-tu rien?

LAURE. On dirait... des coups frappés... à égale distance... oui, sûrement... Ah! la feuille qui bouge... La chenille se bat avec une autre... Pourtant elle était seule...

ERNEST. Et elle est seule encore; mais c'est bien une rouleuse et non pas une plieuse; le bruit que tu entends, c'est celui de la tête de la chenille; elle s'en sert comme d'une massue pour redresser et arrondir ce premier tour.

LAURE. Quelle invention!

MADAME DE CÉRANT. Invention charmante, en vérité!

LAURE. Ernest, elles ont toutes travaillé!... vois donc!... Mais en voici qui ont roulé les feuilles par dessus!

ERNEST. C'est que, sans aucun doute, ces feuilles étaient naturellement disposées à se rouler d'elles-mêmes ainsi, et tu sais que les chenilles rouleuses ont soin de profiter d'une circonstance qui facilite leur travail.

MADAME DE CÉRANT. Il est impossible de ne point reconnaître, dans ces petits animaux, une intelligence qui doit nous faire rougir de notre dédain pour eux.

LAURE. Voilà notre rouleuse qui reparaît!... mais elle file maintenant le corps à moitié caché sous le premier tour de son rouleau.

ERNEST. Et désormais elle filera toujours ainsi jusqu'à la fin, profitant adroitement des dentelures de la feuille pour ne montrer, de *sa personne*, que ce qu'elle ne peut cacher, et fixant tour à tour sur la feuille chacune de ces dentelures, comme elle a fixé la première.

MADAME DE CÉRANT. Les rouleuses se filent-elles un cocon?

ERNEST. Non, ma bonne mère; pardon, j'avais oublié de répondre à cette question que tu m'as déjà faite. Elles se contentent de garnir de soie l'intérieur de leur demeure. Le papillon, qui est

une petite phalène agréablement colorée, entraî-
nerait avec lui sa dépouille de chrysalide, si celle-
ci ne se trouvait pas retenue, à la sortie du rouleau, et par les dentelures de la feuille, et par la
soie qui tapisse l'intérieur de la demeure où s'est
opérée la métamorphose. Maintenant, si Laure
veut voir travailler une rouleuse de l'oseille, je
peux lui donner ce plaisir.

Laure. Oh! bien volontiers! Que tu es aimable, mon bon frère!

Madame de Cérant. Oui, bien aimable, et je
doute que parmi les *jeunes savants* de notre époque on en puisse trouver beaucoup d'aussi com-
plaisants que toi, mon fils.

Ernest. Ne me loue pas trop, ma bonne mère,
ni toi non plus, ma sœur; j'ai un *but* en faisant
ce que je fais.

— Lequel donc? demanda Laure avec curiosité.

— Oui, j'ai un but, répondit Ernest; c'est
d'abord de donner à Laure un goût qui se développe avec les années et qui a pour résultat d'apporter chaque jour de nouvelles jouissances, et
ensuite d'exciter ma sœur à faire, par elle-même,
des recherches qui pourraient être utiles à la
science.

— Utiles à la science! répéta Laure les joues
en feu.

— Oui, ma sœur, répondit Ernest. Demande à
M. Blanville, dont le savoir ne peut être mis en

doute assurément, si les *ignorants* de ton genre ne rendraient pas de véritables services aux savants en employant le temps qu'ils passent à *s'ennuyer* à la campagne, à des observations sur ce qui les entoure. Il y a une foule de choses, sur les mœurs des animaux, qui sont *ignorées* des savants. Que les *ignorants* apportent le fruit de leurs remarques aux savants, et les livres des savants cesseront d'être ce qu'ils sont trop souvent, une sèche nomenclature, hérissée de mots barbares, inintelligibles pour le plus grand nombre des lecteurs, et ennuyeux au moins, si ce n'est extravagants, pour quiconque voit, dans le spectacle de la nature, autre chose qu'une table de noms moitié grecs, moitié français.

Madame de Cérant. Ce que ton frère dit là, ma fille, n'est pas si *déraisonnable* ni si *extraordinaire* que tu parais le croire. Je pense avec lui que les personnes qui vivent à la campagne pourraient, en effet, occuper de cette manière agréablement et *utilement* leurs loisirs.

Laure. Mais, maman, tout ce que je pourrais observer, moi, par exemple, a été observé sans doute mille et mille fois par des gens plus habiles que moi.

Madame de Cérant. Cette modestie sied à ton âge, ma fille; je dirai même plus, elle sied à tout âge, et quiconque s'en affranchit ne fera jamais rien de bon et n'excitera jamais que les railleries; mais je crois qu'on est loin encore d'avoir *tout* dit, d'avoir *tout* vu, même en ce qui touche les animaux dont nous sommes sans cesse entourés et que nous regardons sans les voir.

ERNEST. D'ailleurs, ma sœur, quand tu répèterais des observations qui ont déjà été faites, ce ne serait ni une honte ni un malheur. Donne ce que tu pourras recueillir ou glaner dans ce vaste champ déjà parcouru en tout sens, et laisse aux *habiles* le soin de *choisir* ce qui, jusqu'à toi, peut avoir été négligé ou mal vu.

LAURE. En vérité, mon frère, je ne sais ce dont je pourrais parler ! .

MADAME DE CÉRANT. Avant de songer à parler de quoi que ce soit, il faut établir des rapports entre ce que tu croiras découvrir et ce que tu auras pu entendre dire.

LAURE. Mais, maman, par où commencer?

MADAME DE CÉRANT. Prends ton frère pour guide.

ERNEST. Oh! peu importe que Laurette commence ses observations par les insectes, les oiseaux, les moutons, le gros bétail ou les hôtes emplumés de la basse-cour; l'essentiel est qu'elle s'accoutume à *regarder* et qu'elle apprenne à *voir*. Elle peut, d'ailleurs, facilement s'informer, auprès des paysans, des mœurs des troupeaux, par exemple; le jardinier lui fera connaître une foule d'insectes plus ou moins nuisibles aux jardins, aux champs, et les procédés employés en ce pays pour les détruire; la fille de basse-cour aura,

j'en suis assuré, des choses curieuses à lui raconter au sujet des gallinacés, et, ce qu'il y a d'heureux, c'est que Laurette, si elle en veut prendre la
peine, pourra vérifier par elle-même ce qui lui
aura été rapporté. Voici des rouleuses, des plieuses, des tordeuses bien connues; peut-être en
existe-t-il d'autres espèces encore ignorées. Ces
autres espèces présentent peut-être, dans leurs
changements de peau, des phénomènes qui ont
échappé aux premiers observateurs...

Laure. Oh! ce n'est guère probable!

Madame de Cérant. Qui sait!... Voyons, es-tu
résolue à te mettre en état d'envoyer quelque
rapport à l'Académie des sciences?

Laure. Mon ambition n'est pas si haute!

Madame de Cérant. Aie du moins celle de
faire quelque découverte qui puisse être utile aux
habitants de ce pays.

Laure. Je le veux bien; mais laquelle?... Il
faudra que j'y pense... et sérieusement... Voyons
maintenant si les rouleuses de l'oseille veulent
décidément travailler. Je me pose en observateur!

VINGT-DEUXIÈME LEÇON.

CHENILLE ROULEUSE DE L'OSEILLE.—LA PYRALE, LES TEIGNES.

Pendant un grand quart d'heure, Laure demeura immobile devant le pot à fleur dans lequel son frère avait fait mettre un plant d'oseille; mais à la fin elle s'écria : Quel ennui! ces paresseuses ne songent qu'à se promener!

Madame de Cérant. Eh quoi! te voilà déjà au bout de cette patience si solennellement promise!

Laure. Non, maman ; mais les autres tordeuses n'ont pas autant tardé à se mettre à l'ouvrage.

Ernest. Celui que les rouleuses de l'oseille ont à faire exige qu'elles prennent d'abord bien soigneusement leurs mesures.

Laure. Leurs mesures?

Ernest. Mais oui ! Regarde comment est placé ce cornet au bord de la feuille, et dis-moi de quelle manière tu t'y prendrais pour faire un cornet de ce genre sur *une partie* seulement d'une feuille d'oseille, et ensuite comment tu parviendrais à le dresser perpendiculairement à la tige, ainsi que l'est celui-ci?

Madame de Cérant. Voilà, en effet, deux problèmes qui ne paraissent pas faciles à résoudre.

Laure. Ce prétendu cornet a l'air d'une quille.

Ernest. Une quille, soit ! Eh bien ! fais une quille sur l'un des bords de cette feuille d'oseille.

Laure. Bon ! en voilà une qui mange, à présent !

Ernest. Elle ne mange pas ; elle coupe avec sa bouche, faute de ciseaux, ce qu'il lui faut d'étoffe pour fabriquer son cornet... Suis-la bien attentivement des yeux ; elle a fini de couper l'étoffe qui lui est nécessaire.

Laure. Elle commence à filer... C'est le même travail que celui exécuté par les rouleuses du chêne... Elle roule, par la pointe, le morceau coupé... Ah ! elle monte sur les fils... c'est plutôt comme la rouleuse du pommier qu'elle travaille ;

elle se sert du poids de son corps pour tendre ces premiers fils pendant qu'elle en attache d'autres... Ernest, elle mange, cette fois!

Ernest. Pas du tout; elle achève de détacher carrément le morceau dont elle a besoin pour faire son cornet; mais elle ne le détache qu'à mesure, et elle le roule aussitôt, comme tu vois.

Madame de Cérant. J'avoue que j'aurais bien longtemps hésité, bien réfléchi, avant de songer à couper un morceau en carré dans la feuille pour y trouver l'étoffe d'un cornet... Mais c'est qu'elle est d'une habileté et d'une activité sans égales, cette petite chenille!

Laure. Les autres travaillent aussi et de même.

Ernest. Il n'y a pas deux manières de s'y prendre pour exécuter ce genre de travail, tu en conviendras, ma sœur!

Madame de Cérant. Assurément! Ce qui m'intéresse beaucoup, c'est de savoir comment elle fera pour dresser ce cornet, cette quille, cette espèce d'obélisque, qui reste tout penché à la place où elle a commencé à le construire.

Laure *avec vivacité*. Maman, la voilà qui attache de nouveaux fils...

Ernest. Remarque surtout où elle les attache! C'est sur le pourtour du cornet, le plus haut qu'elle peut, et, de l'autre côté, sur la feuille, à la plus grande distance possible...

Laure. Ah! elle monte sur les fils... Le cornet se dresse...

Madame de Cérant. Avec moins de majesté sans aucun doute que le Luqsor et moins de combinaisons de la part de l'*ingénieur,* mais pourtant de façon à exciter une juste admiration...

Laure. C'est fini, car elle rentre chez elle.

Ernest. Non, la besogne n'est pas entièrement terminée ; il faut achever, en travaillant dans l'intérieur, de dresser le cornet. Pour y parvenir, la rouleuse frappe à grands coups de tête du côté où il doit se dresser. Quelques fils attachés au dedans par le bas consolideront ensuite l'obélisque, comme dit maman, et serviront à le maintenir dans la perpendiculaire ; lorsque tous les tours de la spirale qui le compose auront été dévorés, la chenille en fabriquera un autre... Tiens, voici une rouleuse du chêne qui fait aussi un cornet ; mais celui-ci n'exige pas autant de travaux ; c'est tout simplement un rouleau d'une autre forme, maintenu, comme les rouleaux ordinaires, par quelques fils. Il y a aussi des plieuses qui préparent d'avance, en creusant la feuille, une rainure dans laquelle elles font entrer le bord de la partie pliée ; d'autres chenilles se contentent d'unir entre elles les feuilles naissantes du rosier, de l'osier, les fleurs du fenouil, et de beaucoup d'arbustes et de plantes, par des liens de fil plus ou moins multipliés. La chenille qui exécute, en ce genre, les travaux les plus *herculéens* et les plus terribles pour les vignerons, c'est la pyrale ou tordeuse de la vigne.

Madame de Cérant. M. Blanville en a parlé l'autre jour, il me semble, mon fils?

Ernest. Oui, ma bonne mère, à l'occasion de la publication d'un ouvrage de Victor Audouin, enlevé bien jeune à la science.

Madame de Cérant. Je croyais avoir entendu dire que cet ouvrage était resté inachevé.

Ernest. La mort est venue, en effet, interrompre la publication de ce beau travail sur les insectes nuisibles à la vigne; mais, grace au courage d'une femme dévouée et capable, l'ouvrage entier a pu être publié. Ici, comme dans les cours professés par Audouin, l'homme du monde trouve, ainsi que le savant, à satisfaire sa juste curiosité. Laurette est encore trop enfant...

Laure. Comment?

Ernest. Laurette est encore trop enfant pour que l'analyse complète des travaux d'Audouin puisse lui offrir ce qu'elle cherche avant tout, de l'*amusement;* je me bornerai donc à lui parler des *mœurs* de cette chenille, que le savant professeur a observées avec soin et décrites d'une manière attachante.

D'abord, chose remarquable, la pyrale, à sa sortie de l'œuf, ne songe pas, avant tout, à *pâturer.* C'est au mois d'août que les œufs éclosent; on voit alors les petites chenilles courir sur les feuilles avec vivacité et en gagner le bord d'où elles tardent peu à descendre en filant; elles comptent sur le vent pour les pousser vers le bois de la vigne, dont les anfractuosités peuvent leur fournir un sûr abri. C'est là qu'elles se glissent, qu'elles s'installent, après s'être filé un cocon pour y passer l'automne, l'hiver et une partie du printemps.

LAURE. Elles se transforment alors en chrysalides?

ERNEST. La pyrale demeure à l'état de chenille dans ce cocon où elle s'enferme à sa sortie de l'œuf; elle en sortira au mois d'avril, au mois de mai, à l'état de chenille, et son appétit, aiguisé par un long jeûne, s'exercera aux dépens des jeunes pousses. Mais comme elle est aussi grande fileuse que grande mangeuse, et comme aussi il lui faut être toujours à couvert, au moyen de fils multipliés elle noue entre elles les feuilles des jeunes pousses, les grappes surtout qui lui offrent plus de cachettes, et, en même temps, elle les dévore. Plus tard, lorsque les feuilles sont développées, elle s'établit sur la principale nervure ou sur les nervures latérales qui présentent de petits creux, et elle jette à droite, à gauche, des fils étroitement bridés, entre-croisés entre eux de manière à former au dessus d'elle une espèce de toit. Elle grimpe sur cette bâtisse comme sur un échafaudage pour construire, à sa demeure, un second étage. Lorsque la trame est suffisamment épaisse, elle revient détruire à l'intérieur, avec ses mandibules, les premières brides devenues inutiles, et elle rend de la sorte sa demeure plus spacieuse.

MADAME DE CÉRANT. Ainsi le premier toit n'est absolument qu'un échafaudage que la pyrale jette bas quand la *maison* est terminée?

ERNEST. Oui, ma bonne mère. La pyrale tapisse de soie la partie de la feuille qui constitue le plancher de sa loge d'où elle ne sort que pour aller à la picorée, et qu'elle est toujours disposée à reconstruire ailleurs, s'il en est besoin. Ici, elle roule, elle tortille les feuilles, ou bien elle les attache les unes aux autres; plus loin, elle *soude* la grappe en fleur, ou celle dont le grain est à peine formé, aux feuilles voisines; partout ses fils et ceux de ses consœurs se multiplient; les bourgeons ne peuvent éclore; d'autres, déjà développés et recélant une ou deux grappes, sont enchevêtrés par ces fils sans nombre; les feuilles grandes et petites sont dévorées; elles jaunissent, se dessèchent sans que, pour cela, la pyrale les abandonne; car elles lui offrent une multitude de retraites, et le vigneron voit s'évanouir tout espoir de récolte, car c'est par milliards que ces chenilles dévastatrices se répandent dans les vignobles.

LAURE. J'étais prête à les admirer, mais à présent...

MADAME DE CÉRANT. N'est-il donc aucun moyen de se délivrer de ce fléau ?

ERNEST. La recherche de ce moyen a été le principal but des travaux d'Audouin. Il en indique plusieurs dans son bel ouvrage. Le plus certain de tous paraît être l'échenillage pendant toute l'année, puisqu'il s'agit non seulement de découvrir et d'enlever les œufs, mais encore de détruire les cocons qui renferment les chenilles nouvellement écloses; et celles-ci, Laure doit s'en souvenir, se réfugient dans les échalas tout autant que dans le bois de la vigne.

LAURE. Heureusement notre pays n'est pas un pays de vignobles.

MADAME DE CÉRANT. Sans doute; mais il peut être bon de savoir qu'il existe, sur ce sujet, un ouvrage utile à indiquer aux propriétaires de vignes.

ERNEST. L'industrie de la pyrale est, du reste, moins curieuse que celle des chenilles que nous venons de voir travailler.

LAURE. Oh! certainement!

ERNEST. Et pourtant l'industrie des tordeuses, des rouleuses, des plieuses, doit encore *baisser pavillon* devant celle des teignes qui se construisent des cahuttes portatives, qui se fabriquent des fourreaux avec des feuilles, le drap, la poussière même des murailles.

LAURE. Raconte-nous cela, mon petit Ernest, je t'en prie, ou bien fais-nous voir comment elles s'y prennent.

ERNEST. Puisqu'il est convenu que tu chercheras à faire toi-même des observations, je veux te laisser ce plaisir.

LAURE. Non, non, Ernest, je t'en prie, raconte

d'abord ; je verrai ensuite à observer par moi-même.

Ernest. Les teignes qui s'habillent en feuillage découpent dans les feuilles, comme le meilleur tailleur, et sans *patron*, les deux pièces dont elles se feront un habit, après avoir séparé très adroitement la membrane de dessus de celle de dessous, et celle de dessous de celle de dessus, suivant qu'il s'agit du devant ou du derrière du fourreau ; elles possèdent l'art de lisser chacune de ces pièces, de les réunir par des fils de soie, et d'orner le fourreau, du côté du dos, de dentelures qui imitent fort bien les pennes ou nageoires des poissons ; le fourreau est doublé d'un tissu soyeux. D'autres se font une enveloppe, chaude et légère, avec le coton que fournit la graine de nos saules ; d'autres, les teignes aquatiques, composent leur fourreau de morceaux de feuilles de chiendent qu'elles placent en recouvrement comme les ardoises ou les tuiles d'un toit ; d'autres encore, au lieu d'employer des parties de feuilles, se servent de morceaux de tiges de gramen. Chez quelques-unes, ces portions de feuilles ou de tiges sont si artistement arrangées, qu'on dirait un ruban de deux couleurs roulé en spirale. Mais ce qui est plus curieux encore peut-être, quoique des talents si *distingués* le soient beaucoup par eux-mêmes, c'est que les teignes aquatiques savent l'usage qu'on peut faire du lest.

Madame de Cérant. Comment! du lest?

Ernest. Oui, ma bonne mère. Elles vivent *sur* l'eau et non pas *dans* l'eau; il leur faut donc se maintenir à la surface. Un fourreau trop léger les exposerait à bien des dangers; elles le chargent de petites pierres; devient-il trop pesant lorsqu'il est imbibé d'eau, elles jettent une partie de leur lest. Mais ce n'est pas tout: elles attachent au fourreau, selon le besoin, un morceau de bois léger ou un fragment de roseau.

Madame de Cérant. Que c'est admirable! quel instinct!

Ernest. Laure a vu un petit lion vainqueur se couvrir de la dépouille des pucerons qu'il avait sucés, de même qu'Hercule se couvrait jadis de la peau du lion de Némée; nous trouvons *mieux* que cela chez deux des espèces des teignes aquatiques. Moins barbares en apparence, plus cruelles en effet, elles condamnent leurs *prisonniers* à un esclavage éternel.

Laure, *répétant avec emphase.* A un esclavage éternel!... un esclavage éternel pour des animaux qui ne vivent peut-être pas deux jours!

Ernest. *Ces grands mots-là* expriment une vérité très *extraordinaire*, mais très *vraie.* Au nombre des différentes espèces de teignes, il en est qui s'emparent de moules en miniature qu'elles trouvent dans les eaux douces et dormantes, et qui les attachent très proprement, très symétriquement sur le dessus de leur fourreau; une autre espèce préfère les colimaçons en miniature pour en faire le même usage.

LAURE. Mais elles commencent par manger l'animal avant que de lui prendre sa coquille?

ERNEST. Du tout; je t'ai dit qu'elles font des prisonniers, des esclaves, et ceci est à la lettre.

LAURE. Les drôles de bêtes!

MADAME DE CÉRANT. Quel goût singulier! Et ces petits colimaçons, ces petites moules ne meurent pas?

ERNEST. Non, ma bonne mère. Tout cela vit sur le dos de la teigne, voyage avec elle bon gré mal gré; en un mot, les liens de cet esclavage sont *éternels*, puisque la mort de la petite moule ou du petit limaçon ne les rompt même pas; si l'animal a péri, la coquille reste.

MADAME DE CÉRANT. Je présume que les teignes aquatiques et autres se transforment en papillons, comme celles qui dévorent nos fourrures et les étoffes de laine?

ERNEST. Pas positivement en papillons, ma bonne mère; les teignes aquatiques donnent des mouches papilionacées fort jolies, c'est-à-dire dont les ailes sont couvertes de la prétendue poussière qui pare celles du papillon. La teigne, de même que la chenille ou le myrméléon, est une larve destinée à se transformer en nymphe dans ce fourreau si artistement et si diversement tissu et orné. Exposées, en cet état de nymphe, à mille et mille dangers, les teignes aquatiques pourraient bien n'arriver jamais à l'état parfait, si, avant de commencer leur métamorphose, elles ne prenaient pas quelques précautions. L'eau est aussi nécessaire à leur existence qu'à celle des éphémères ; mais, une fois enveloppées du suaire de nymphe, elles seraient hors d'état de se défendre des attaques des insectes amenés dans leur fourreau par le courant le plus léger, et qui les dévoreraient sans pitié ; il faut donc fermer les deux bouts du fourreau, non par une porte pleine qui empêcherait la libre circulation de l'eau, mais par une grille serrée, et cette grille, elles la fabriquent avec des fils de soie.

LAURE. Elles savent donc filer !

ERNEST. Si tu m'avais écouté avec un peu plus d'attention, tu te serais épargné la peine de faire cette question.

LAURE. J'en conviens, mon frère ; tu nous l'as dit en commençant.

ERNEST. Et ce sont de si excellentes fileuses, qu'il en est qui fabriquent de petites pièces de soie auxquelles elles donnent la forme des écailles de poisson, et dont elles se composent ensuite un fourreau avec le soin et la régularité que toutes apportent à leurs travaux.

LAURE. Oh ! que j'en voudrais voir, Ernest !

ERNEST. Dirige de ce côté les recherches que tu dois faire pour aider aux progrès des sciences naturelles...

LAURE. Moqueur!

ERNEST. Non, du tout, ce n'est point moquerie. Cherche, et tu trouveras, même ce que tu ne chercheras point, par exemple, des teignes hottentotes sur les artichaux et sur quelques espèces de chardons.

MADAME DE CÉRANT. A propos! Laure m'a assez rebattu les oreilles de ces teignes hottentotes sur lesquelles, m'a-t-elle dit, tu n'as jamais voulu lui donner d'explications.

ERNEST. Le moyen de parler à une petite maîtresse, qu'un rien dégoûte, de ces *indignes* bêtes qui se font soit un fourreau, soit un parapluie ou bien une ombrelle avec...

LAURE. Dis donc, Ernest!... mais dis donc!...

ERNEST. Avec... leurs... *fumées!*

LAURE. Ah! l'horreur!

MADAME DE CÉRANT *en riant.* L'invention est singulière...

LAURE. Elle trouvera peu d'imitateurs!

MADAME DE CÉRANT. N'ont-elles donc rien autre chose pour *s'habiller,* ces pauvres bêtes?

ERNEST. Elles ont à leur disposition des feuilles, comme quelques unes de leurs consœurs; mais leur *instinct* n'étant pas le même, elles obéissent à celui qui leur apprend, aux unes à se mettre, par la distribution *sage* de... leurs produits, à l'abri des ennemis qu'elles dégoûtent et éloignent par ce moyen...

LAURE. Je le crois bien!

ERNEST. Les autres à se servir d'une espèce de fourche bien singulière destinée à recevoir les... fumées. Cette fourche, attachée à la partie postérieure du corps, s'élève ou s'abaisse à volonté sur l'animal. Est-il menacé, il élève cette égide, nouvelle tête de Méduse, au dessus de lui, et cette égide, ce parapluie, cette ombrelle couverte de ce que vous savez, protége la teigne contre l'œil perçant et le bec dévorant des oiseaux...

LAURE. Ah! les indignes! les malpropres! Et il s'en trouve dans les artichaux! c'est pour dégoûter à jamais d'en manger!

MADAME DE CÉRANT. Ne fais donc pas l'enfant, ma fille!

LAURE. Mais, maman, tu conviendras que rien n'est plus révoltant!

MADAME DE CÉRANT. Je connais une foule de choses beaucoup plus *révoltantes* cependant, mais sur lesquelles l'habitude nous fait passer. Ce dont je conviendrai volontiers, c'est que le surnom de *hottentotes* est parfaitement bien trouvé.

LAURE. Les Hottentots, quelque sales qu'ils soient, ne le sont pas encore autant...

ERNEST. A quoi se réduit ce que tu leur reproches avec tant de vivacité? à obéir à leur instinct, tout comme les autres animaux. Cet instinct n'offre pas à notre curiosité le même attrait...

LAURE. Oh! bien loin de là!

ERNEST. Mais pour nous, observateurs, il n'en

est pas moins remarquable, pas moins extraordinaire. C'est ainsi, Laurette, qu'il faut considérer les faits ou les phénomènes offerts par l'histoire naturelle, et ne perdre jamais de vue que
cette puissance souveraine et divine à laquelle on
a donné tant de noms divers, et que, de nos jours,
on désigne si vaguement par celui de *nature*, ne
laisse jamais absolument sans moyens de défense
ses enfants en apparence les plus misérables ou
les plus disgraciés. C'est une haute pensée que
celle-là ! ne la perdons jamais de vue, et tâchons
de ne pas mettre nos délicatesses et nos préjugés
en balance avec ce qui leur est, en effet, si supérieur.

Laure. Tu diras ce que tu voudras ; mais les
teignes hottentotes ne peuvent exciter autant
l'attention et le désir d'étudier l'histoire naturelle...

Ernest. Que les teignes des fourrures, par
exemple.

Laure. Ah ! ne m'en parle jamais ! ce sont encore de vilaines bêtes dans un autre genre. Tu
sais que je vais m'occuper des oiseaux...

Madame de Cérant. Mais sans abandonner
tout-à-fait les insectes, je pense !

Ernest. Maman a raison ; car, de toutes les
branches de la zoologie, l'entomologie est, certainement, l'une des plus curieuses.

Madame de Cérant. Il me semble, mon fils,
qu'il ne serait point mal de donner à ta sœur

quelques notions préliminaires sur les oiseaux en général. Je ne pense pas qu'elle en ait jamais regardé un seul avec attention, si ce n'est le joli serin qu'elle avait l'année dernière, et qui est mort si misérablement écrasé derrière une porte.

Laure. Pauvre Zizi! je n'en ai pas voulu avoir depuis!

Ernest. Ma bonne mère, je ne comprends pas sur quoi doivent porter ces notions que tu me demandes pour Laurette. Est-ce relativement aux espèces? Mais nous retomberions alors dans la sécheresse des nomenclatures...

Madame de Cérant. Non; c'est sur leur structure, sur leur conformation particulière. J'ai entendu dire à ce sujet des choses fort curieuses.

Ernest. Maman, tu me mets dans un grand embarras! Laure ne veut pas absolument entendre parler d'anatomie.

Madame de Cérant. Comment peut-elle ne pas vouloir entendre parler de ce qu'elle ne connaît pas?

Laure. Sans doute, maman, que je ne la connais pas; mais chacun sait que c'est une science... au moins... ennuyeuse!

Ernest. Ennuyeuse!

Laure. Eh bien! repoussante! Pour moi, elle me fait peur.

Ernest. Cette science si *ennuyeuse*, si *repoussante*, si *effrayante*, nous apprend cependant d'assez *jolies choses*, ou du moins des choses assez curieuses, et, entre autres, que les os des oiseaux, d'un tissu plus compacte que ceux des mammifères, ne contiennent point de moelle, mais qu'ils renferment de l'air.

MADAME DE CÉRANT *en riant.* Voilà de ces êtres dont on peut dire qu'*ils n'ont pas de moelle dans les os.*

LAURE. Oui, assurément. Mais que c'est donc singulier!

ERNEST. L'anatomie nous apprend encore que, non seulement les poumons occupent chez eux beaucoup plus de place que chez les autres animaux, mais en outre qu'ils communiquent avec quelques unes des cavités intérieures, particulièrement avec les cavités des os; d'où résulte, d'une part, une respiration en quelque sorte *double,* plus énergique et qui a pour effet de donner à leur sang une température plus élevée, une activité plus grande, à leurs mouvements plus de puissance, de vigueur, et, d'autre part, une légèreté faite pour concourir puissamment à l'action du vol.

LAURE. L'anatomie n'est pas aussi ennuyeuse que je le croyais!

ERNEST. Elle n'a rien non plus de repoussant ni d'effrayant pour quiconque l'étudie non sur la nature, mais sur des dessins, comme il convient surtout aux femmes. Ce qu'elle nous apprend encore de remarquable, relativement aux oiseaux, c'est que la charpente osseuse qui forme le tronc est très solide ; que les vertèbres du dos, qui soutiennent les côtes, sont immobiles, parfois soudées l'une à l'autre, et que le *sternum,* qui sert à l'attache des principaux muscles des ailes, présente une espèce de bouclier appelé *brechet,* et dont la forme est celle d'une carène très saillante. L'anatomie nous apprendrait une foule d'autres choses non moins curieuses, non moins intéressantes et qui *amuseraient* Laurette elle-même, si je lui présentais des figures à l'appui ; mais je ne veux pas l'*effrayer* par la vue d'un *squelette...* même d'oiseau-mouche. Il est d'ailleurs beaucoup de remarques qu'elle pourra faire seulement en *sachant voir.* Ainsi, par exemple, si elle suit des yeux les oiseaux dans leur vol, elle s'apercevra *toute seule* que les ailes, espèces de rames destinées à frapper l'air et à soutenir l'oiseau soit dans son vol, soit dans sa descente vers la terre, sont influencées dans la direction à prendre par les mouvements que l'oiseau imprime à sa queue, sorte de gouvernail qui lui sert à changer de direction...

LAURE. Je ne m'en serais jamais doutée.

MADAME DE CÉRANT. Il y a une foule de choses, ma fille, dont tu peux en dire autant.

ERNEST. Si Laure remarque encore de quelle manière les oiseaux perchent, elle arrivera à comprendre qu'il doit exister pour eux une disposition particulière dans les tendons de la jambe qui fait fléchir ceux-ci sous le seul poids du corps et sans que la volonté de l'animal y entre pour quelque chose; de cette disposition résulte pour eux la possibilité de dormir perchés sur l'une des deux pattes, sans effort et sans fatigue.

Laure. Ceci m'a bien souvent étonnée.

Ernest. Ce que Laurette peut remarquer encore *toute seule,* et en se promenant dans les champs ou dans la basse-cour, c'est que les oiseaux destinés aux exercices de la natation ont les doigts palmés, c'est-à-dire réunis par une membrane; tels sont, par exemple, les oies, les canards; au lieu que les oiseaux grimpeurs les ont séparés, de telle sorte que deux sont dirigés en arrière et deux en avant, tandis que les oiseaux destinés à vivre dans les marais, au milieu des hautes herbes et d'un terrain, pour ainsi dire, mouvant, se trouvent comme montés sur des échasses...

Laure. Ah! oui : Le héron au long cou...

Madame de Cérant. Le cou doit être d'autant plus long que les pattes sont plus longues.

Ernest. Cette proportion ne se trouve pas toujours observée, ma bonne mère. Les cygnes, par exemple, ont les pattes fort courtes et le cou très long; de *longues rames* les eussent embarrassés; un cou trop court ne leur aurait pas permis de poursuivre dans l'eau, sans plonger, les vermisseaux dont ils se nourrissent. Chez les oiseaux, comme chez tous les autres animaux, nous retrouvons ces lois générales dont je parle sans cesse à ma sœur, et qui conduisent à deviner, par la structure de tel ou tel animal, ses mœurs, son industrie, ses habitudes. Mais, pour arriver à reconnaître tout cela avec certitude, commençons par observer, en rapprochant de nos propres observations celles des naturalistes qui nous ont précédés; nous y gagnerons à la fois de l'instruction et du plaisir.

LAURE. Dès demain je mettrai Jean Louis en campagne pour me découvrir des nids...

ERNEST. Je ne doute pas qu'il ne t'en apporte... de vides... La saison est trop avancée pour espérer de trouver des œufs ou même des petits de la seconde couvée...

LAURE. Ainsi il faudra attendre à l'année prochaine... Que c'est contrariant!

MADAME DE CÉRANT. Il est très contrariant, en effet, de n'avoir songé qu'à la fin de l'été à étudier les mœurs des oiseaux par ses propres yeux. Il nous reste du moins la basse-cour... Tu prends tes airs dédaigneux!... Ah! Laure, Laure, que tu as encore de chemin à faire avant de devenir naturaliste!... Descendons et laissons à ton frère le loisir de travailler, sans s'inquiéter comme toi de la saison. Je crois que pour quiconque veut sérieusement étudier, les sujets ne manquent pas toute l'année, et encore moins toute la vie.

TABLE.

			Pages.
Préface			1
Introduction			1
Ire Leçon.	Les hydres		16
IIe —	Les actinies. — Les acalèphes		35
IIIe —	Les polypes à polypiers. — Les madrépores. — Les éponges		49
IVe —	La mer lumineuse		70
V^e —	Le fourmi-lion		89
VIe —	Le fourmi-lion (suite)		106
VIIe —	Les fourmiliers		124
VIIIe —	Les demoiselles		143
IXe —	Les éphémères. — Les cousins		160
X^e —	Les petits lions. — Les barbets blancs. — Les galles des arbres et des plantes		178
XIe —	Les gallinsectes. — Les nécrophores. — Chenilles et papillons, généralités		192

Pages.

XIIe Leçon. Les papillons diurnes. — Les crépusculaires. — Les nocturnes. — Une aile de papillon.................. 209

XIIIe — Chenilles. — Chrysalides, généralités................. 230

XIVe — Chenille du saule à double queue. — Pluie de sang.— Chenille annulaire. — Chenille commune. — Chenille du chou. — Chenille du fenouil.............. 248

XVe — Préparation des papillons......................... 266

XVIe — Chasse aux papillons............................. 282

XVIIe — Mouches ichneumones............................ 298

XVIIIe — Travaux des chenilles et des chrysalides pour se défaire de leurs dépouilles............................. 314

XIXe — Dorure des chrysalides. — Chenilles processionnaires du pin.. 330

XXe — Les processionnaires du chêne. — Industrie de quelques chenilles................................... 347

XXIe — Chenilles rouleuses, tordeuses et plieuses........... 363

XXIIe — Chenille rouleuse de l'oseille. — La pyrale, les teignes. 378

FIN DE LA TABLE.